SURFACE DESIGN
For Fabric

Kimberly A. Irwin
Savannah College of Art and Design

高级服装
面料创意设计与工艺

[美] 金伯利 · A. 欧文　著
倪　明　译

東華大學 出版社 · 上海

图书在版编目 (CIP) 数据

高级服装面料创意设计与工艺 / （美）金伯利 · A. 欧文；倪明译 .
—上海：东华大学出版社，2020.9
书名原文：Surface Design For Fabric

ISBN 978-7-5669-1760-7
I. ①高… II. ①金… ②倪… III. ① 服装面料 - 设计 IV. ① TS941.41

中国版本图书馆 CIP 数据核字（2020）第 126782 号

责任编辑：徐建红
　　　　　谢 未
装帧设计：贝 塔

高级服装
面料创意设计与工艺
GAOJI FUZHUANG MIANLIAO CHUANGYI SHEJI YU GONGYI

[美] 金伯利 · A. 欧文 著
倪 明 译

出　　版：东华大学出版社（上海市延安西路 1882 号，200051）
出版社官网：http://dhupress.dhu.edu.cn
天猫旗舰店：http://dhdx.tmall.com
营销中心：021-62193056 62373056 62379558
印　　刷：上海盛通时代印刷有限公司
开　　本：889mm × 1194mm 1/16
印　　张：17.25
字　　数：610 千字
版　　次：2020 年 9 月第 1 版
印　　次：2020 年 9 月第 1 次印刷
书　　号：ISBN 978-7-5669-1760-7
定　　价：139.00 元

前　言

本书详细介绍了服装面料创意设计常用的工艺技法。书中共介绍了五十多种不同的技法给面料增加颜色、肌理和装饰，从而将一块简单的、平面的面料变成一幅独特的、富有立体感的创意作品。书中对每种工艺技法都进行了详细的操作步骤指导，并辅以相关照片、工具与材料列举、案例图等，这样的全面指导对于服装、纺织品或室内设计的学生来说无疑是非常宝贵的。

作为一名服装设计专业的教授，我鼓励学生积极进行面料实验。在专业设计中，改变既有面料的外观对于学生来说无疑是必要的，但在教学中却找不到一本全面的指导书涵盖面料设计的所有工艺技巧，于是我自己收集了很多相关的文字内容和DIY书籍以供学生参考。但这些书大多是过时的，或者是针对初学者的，并不适合专业性的基础教学。所以，我开始将零碎的内容整理起来，编著成一本循序渐进的工艺教学指导书，目的是将文字与图片配合阐述，向富有创造力的学生提供清晰的内容指导。我发现这种组合形式给学生带来了兴趣和信心，不仅乐于学习新技法，也能够创作出富有创造力的作品。

本书内容非常全面，覆盖了各种工艺技巧，对每种工艺技巧的介绍十分清楚详细，是一本非常实用的参考书。完成面料创意设计作品，不仅需要设计上的创造力，也需要良好的动手制作能力。通过学生实践计划的课题，学生将获得良好的实践操作技能。

本书的内容安排科学合理，按照每个章节主题分门别类地对面料创意设计的技法进行了归类介绍，某种程度上可以说，本书对内容的安排方式符合综合技法作品对工艺应用的顺序。每一章开始是某种工艺的基本介绍、历史信息和对环境的影响声明，并配有相关图片；然后，对每种技法进行更详细的阐述，包括更加具体的介绍、工具与材料列举、操作空间建议和安全提示；接下来是具体操作指导和案例展示；还包括设计师简介，突出介绍专业人士在服装和纺织品等设计领域的工作情况，并通过秀场作品赏析，介绍设计师的发布会作品，说明这种技法可以应用于T台所展示的服装上面。

除此之外，每一章还包括具有教学功能的内容，包括章节目标和关键术语。设计师简介和秀场作品赏析阐述了专业人士对每种技巧的实际应用情况。每一章结束时提出了学生实践计划，帮助学生理解技法的实践操作方式。

本书的最后一章着重于介绍综合运用各种技法进行创作，并提供一个指导图表作为技法操作顺序指南，以及一些优秀的艺术家和设计师巧妙运用综合技法进行面料创意设计的实例介绍。

金伯利 · A. 欧文

目 录

第五章　面料处理

第六章　刺绣

第七章　面料装饰

第八章　综合技法

第一章　染色与着色

目标：

- 使用酸性染料永久地改变羊毛、蚕丝纤维面料的颜色
- 使用分散染料永久地改变合成纤维面料的颜色
- 使用日常有机材料永久地改变天然纤维面料的颜色
- 植物鞣革染色
- 使用金属的锈给面料着色
- 使用土壤或黏土给面料着色
- 使用草、叶、花给面料着色
- 使用日常有机材料给面料着色

使用化学染料或者天然染料给面料染色，均能够使一整块面料获得统一的色彩，并能永久地改变面料的颜色。染色过程需要通过一定的化学反应来改变面料的颜色，并保持色牢度，而这些化学反应会对环境产生非常大的危害，参见第3页关于对环境影响的讨论，以了解如何减小本章节中所介绍的染色技术对环境的危害。

染色

面料染色常用的方法是浸染。浸染是将染色剂（染料）溶解于水，将面料浸入并不断搅动，直到颜色被面料成功吸收的染色过程，它是一种能够使面料均匀染色的方法。媒染剂，或者称作染色载体，能够帮助染料与面料纤维结合，并加强色牢度，从而使面料产生牢固的、鲜明的色彩。

使用增稠剂如海藻酸钠，能够增加染液稠度，可以按照绘画的方式在面料表面直接应用（图1.1）。

天然（有机）染料用于给蛋白质纤维面料和纤维素纤维面料染色。相对于化学染料，使用天然染料的染色经常被批评为缺乏均匀性和稳定性，但是化学染料的染色也会有同样的问题。根据事先的染色预想，对于呈现具有自然稳重感的染色效果，天然染料往往是最好的选择。

关于染色的记录，最早可以追溯到几千年前的古代文明。从古代的墓葬遗址中可知，当时人们已经开始在服饰和其他物品上使用自然界中的材料来染色。远古人类利用自然资源去发现和制造染料，他们通过捣碎、浸泡，或是烹煮树木、花、昆虫、矿物、贝壳类动物来获得染料。古代最主要的染料是靛蓝染料，它是从靛蓝植物中分离出蓝色；胭脂虫，一种昆虫，压碎后提供一种深红色染料；茜草，一种植物的根，用于获得红色、紫色、紫罗兰和棕色。这些天然染料来自于生长在热带的繁茂植物，热带地区的太阳能与丰富的植被赋予大自然强烈、明艳的色彩。早期皮革的染色就使用树皮、树根、木头、明矾和盐，将除去脂肪和油脂的生皮放置于大木桶内，在皮革之间夹入碾碎的天然染色原料并放置6个月以上，整个染色过程完全是有机的。

随着人类对化学的了解不断深入，创造更加鲜艳持久的面料颜色的能力也不断加强。1856年，帕金斯·威廉偶然发现了合成染色方法，在尝试从煤焦油中炼制用于治疗高烧的药品时，他将混合物置入酒精中溶解，结果出现了一种淡紫色。1862年，出现了用于动物纤维面料的酸性染料。1922年，格林和森德改进了拔染技术，首次将拔染技术应用在合成纤维面料和斥水性面料上。

今天，创造鲜艳的、稳固的面料颜色相比以前而言越来越容易了，因为某种染料适用于特定的纤维面料，所以染色时根据面料的纤维特性来选择染料类别是非常重要的，参见表1.1。

1.1 梅森·马丁·马吉拉2013年秋冬女装成衣发布会上展出的衬衫，在超常规的袖口上出现的亮粉色，一看便知是在家庭工作室中用画笔蘸着稠厚的纺织品染料绘制完成的

表1.1 不同类型纤维染料的选择

纤维选择	染料类别	染料的类型和品牌	优势	劣势
蛋白质纤维（羊毛、马海毛、真丝、羽毛）	酸性染料	Dharma酸性染料 Jacquard酸性染料 PRO Washfast酸性染料（Nylomine染料） PRO Sabraset染料（Lanaset染料）	颜色鲜艳，易于使用，可以节约染料	容易产生染色条痕，某些染料粉末不易溶解于水
合成纤维（涤纶、丙烯酸纤维、醋酸纤维、人造丝和尼龙）	分散染料	PROsperse分散染料 Aljo分散染料	富有光泽感，不褪色，易于使用	需要媒染剂和高温
纤维素纤维或蛋白质纤维（棉、真丝、大麻、亚麻、人造丝、羊毛）	天然染料	靛蓝、茜草、胭脂虫红、家用香料、浆果、蔬菜	色彩变化微妙，环保	需要媒染剂，每次染色的结果不易保持一致

对环境的影响：面料的染色与着色

恰当地使用、存储和处理染液对于减少染色对环境的危害是十分重要的。需要非常小心地使用染料，尽量一直戴手套来保护皮肤。在进行染料混合时，需要戴保护性护目镜和防尘口罩，防止吸入飞散的染料粉末，以避免潜在的有毒化学物质。所有染料必须存放在密封的玻璃或塑料容器内，防止不经意的泄漏。在一个月内偶尔将废弃染液倒进下水道是没什么风险的，因为化学品被大量的水稀释，不足以对污水处理系统构成危害。尽管染液能够被废水充分稀释，但在倒入下水道之前最好进行一个中和反应过程。酸性染液可以添加几勺纯碱（小苏打），分散性染液只需要倒入一些醋即可。即便染液被中和后也不要将其直接倒在地上或雨水沟中，因为他们可能会渗入水源或流入河流中。

尽管使用天然有机方法染色是最环保的选择，但仍然需要小心处理。一些天然材料可能导致皮肤过敏，所以应该一直佩戴手套。废弃的天然染液也只能倒进下水道，因为天然染液中有媒染剂明矾，将天然染液直接倒在地上是不安全的。

皮革鞣制对环境有非常大的影响，使用天然的皮革染色剂相对环保。一些水性的皮革染料可以用水稀释后倒入下水道，而有些皮革染料以酒精为基剂，容易挥发，所以需要在通风区域使用。天然皮革染料经过水的稀释后排入下水道仍旧是安全的。在进行皮革染色时需要一直戴手套，因为染色剂会沾染皮肤和指甲。

酸性染料用于蛋白质纤维（羊毛、马海毛、真丝、羽毛、尼龙和某些丙烯酸纤维），具有呈粉末状、经济实惠、反应快速和效果持久的特点，主要通过在容器中浸泡面料进行染色。酸性染料使用海藻酸钠增稠后，可以按照绘画方式涂绘在面料表面，它能够渗透面料纤维而永久固色。对于羊毛和所有的纤维素纤维面料，另一个选择是使用活性染料染色。

尽管“酸”这个字从表面上似乎意味着酸性染料是具有腐蚀性的，事实上它们却是最安全的染色剂。实际上“酸”是指醋或柠檬酸，通过降低染液的pH值帮助染料与面料纤维分子结合。酸性染料之所以能够使面料产生均匀的颜色，是因为染料分子非常小且简单，它们能够通过水快速而均匀地附着在面料纤维上。

在染色之前，必须清洗所有的面料，就是用很热的水（60℃）洗掉面料表面的污垢、油脂、胶水，以及为了防止面料表面产生污渍而使用的化学涂层，因为这些都会影响面料的染色效果。使用染色专用洗涤剂清洗面料，能够帮助经过清洗后的面料在染色时更好地吸附染色剂。

染色专用洗涤剂的替代物

普通餐具洗洁精是染色专用洗涤剂的低成本替代物，易得、有效、价格低廉。

工具与材料

图1.2展示了使用酸性染料染色所需的工具与材料。

- 酸性染料——几乎任何颜色都可以购买到，而且染料粉末之间也可以混合（见附录B，图B.27）
- 柠檬酸或醋（见附录B，图B.35）
- 防尘口罩
- 不锈钢或搪瓷锅（仅用于染色）
- 测量勺（仅用于染色）
- 防护眼镜
- 防护手套：根据皮肤的敏感性选择橡胶、塑料或乳胶材质
- 蛋白质纤维面料：羊毛、马海毛、真丝、羽毛，也可以使用棉，但染后色泽不够鲜艳。面料需要进行清洗（参见染色操作指导步骤2）
- 用于面料称重的秤
- 用于增稠的海藻酸钠（见附录B，图B.40）
- 木匙或木叉（仅用于染色）
- 染色专用洗涤剂或餐具洗洁精
- 用于增稠的尿素（见附录B，图B.38）

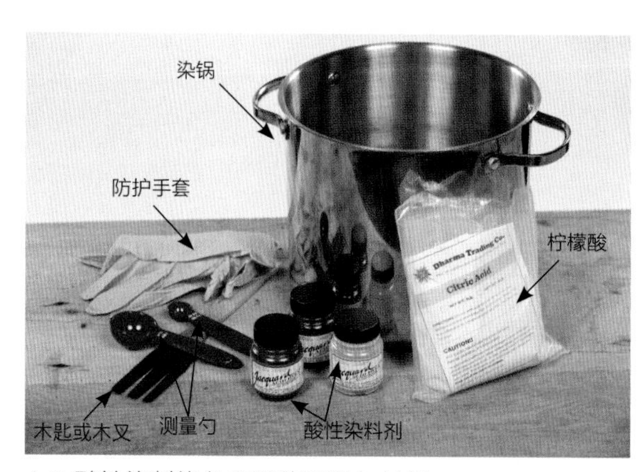

1.2 酸性染料染色所需的工具与材料

应用方式

- 直接应用（参见第三章，天然纤维面料印花，第67页）
- 制作染料溶液，将约140克酸性染料粉末溶解于1杯热水，产生浓缩的溶液
- 加热染液，通过浸染染色

操作空间

- 用塑料布覆盖桌面以防止污染
- 水槽
- 加热炉

活性染料染色

活性染料对纤维素纤维面料的染色效果最好，如棉、人造丝、麻、真丝，染色过程与酸性染料染色类似。首先，必须使用染色专用洗涤剂或餐具洗洁精在热水中清洗面料；接下来，将染料置于一个单独的容器里，加入温水溶解（按照染料制造商提供的比例标准，以产生精确的颜色）；再将染液倒入染锅中，经过混合后，小心地将潮湿的面料浸入染锅中，需要立即用木勺搅动，并至少持续20分钟。面料一旦接触到染液，染料分子就会立即附着在面料纤维上，为防止染色不均，持续的搅动是十分必要的；然后，将纯碱（小苏打）溶解于温水中成为溶液，慢慢地逐步倒入染锅中（倒纯碱溶液的过程至少持续10分钟以上）。注意不要将纯碱溶液或粉末直接倒在面料上，否则会使面料产生不均匀的染色效果或斑痕。如果所需的染色效果较浅，搅动30分钟即可，若持续搅动一个小时以上，面料则会呈现出比较深的颜色。染色结束后，将面料从染锅中取出，在水龙头下用冷水冲洗，直到从面料中柠出的水已经没有颜色。最后，在热水里加入染色专用洗涤剂清洗面料，帮助面料固色。

安全提示：无论使用何种方式染色，都要戴着防尘口罩以避免吸入染料粉末，并戴着手套以避免染液沾染皮肤和指甲，以及佩戴护目镜以防止液体喷溅。

在炉灶上加热浸染面料的操作指导

1.使用标准厨房秤称量干燥的面料。

2.在洗衣机中加入热水，倒入一瓶盖染色专用洗涤剂清洗面料，这个过程也可以在炉灶上通过持续加热清水进行。这样清洗面料能够消除污垢、油脂，同时完成缩水处理。将清洗后的面料晾干并存储，供以后使用。

3.使用自来水均匀地浸湿面料，不要让面料变干。

4.在不锈钢或搪瓷锅中注入足够多的热水，使面料在里面能够被自由搅动。

5.戴好防尘口罩，准备染料，注意不要吸入染料粉尘。按常规染料重量占干燥面料重量的2~4%，因此500克干燥的面料，根据染色所需的深浅效果需使用大约10~20克的染料粉末，使用的染料越多则面料的颜色越深。

6.将称量好的染料粉末倒入染锅的热水中搅匀，直到充分溶解。

7.将潮湿的面料放入染锅。不要放入干燥的面料，否则容易产生染色不均的情况，甚至出现斑痕。

8.加热染锅中的染液，不需要达到沸腾状态。

9.每500克干燥的面料配比一汤匙的醋或柠檬酸，添加到染液中，用于助染固色。

10.使染液保持在一个恒定的温度，不断地搅拌染锅中的面料，持续30分钟左右。

11.将染好的面料在水龙头下冲洗干净后，在热水中加入染色专用洗涤剂对面料清洗固色。

如何解决染色中遇到的问题

染料粉末如果没有在热水中完全溶解就加入面料，很容易导致染色不均。某些颜色的染料粉末相对不易溶解，则需要事先在一个量杯中用热水将其充分溶解。注意要将热水倒入染料粉末中，而不是将染料粉末加进热水里。

在染锅中放入面料过多或搅动不充分，也容易引起面料上出现斑痕或染色不均匀的问题。参考操作指导中的第九步骤，在染色过程中添加柠檬酸和盐有助于使面料染色均匀。

Acid Dye | Color Chart

颜色	色号	色相	C-M-Y-K	R-G-B	Web
	600	淡褐色	0-10-20-6	239-216-191	#EFD8BF
	601	金黄色	0-0-100-0	255-242-0	#FFF200
	602	明黄色	0-5-100-5	247-218-0	#F7DA00
	603	橘黄色	0-5-100-5	247-148-30	#F7931E
	604	鲜橙色	0-60-100-10	222-118-28	#DE761C
	605	南瓜橙	0-60-100-5	232-123-30	#E87B1E
	606	深橙色	0-85-90-0	240-78-48	#F04E30
	607	粉橙色	0-65-50-0	243-123-112	#F37B70
	608	粉红色	10-100-0-0	216-11-140	#D70B8C
	609	鲜红色	0-100-90-0	237-27-47	#ED1B2E
	610	紫红色	5-100-70-20	187-19-58	#BB133A
	611	朱红色	20-100-50-20	166-22-76	#A6164C
	612	淡紫色	45-50-0-0	146-131-190	#9283BD
	613	紫色	80-100-20-15	83-37-110	#53266E
	614	紫罗兰色	90-100-0-0	71-47-146	#472F92
	615	浅紫色	60-50-0-10	104-115-173	#6873AC
	616	红褐色	20-100-100-10	183-33-38	#B72026
	617	桃红色	0-100-60-0	237-22-81	#ED1651
	618	火红色	12-100-80-8	198-29-56	#C61D38
	619	深红色	7-100-60-20	184-18-67	#B81243
	620	艳紫红色	0-100-0-0	236-0-140	#EC008C

1.3a

1.3 Jacquard品牌染料颜色图表

案例

图1.3是酸性染料的颜色图表，图1.4展示了酸性染料染色适合的面料范围。

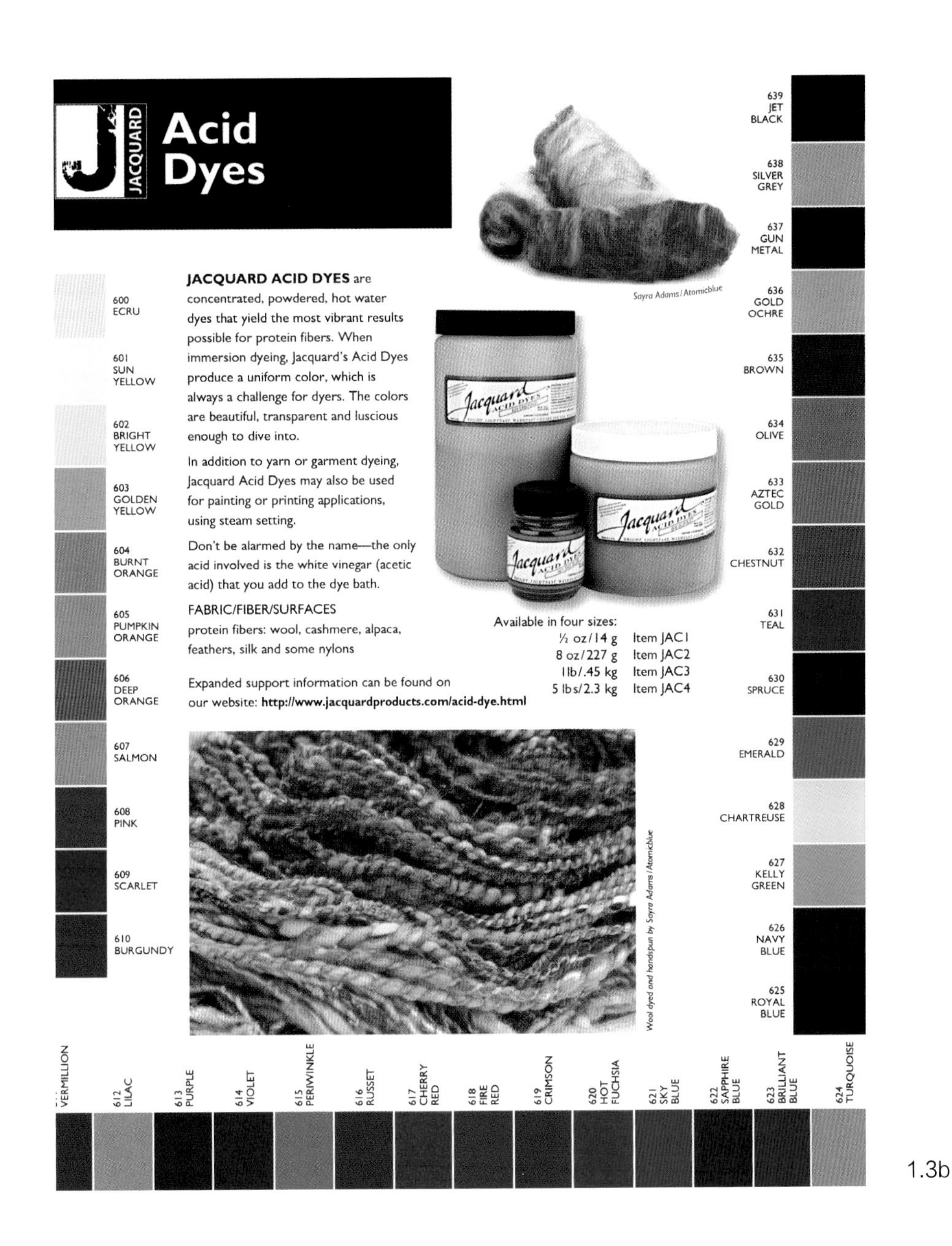

1.3b

1.4 从左向右依次为真丝雪纺、细平棉布、真丝绡、针织棉布、真丝双宫绸。宝蓝色由同等比例的红色和蓝色的酸性染料调制而成。黄绿色是由同等比例的蓝色和黄色的酸性染料调制而成

分散染料用于对合成纤维面料染色，如聚酯纤维、丙烯酸纤维、醋酸纤维、人造纤维和尼龙。不同于酸性染料，分散染料不能溶解于水，在水中呈现悬浮颗粒状态。染色时往往需要加入媒染剂，对于聚酯纤维面料，媒染剂是必需的。

相对于酸性染料，分散染料的大分子结构适合合成纤维面料和不易吸水的斥水性面料，面料排斥水的特点使染料不会很快被面料吸收。分散染料的分子不溶解于水，而是与媒染剂一起，悬浮在水中。媒染剂帮助染料分子与面料纤维接触，一旦染锅中的水温升高，染料分子会从面料表面进入纤维内部，产生染色效果。

分散染料染色能够使合成纤维面料产生牢固、鲜艳的色彩效果。然而，分散染料染色却很难在传统的印染工作室中进行，因为它需要非常高的染色水温以及面料的烘干温度，才能使面料永久固色。

工具与材料

图1.5展示了使用分散染料染色所需的工具与材料。

- 分散染料（见附录B，图B.28）
- 防尘口罩
- 媒染剂（见附录B，图B.36）
- 测量勺（仅用于染色）
- 护目镜
- 防护手套：根据皮肤的敏感性选择橡胶、塑料或乳胶材质
- 用于面料称重的厨房秤
- 不锈钢或搪瓷锅（仅用于染色）
- 合成纤维面料，面料清洗参见染色指导步骤1
- 染色专用洗涤剂或餐具洗洁精
- 准备两个容器，用于混合染料
- 白醋或柠檬酸（见附录B，图B.35）
- 木匙或木叉（仅用于染色）

应用方式

- 直接应用（参见第三章，合成纤维面料印花，第68页）
- 炉灶加热染液，通过浸染染色
- 转移印方法（参见第三章，使用增稠的分散染料转移印花的操作指导，第82页）

操作空间

- 用塑料布覆盖桌面，以防止污染
- 水槽
- 加热炉或热压机

1.5 分散染料染色所需的工具与材料

安全提示：工作时要一直穿戴防护手套和围裙，小心不要吸入染料粉末，任何器皿用来染色后就不要再用于盛放食品。

用炉灶加热染液的浸染操作指导

1.在热水中加入1匙染色专用洗涤剂清洗面料，即使面料之前被清洗过也要再用水浸湿。

2.戴好防尘口罩，用1杯沸水溶解预备好的染料。参见表1.2，根据参考标准调制不同深浅颜色的染料溶液。

3.使用丝袜过滤染料浓缩溶液，过滤掉染料颗粒和残渣，重复过滤染料浓缩溶液。

4.用1杯沸水溶解2匙媒染剂。

5.按照以下顺序准备每种染色材料，并在染锅中充分搅匀：

- 10升热水（60℃）
- 0.5茶匙染色专用洗涤剂
- 1茶匙柠檬酸或11茶匙白醋
- 按照指导步骤4稀释的媒染剂
- 经过过滤的染料浓缩溶液

6.充分搅动染锅里混合有上述材料的热水，加入清洗后的面料。

7.快速加热染锅中的染液至沸腾，并不断搅动，转用微火持续加热30分钟后，染出的颜色较浅；持续加热40分钟或更长时间后，染出的颜色会更深更浓。

8.把另一个染锅的水煮沸。

9.将先前染锅中染好的面料放进另一个染锅的热水中。

10.将先前染锅中的染液换成热水，加入0.5茶匙的染色专用洗涤剂。

11.用热水清洗掉面料表面附着的多余染料，晾干或烘干面料。

如何解决染色过程中出现的问题

面料染色不均、出现斑痕，可能是由于染料粉末在没有充分溶解于水的情况下，就将浸湿过的面料放入染液。有些颜色的染料不易溶解于水，则可将其事先溶解于一杯热水中，并通过丝袜过滤未溶解的粉末颗粒。注意要将水或溶液中倒入粉末中，而不是将粉末加入液体里。斑痕或颜色不均匀的现象也常常是因为染锅中放入的面料过多而不能充分搅动造成的。

案例

图1.6显示了PRO Chemical and Dye（一家染色权威机构——译者注）的分散染料颜色图表，图1.7展示了同一种颜色的染料在不同材质面料上产生的各种染色效果。

表1.2 如何实现不同深浅的颜色

	浅	中	深	很深
染料粉末	0.5茶匙	1.5茶匙	3茶匙	6茶匙

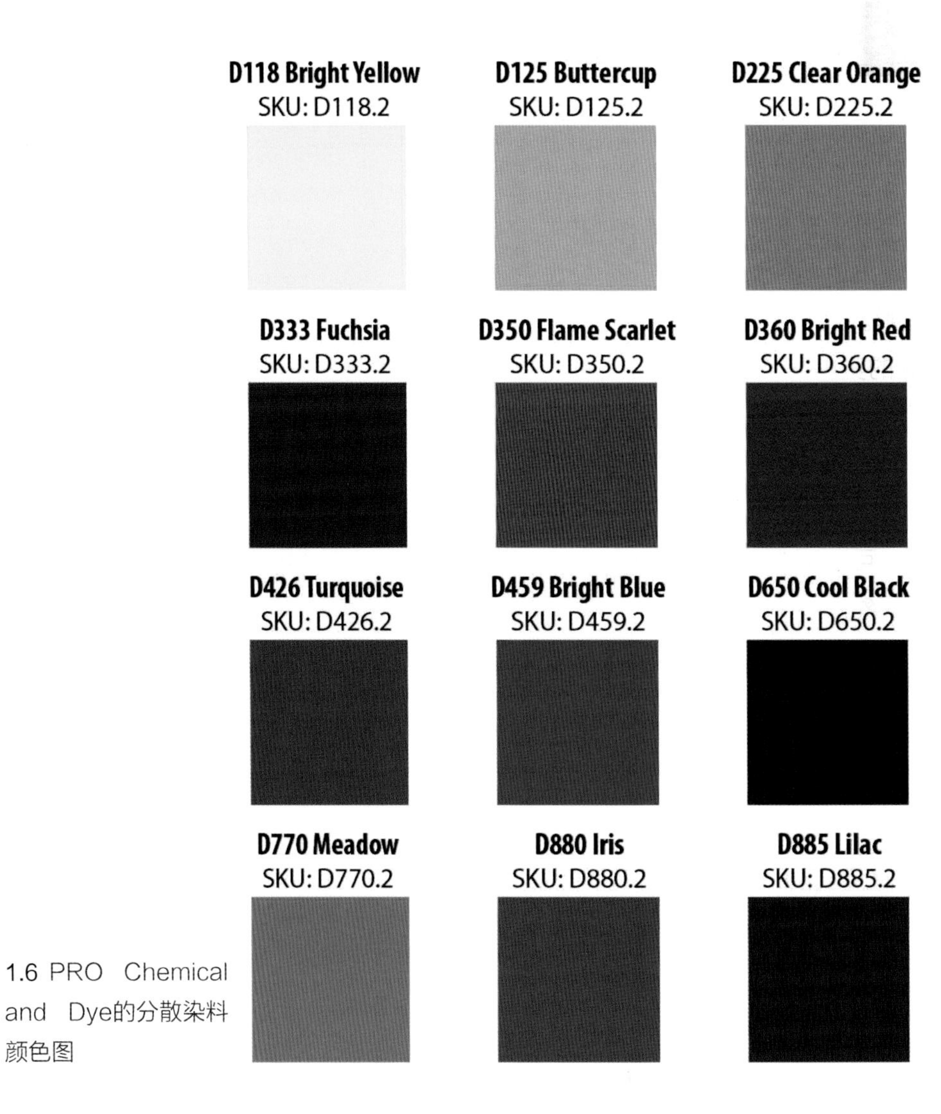

1.6 PRO Chemical and Dye的分散染料颜色图

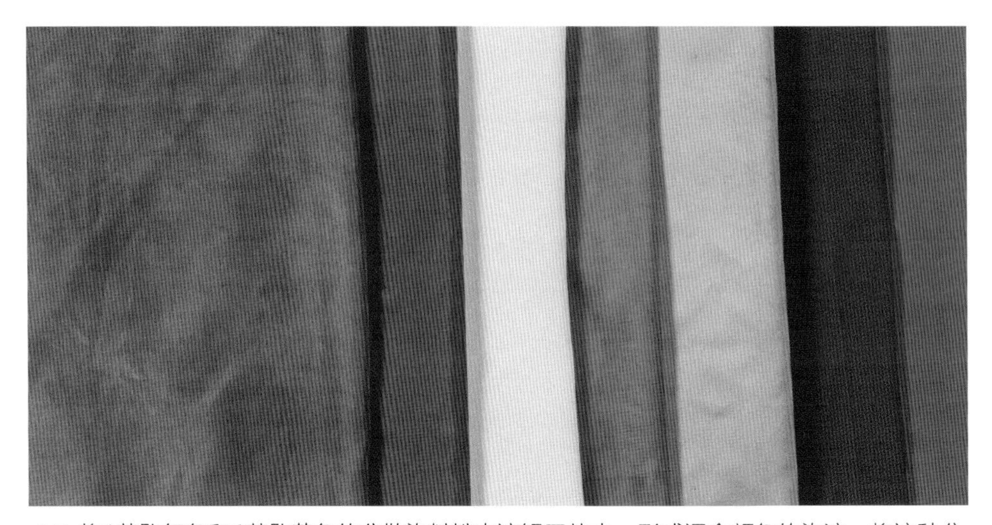

1.7 将1茶匙红色和1茶匙黄色的分散染料粉末溶解于热水，形成混合颜色的染液。将这种分散染料染液分别用于不同纤维材质面料的染色，注意面料染色后的效果差别

与酸性染料或分散染料相比，使用自然界中的有机材料进行染色所获得的颜色效果更加柔和。虽然使用靛蓝、茜草等天然染料能够染出明艳而生动的颜色，但是大多数有机材料染色会产生相对稳重而调和的色彩。有机材料染色最有趣的是在染色过程中所采取的实验方法，橱柜中的食材如咖啡、茶、酒、药草、香料、草药、水果、甜菜、浆果、黑葡萄提供了美丽的紫色、粉红色、灰色，而像洋葱这样的蔬菜能创造出金色和黄色的色调。通过持续搅动面料，可以使用有机材料染出均匀的颜色。

大多数天然材料染色容易褪色，因此需要添加媒染剂来帮助染料分子附着在面料纤维上。一些天然染料如靛蓝具有优良的色牢度，而使用其他染料如茜草，染色后的面料往往会随着时间的流逝而褪色。最常用的媒染剂是明矾，尽管它相对来说是无毒的，却仍然需要安全储存、小心处理，其他媒染剂如铁、鞣酸、铬也可以使用，它们能染出不同的效果。

相对于化学染料，有机材料的颜色通常需要较长时间才能渗透进天然纤维面料中，因此要在染锅中浸泡更长时间，同时也需要加热和持续搅动以使染色均匀。

有机染液使用海藻酸钠增稠后，能够直接用于绘画（参见第三章，天然纤维面料印花，第67页）。

工具与材料

图1.8展示了使用天然材料染色所需的工具与材料。

- 明矾（见附录B，图B.33）
- 使用天然纤维面料效果最好
- 日常有机材料，如香料、浆果、茜草、蔬菜等
- 网状过滤器或丝袜
- 根据皮肤的敏感性选择防护手套：橡胶、塑料或乳胶材质
- 清洗面料的染色专用洗涤剂
- 用于染色的不锈钢或搪瓷锅，需要两个足够大的染锅，能容纳下用于染色的面料

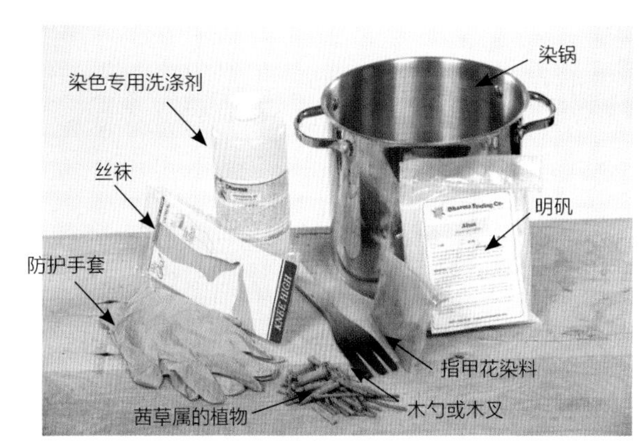

1.8 天然染料染色所需的工具与材料

应用方式

- 直接应用（请参见第三章，天然纤维面料印花）
- 在炉灶上加热浸染

操作空间

- 炉灶

安全提示：染色后的染锅或过滤器不能再用于食物，以后只能用于染色。注意，接触天然有机染料粉末时需要戴防护手套和防尘口罩。

日常有机材料染色操作指导

1.在洗衣机内放入热水和一瓶盖染色专用洗涤剂，清洗面料；或在炉子上的染锅内盛放足够多的热水，加入1汤匙染色专用洗涤剂，进行面料清洗，染锅需有足够大的空间方便搅动面料。

2.在明矾溶液中浸泡清洗过的面料（每升水1~1.5汤匙）20分钟。浸泡过明矾溶液的面料要在1个月内染色，否则面料纤维会开始降解。

3.面料放入染锅前要浸湿。

4.在一个大的不锈钢锅中加入足够多的水，使面料在里面能够被自由搅动。添加有机材料，如香料、浆果、蔬菜、树皮，其他任何能够产生明亮色彩的有机材料都可以使用。

5.把锅中的水煮沸后，转小火煮1小时。

6.使用过滤网或丝袜过滤掉染锅中的材料残渣，将过滤后的染液倒进另一个不锈钢染锅中。

7.将潮湿的面料浸入过滤后的染液中，将染液煮至沸腾状态。

8.继续用小火煮染1小时，期间不时地搅动面料。

9.在热水中加入染色专用洗涤剂清洗染色后的面料。

10.烘干或晾干面料。

案例

图1.9展示了使用天然材料染色的各种面料效果。

1.9 从左到右依次为指甲花染料对真丝雪纺染色、樱桃对细平棉布染色、茜草染料对真丝电力纺染色、红色洋葱和绿色辣椒对真丝斜纹面料染色

设计师简介：伊娃·福利诺娃

Tinctory品牌的创始人伊娃·福利诺娃，居住在英国中部地区，喜欢创作小型艺术作品，对一切微型事物的着迷使她从事首饰的设计与创作。她热爱用天然材料给面料染色，结合这些面料，伊娃创造出很多精美的微型艺术作品。她使用在自家后院散步时发现的植物，对精美的丝绸进行染色，并将染过色的丝绸面料通过褶皱工艺制作成项链、手镯和耳环。

根据不同季节，伊娃采集秋麒麟草花染出黄色，用山楂浆果染出黝黑色。蓝色是天然材料染色很难实现的颜色，但没有蓝色的色系是不完整的，伊娃的解决方案是将所购买的靛蓝染料与生长在自家露台花园的茜草结合使用。伊娃甚至创建了自己的小型靛蓝染料发酵池，通过精心维护，保持适当的温度并定期添加麸皮以保持其良好的发酵状态。

当面料经过染色、抽褶、缩褶后，再经过多次套染，产生了色彩的混合，褶裥面料就会呈现出不同的色调。一旦获得理想的颜色，伊娃就将加工过的面料制作成为可穿戴艺术品（图1.10 a和b）。

1.10a 风车造型的褶饰项链和用于给项链染色的叶子

1.10b 以秋天落叶为染色材料创作的包袋造型的褶饰项链

皮革染色

皮革染色是在皮革表面施加均匀的颜色，即鞣革工艺。因为需要高度专业化的设备工具，因此难以普遍推广。在染色前，先要去除皮革内的所有油脂和脂肪，之后使用化学物质取而代之，以防止皮革老化。鞣革工艺有三种主要类型，第一种是油鞣革，例如马鞍上的皮带。其特点是防水、柔韧、结实，可以用来制作长期暴露在户外的产品，如鞋子。第二种是铬鞣革，它是最常见的鞣革类型，工艺上使用了硫酸铬和其他化学物质的混合物，产生了防水、耐磨的皮革，相比油鞣革更加柔软。第三种鞣革类型，是本节的重点，为植物鞣革，是使用柞树的树皮和其他化学物质的混合物进行皮革染色的工艺。

植物鞣革具有吸水性好、染色快速、均匀，适合任何曲面造型染色的特点。它有多种色彩浓度，几乎能够满足任何设计要求。植物鞣革需要进行防水处理，使皮革耐脏，避免油渍或水渗入，但对皮革表面的防水处理却无法在传统工作室中进行。

虽然皮革染料多种多样，但大致可分为三个基本类别：酒精基剂染料、水性染料和油性染料。酒精基剂染料被皮革吸收的速度快、干燥速度快，却会使皮革的手感相对变硬。注意酒精基剂染料会释放气味，所以一定要在通风良好的地方操作；水性染料能够保持皮革的柔软性，但干燥速度慢，防水处理要求高；油性染料渗入性好，能使皮革更加柔软，但干燥时间更长，颜色范围比较有限。

皮革染料的使用

所有皮革染料都可以按照相同的操作方式使用，但要根据设计要求选择最适合的类别，皮革染料可以单独使用（图1.11），也可以将不同颜色混合后使用，或进行逐层染色而产生丰富多样的颜色。

1.11 费尔德2011年秋冬时装发布会上的一条裙子，很可能是在制革厂制作完成的，通过手绘方式直接将染料应用于皮革也会得到同样的效果

工具与材料

图1.12展示了进行植物鞣革操作所需的工具与材料。

• 如果使用酒精基剂染料需要佩戴防尘口罩

• 皮革染料（见附录B，图B.29）

• 根据皮肤的敏感性选择防护手套：橡胶、塑料或者乳胶材质

• 用于植鞣的皮革

• 羊毛片或旧纯棉T恤布片

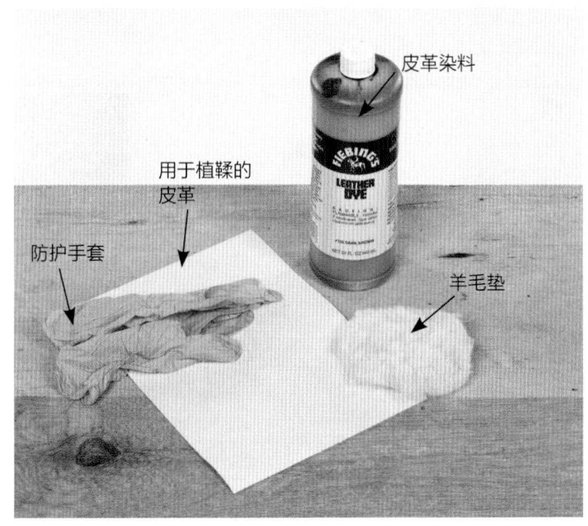

1.12 皮革染色工具与材料

应用方式

• 单独应用一种颜色时最好直接使用瓶装染料，一直以画圆圈的方式应用

操作空间

• 用报纸或塑料布覆盖工作台，防止其沾染上颜色

安全提示：进行皮革染色时要一直戴着手套，如果染料不慎沾上皮肤，可能会刺激皮肤。当使用酒精基剂的染料染色时，建议佩戴口罩以避免吸入有毒气体。

皮革染色操作指导

1.在工作台表面覆盖报纸，并戴上手套。

2.皮革平铺在工作台上面。

3.将染料倒进一个小碟子里，用羊毛片或小布片轻轻地蘸染料，避免吸入过多染料而产生染色不均。

4.在皮革上轻轻地以画圈的方式涂抹染料，注意快速移动，避免羊毛垫吸入过多染料导致涂抹不匀（图1.13）。

1.13 以画圆圈的方式涂抹染料

5.当上一层涂抹的颜色干燥后，再进行下一层的染色操作。

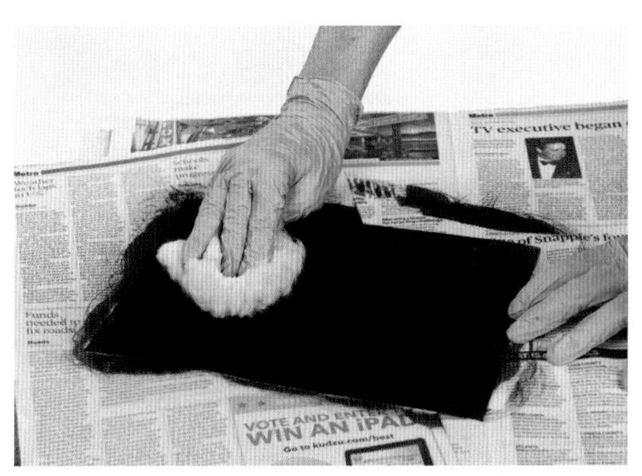

1.14 以画圆圈的方式染色，每一层染色要等到皮革干了之后再进行下一层操作

6.继续染色直到获得满意的颜色。

1.15 使用深棕色皮革染料进行了四层染色的皮革

案例

图1.16展示了使用同样颜色的染料染出的不同深浅色调。

1.16 因涂抹力度的轻重不同染出了深浅不一的色调，注意观察逐渐加深的颜色变化

着色

面料着色是通过直接应用材料、染料以及采用涂绘方式使面料表面产生图案。由于颜色渗入了面料纤维而使图案不会被轻易去除，当然，洗涤剂和去污剂可用于去除有机污渍，比如草、血液、咖啡等，所以需要使用媒染剂对面料进行预处理，如明矾或醋，将有助于面料固色。

古代人偶然发现了草、树叶或土壤可用于使面料着色，他们可能是现代面料着色的先驱者。少数民族，主要是游牧民族，在探索使用自然资源的过程中，发现泥土、树皮、花和叶子都可以用来装饰皮肤和衣服。澳大利亚土著人使用有颜色的粘土来装饰自己的身体、房子和仪式用的物品。他们细细地研磨赭石（黄色和红色色调）、木炭（黑色）或石膏（白色），然后用水来混合粉末，从而使这些物质容易被施色于面料、木头、皮肤表面。

虽然使用金属锈、土壤、粘土、草、树叶或日常有机材料染色的方法很简单，但要准确地控制染色效果却很难，染色效果往往是独一无二的。染色效果与面料材质、操作方式都有非常重要的关系，通常来说，麻类面料的材质特点使颜色更容易渗透进纤维中，从而形成色彩鲜明的图案效果。

锈蚀是借助生锈的金属物件在面料或皮革上产生图案的着色方法。选择不同的金属物件操作会产生不同的图案形态，生锈的钉子会产生细点状锈斑，如帕特里克 · 厄维尔的作品（第20页），而使用更大些的金属物件则会产生更加夸张、生动的图案，如里奥 · 雷恩使用铁剪刀创作的图案（图1.17）。

首先将面料用醋或盐水浸泡（像里奥 · 雷恩做的那样），以醋或盐充当媒染剂，将面料缠绕或层叠在生锈的金属物件上。根据想要的图案效果决定放置时间，生锈金属与面料的接触时间越长，锈蚀的效果就越明显。在放置过程中当面料变干时可以随时在面料上喷洒醋液，之后用热水加入染色专用洗涤剂将着色后的面料清洗干净，洗掉面料上残留的金属杂质和醋的味道。

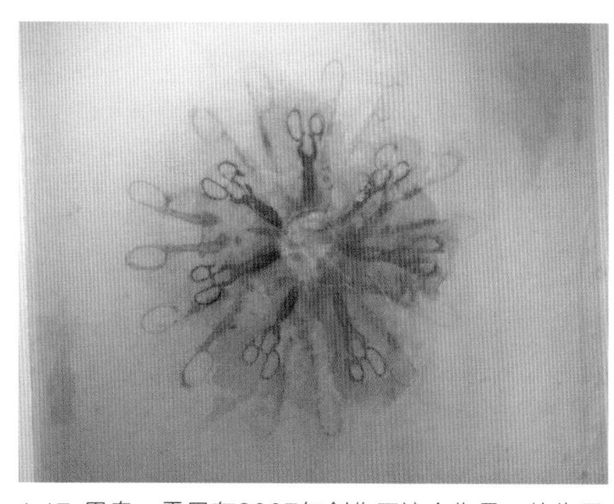

1.17 里奥 · 雷恩在2007年创作了这个作品，他先用盐水代替醋浸泡面料，然后将生锈的金属剪刀置于面料表面，通过定期在面料上喷洒盐水直到获得满意的图案，这块丝绸上的图案是静置几天之后形成的

工具与材料

图1.18展示了进行锈蚀着色操作所需的工具与材料。

- 面料表面未经涂胶处理即可使用，以免影响锈渍渗透进面料
- 用来存储生锈金属物件和面料的塑料袋
- 根据皮肤的敏感性准备防护手套：橡胶、塑料或乳胶材质
- 生锈的金属物件
- 用于盛醋的喷雾瓶
- 醋

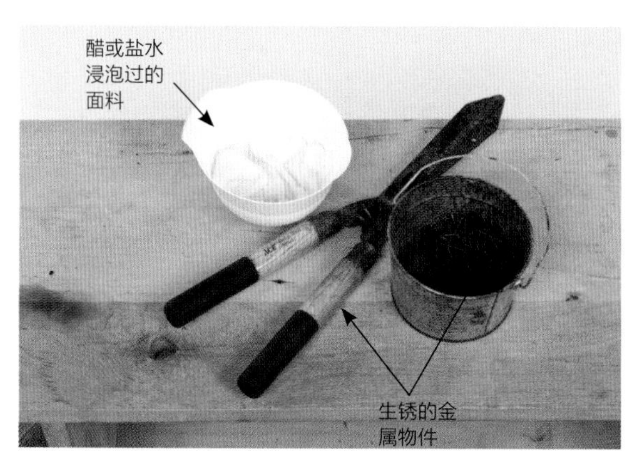

1.18 锈蚀着色所需的工具与材料

应用方式

- 直接应用面料包裹、缠绕生锈的金属物件或直接放在一起

操作空间

- 始终用报纸或塑料布覆盖工作台表面
- 醋的气味很浓，最好在通风良好的空间或户外工作

安全提示：请注意，为了避免划伤和感染，与生锈的金属物件接触时，需要一直戴手套，并在通风良好的地方工作。

锈蚀着色操作指导

1.用醋浸泡面料，要求快速而充分，一些面料如果浸醋过久会损伤纤维。

2.将生锈的金属物件直接放在面料上（图1.19a），或用面料包裹缠绕（图1.19 b）。

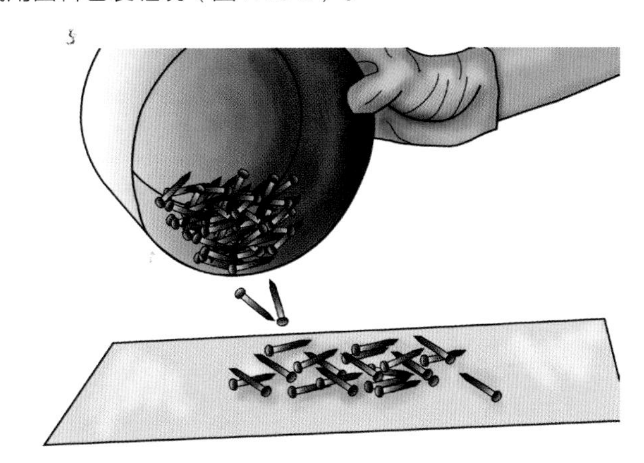

1.19a 将生锈的铁钉直接放置于面料表面

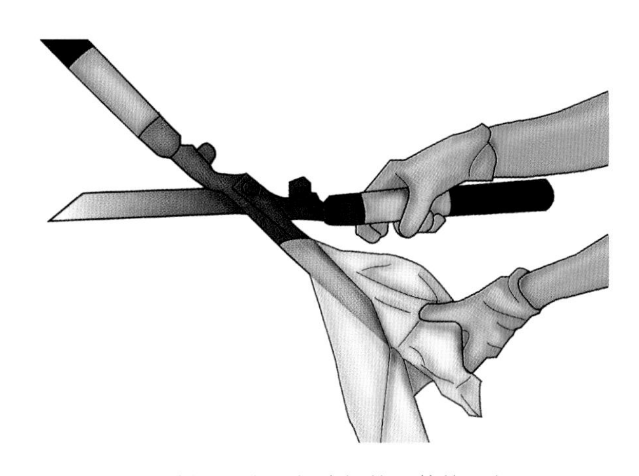

1.19b 浸透醋的面料缠绕在一把生锈的园艺剪刀上

3.将它们放进塑料袋里置于户外，温暖的阳光和空气热度会加快着色进程。置于室内则需要更长的时间来达到预期的着色效果。

4.定期检查面料着色情况，定期喷洒醋，始终保持面料和金属物件的潮湿。

5.等待面料锈蚀达到预期效果，至少需要24小时。

6.使用外接软管冲洗面料，避免在金属水槽里冲洗，因为这样容易导致水槽生锈。

7.用熨斗压平面料，查看着色效果。

案例

图1.20和1.21展示了各种锈蚀后的面料。

1.20 从左到右依次为真丝雪纺缠绕于金属杆，深蓝色牛皮革缠绕于金属杆，人造丝乔其纱接触老旧的园林剪刀，印花棉布接触生锈的金属桶，蓝色绸缎接触生锈的钉子、印花棉质家用装饰布包裹园艺剪刀

1.21 仿猪皮麂皮绒缠绕在生锈的金属杆上几天后的效果

秀场作品赏析：帕特里克·欧威尔2010春夏成衣作品

2010年春天，人们在帕特里克·欧威尔在他的时装发布会作品中看到了他对锈蚀技法的运用。他将细小的点状锈斑与轻盈的蓝色结合应用在精细的卡其布面料服装上，展示了惊艳的色彩和纹理效果。锈蚀的纹理图案应用在那套干净笔挺的西装上（图1.22），搭配精致的衬衫，表明了锈蚀效果看上去也并非总是那么粗犷。

1.22 帕特里克·欧威尔（左）与模特在美国时装设计师协会时尚基金奖颁奖晚会上的合影，模特身着2010年春夏时装发布会上展示的服装

土壤着色是使用泥土或粘土在面料上产生图案与纹理的面料着色方法。土壤着色有各种操作方式，但是直接应用的效果最好。土壤着色常被用来表现古朴的、做旧的效果（图1.23a），因为面料的天然纤维容易腐烂，土壤着色结束后面料可能会出现破损（图1.23b）。对土质的不同选择将产生不同的着色效果，泥土产生棕色，而粘土能产生灰色和红色。将面料埋在土里，使土壤能够渗透面料。可以将面料埋在户外的残积土下，如果没有条件也可以在大桶里装入泥土、粘土或混合土壤。面料埋在土里的时长对着色效果有显著影响，所以测试面料并确保有足够时间来达到所需效果是非常重要的，产生一个色彩饱和、纹理醒目的图案可能需要几天甚至几周时间。

1.23a 丝绸被埋在由胡萝卜、柚子、橘子、桉树树皮、甘蓝和咖啡豆堆积而成的混合物中，这是放置一个月后的效果（图片来自梅林达·塔依《倒卵形的设计》

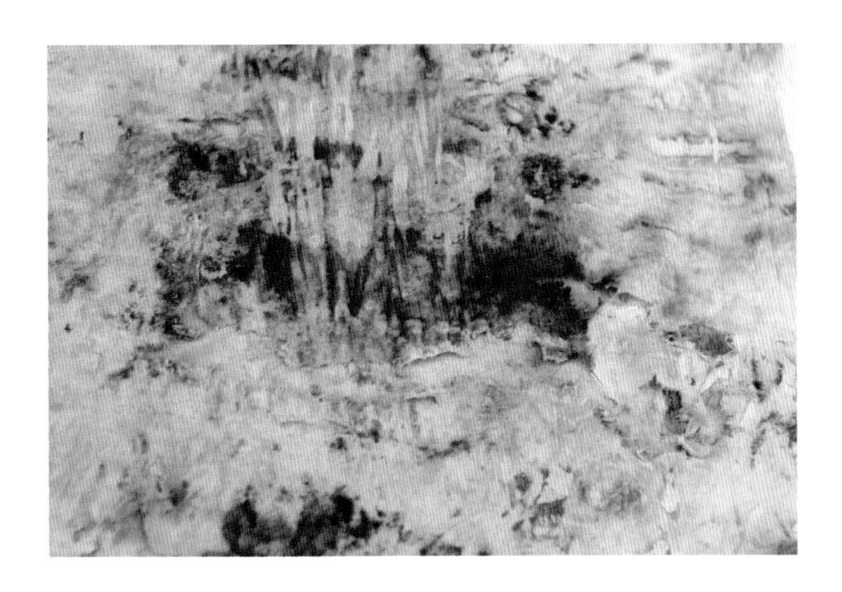

1.23b 一些面料由于埋的时间过久而腐烂和破损，梅林达·塔依的作品中出现了这种情况（图片来自梅林达·塔依《倒卵形的设计》）

工具与材料

图1.24展示了进行土壤着色操作所需的工具与材料。

- 粘土或泥土
- 防尘口罩
- 天然纤维面料，用加入染色专用洗涤剂的热水清洗过。
- 塑料袋，需要足够大，能容纳下面料；也可以使用足够容纳下面料和土壤的花盆。
- 塑料喷雾瓶，用来喷水以保持面料湿润。
- 根据皮肤的敏感性选择防护手套：橡胶、塑料或乳胶材质
- 醋或豆浆

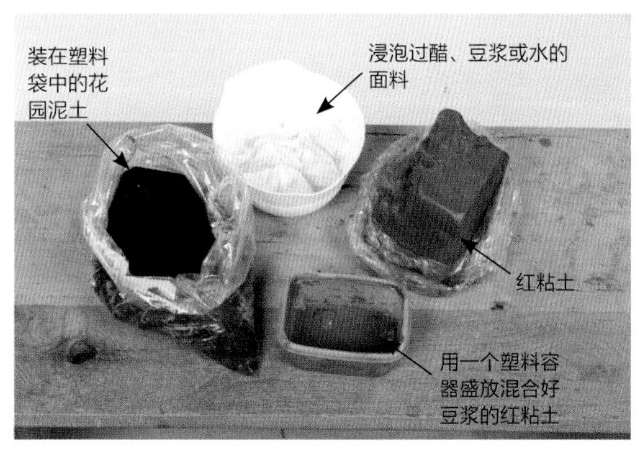

1.24 土壤着色所需要的工具与材料

应用方式

- 直接应用
- 浸染工艺

操作空间

- 尽管这个过程在任何地方都可以进行，为了避免脏污，最好在户外工作

安全提示：戴上防护手套后接触粘土或泥土，以免皮肤过敏；同时建议戴防尘口罩，避免吸入粘土颗粒。

土壤着色操作指导

1.将清洗过的面料浸泡在醋、豆浆或水中，这三者产生的着色效果略有不同。

2.如果使用泥土，则将面料埋入其中，从而让泥土完全覆盖面料，或把它们放在一个大的塑料袋内（图1.25a）；如果使用粘土，可将粘土皴擦在面料上，然后把粘土和面料一起放入一个塑料袋中（图1.25b）；若应用浸染工艺，可用水、醋或豆浆稀释粘土或泥土，并将面料放入其中浸泡（图1.25c）。

3.定期检查染色进展，不时喷水以保持面料潮湿。

4.这个过程需要持续几天甚至一个月来获得理想的效果。

1.25a 将土壤和湿布放进一个塑料袋内，使土壤完全覆盖面料

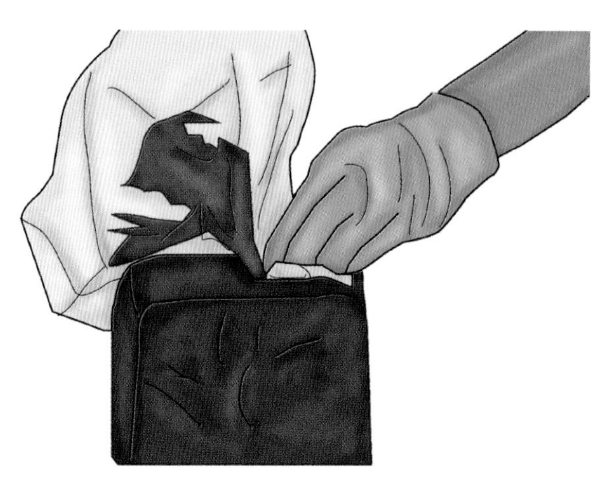

1.25b 将面料直接在一块粘土上皴擦

1.25c 将面料浸入粘土和水的混合物中

案例

图1.26~图1.30展示了土壤着色的各种效果。

1.26 将浸湿的棉布卷成一个小球，用红粘土直接皴擦。把面料连同少许粘土一同放进塑料袋中，保持面料的潮湿，放置48小时

1.27 棉布浸泡在醋与红粘土的混合物中，放置48小时

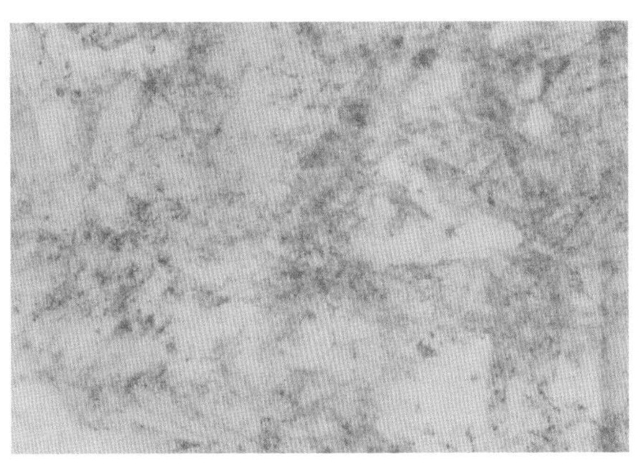

1.28 棉布浸泡在豆浆、红粘土的混合物中，放置48小时

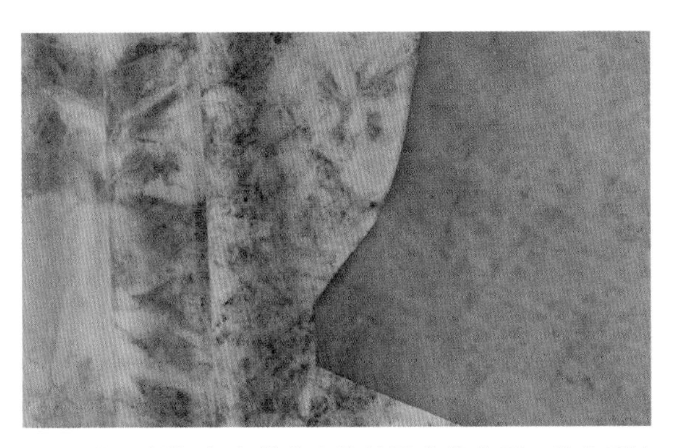

1.29 将面料埋在大花盆中的普通盆栽土里。从左到右分别显示了面料第三天、一个星期、一个月后的着色效果，最右边是一片植鞣皮革一个月后的着色效果

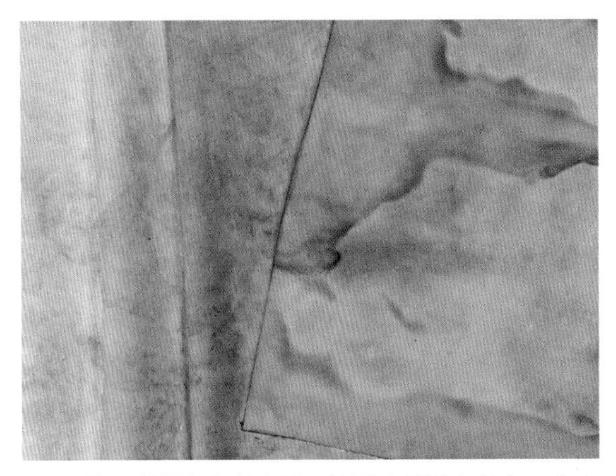

1.30 将面料埋在红粘土里，连同土壤被密封在一个大塑料袋中。从左到右分别为三天、一个星期、一个月后的着色效果，最右边是一片植鞣皮革一个月后的着色效果

秀场作品赏析：侯赛因·卡拉扬作品展示

侯赛因·卡拉扬是一位土耳其裔设计师，在1993年伦敦中央圣马丁艺术学院的本科毕业展上发布了他的毕业作品。他将已完成的作品埋在后院，直到展览前才挖出来。尽管作品的效果事先难以预测，但最终效果却让这个冒险之举有了回报，这次展览奠定了他以后的设计师职业生涯（图1.31）。

1.31 上装着色效果是将棉织物埋入生锈的金属物件中形成的

草和叶对面料的着色方法是通过运用一定技巧，使用草和叶在面料上产生斑驳的图案效果。在设计中恰当地运用这种方法，能够创作出富有趣味性的图案。比如艾里特·杜尔曼用桉树叶在美利奴羊毛毡无缝外套上着色，如图1.32所示。

1.32 艾里特和维尔特创作的毡制美利奴羊毛无缝外套，将桉树叶的形态展示出来（摄影/艾丹·利维）

工具与材料

图1.33展示了使用草、叶、花为面料着色所需的工具材料。

- 明矾溶液：约4升温水中加入7~8汤匙明矾（见附录B，图B.33）
- 叶子、花、草
- 用于绑扎面料的麻绳
- 清洗过的两块天然纤维面料或一块大到可以折叠的面料
- 根据皮肤敏感性选择防护手套：橡胶、塑料或乳胶材质

应用方式

- 在天然纤维面料表面直接应用花、叶、草

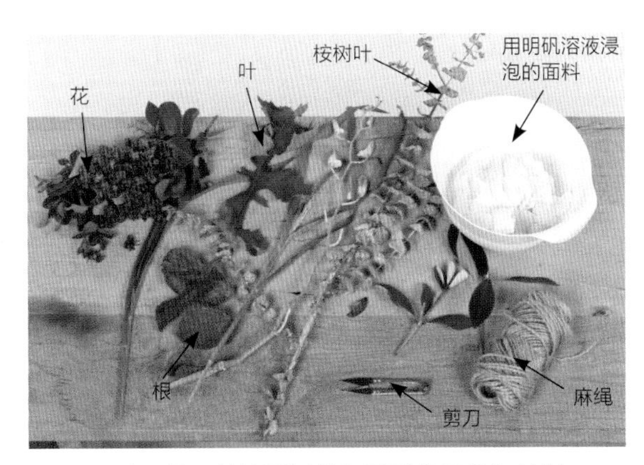

1.33 用叶、草、花给面料着色需要的工具与材料

操作空间

- 蒸锅（见附录A，设置一个蒸锅，第259页）
- 放置面料和有机材料的工作台

安全提示：始终戴防护手套以避免皮肤受到草和叶的刺激而产生不适。

草和叶子着色操作指导

1.预先在明矾溶液中浸泡面料，但要注意不要浸泡太久，以免损伤面料纤维，通常20分钟足以。

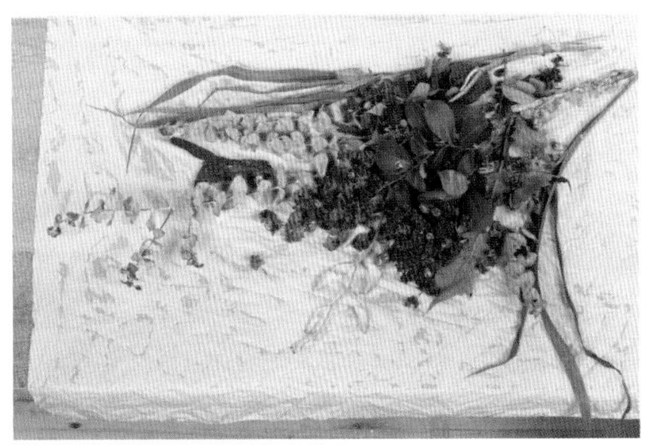

1.34 将面料摊平，按照设计图摆放草、叶、花，在边缘留下足够的空间以便折叠面料

2.平铺面料，在其表面添加花、叶、草。

3.也可以用另一块面料覆盖花、叶、草。

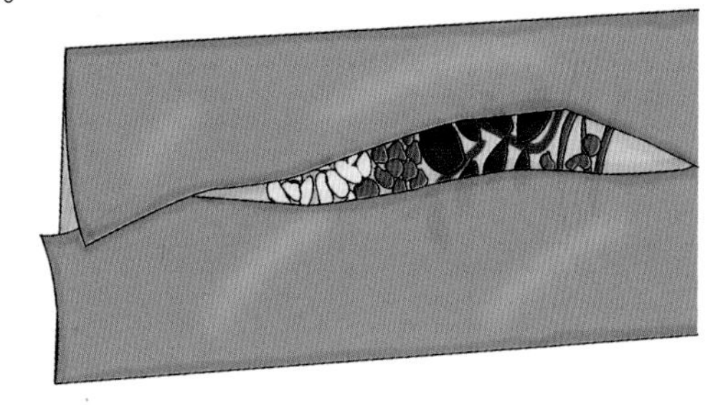

1.35 用另一块面料覆盖有机材料或用同一块面料折起四边进行包裹

4.将面料包好，用细麻绳绑扎，使其大小合适，可以放进蒸锅。

1.36 包卷好面料并用麻绳绑扎好

5.将包好材料的面料放入蒸锅中用蒸汽蒸1个小时之后，从蒸锅中取出，放入塑料袋中密封放置，直到达到理想的图案效果。蒸汽熨斗虽然可以代替蒸锅，但需要熨烫很久（约1小时）。

6.展开面料，使用明矾溶液漂洗，可帮助固色。

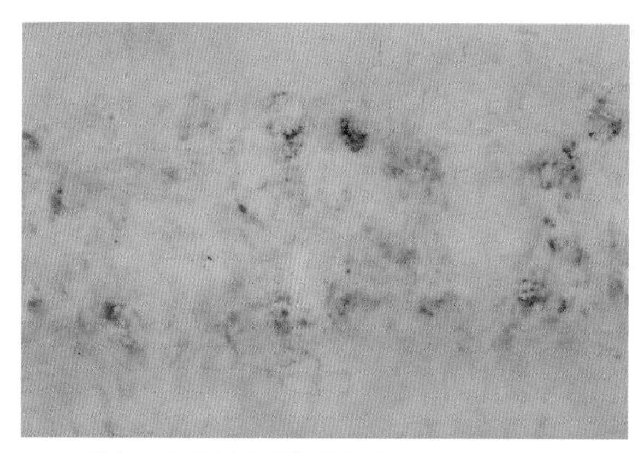

1.37 草和叶在面料上着色的完成品

案例

图1.38展示了使用草、叶、花着色的各种面料。

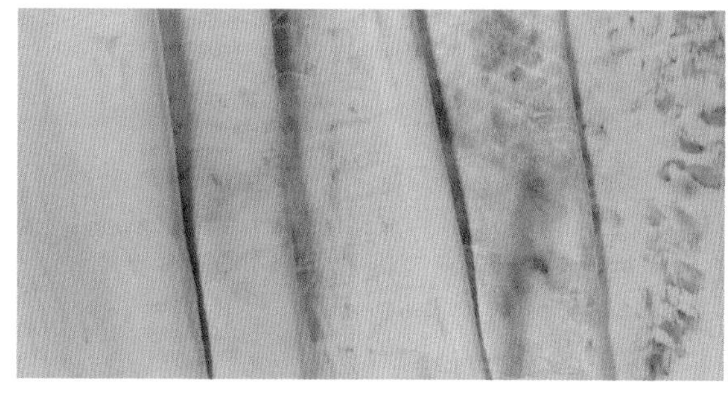

1.38 从左到右依次为用草和松针着色的真丝雪纺、用叶子着色的真丝电力纺、用叶子和草混合染色的真丝双宫绸、用粉红色和红色康乃馨着色的真丝缎、用桉树叶着色的真丝斜纹绸

设计师简介：尹迪亚·弗林特

尹迪亚·弗林特是一位澳大利亚艺术家，她使用在本地收集的白色、米色或未经染色的面料，以及由叶子（特别是桉树叶）、树皮或者稀土色料制成的有机染料进行艺术创作（图1.39）。她将新面料与二手面料结合，添加手工或缝纫机的缝合线迹，将每一件作品发展为艺术品，其中的一些设计超越了穿着佩戴的实用功能，可以悬挂在一个空间里或者墙面上进行装饰。

弗林特采用一种简单的捆扎染色工艺，类似于扎染。她将植物的叶子分层叠入面料中，将面料捆扎后放进染锅，让面料在天然染料溶液中浸泡，直到获得满意的颜色。如所有的天然材料染色一样，其操作结果难以预测，艺术家必须愿意尝试，进行各种实验，乐于接受意想不到的效果，有时候利用偶发性效果会创造出非凡的艺术作品（图1.40）。

1.39 真丝双宫绸裙子，用桉树叶经捆扎染色

1.40 使用桉树叶的创作作品，这个过程只需要桉树叶和水

以前污渍是破坏服装的罪魁祸首，现在设计师却发掘出其中蕴藏的美丽，例如这幅迷人的作品是阿米莉亚·潘·哈纳斯在红酒渍上缝制出的图像（图1.41）。在创作过程中对偶然性的把握是非常重要的，因为着色结果往往难以预料。香料、咖啡渣、茶叶很容易产生污渍，使用酒、苏打水和其他液体也很方便。控制着色结果的最好方法是多实践。

1.41 阿米莉亚·潘·哈纳斯创作了这幅画像，首先用蜡在面料上涂绘，涂蜡的地方将不会着色，然后使用红酒产生明暗色调，再用刺绣的线迹勾勒出明确的形状

工具与材料

图1.42展示了使用日常有机材料给面料着色可能使用到的工具与材料。

- 明矾溶液，将7汤匙明矾加入4升温水中溶解（见附录B，图B.33）
- 能够产生污渍的日常有机材料，能够使指尖沾染颜色的材料都可以用于对天然纤维面料着色
- 天然纤维面料，预先在加入了染色专用洗涤剂的热水中清洗过
- 塑料袋或蒸锅
- 根据皮肤敏感性选择防护手套：橡胶、塑料或乳胶材质

1.42 用日常有机材料给面料着色时使用的工具与材料

应用方式

- 将材料直接应用于面料的表面

操作空间

- 工作台表面用塑料布覆盖以防止脏污

安全提示：因为某些日常有机材料可能产生烟雾，所以请始终在通风区域工作；穿戴防护手套可以避免皮肤过敏。

日常有机材料着色操作指导

1.在热水中加入染色专用洗涤剂清洗天然纤维面料。

2.将7匙明矾放入4升温水中溶解，将天然纤维面料浸入明矾溶液中浸泡20分钟。

3.把潮湿的面料平铺在一张桌子上，可以放置任何能沾染皮肤的日常有机材料（咖啡、茶、樱桃、西红柿浓浆等）。

1.43 将日常有机材料按照设计图置于明矾溶液浸泡过的面料表面

4.折叠面料，确保将所有材料都包裹住。

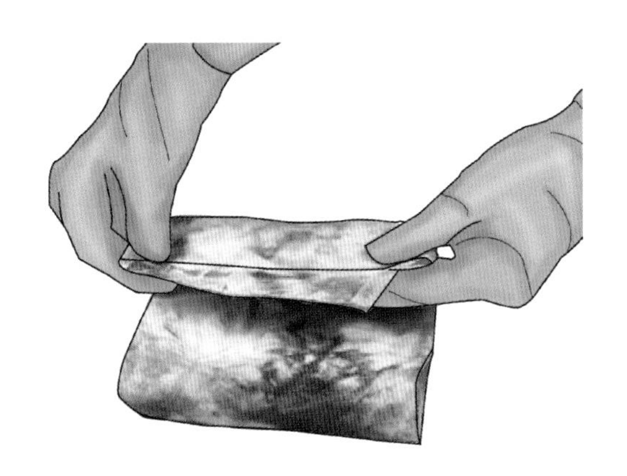

1.44 将面料折叠成一小捆以便放进塑料袋中

5.将面料放进塑料袋中搁置一夜，能够获得较浅的颜色。如需颜色加深，可放入蒸锅中蒸一个小时（参见草和叶着色操作指导）。

6.小心地打开面料，拿掉上面的材料。

7.使用染色专用洗涤剂清洗面料帮助固色，晾干或烘干面料。

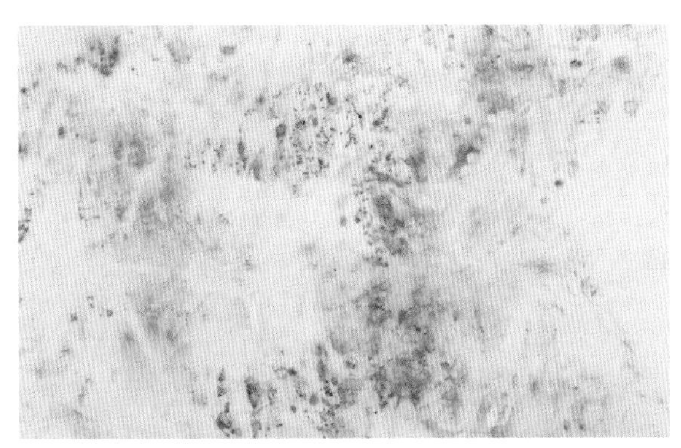

1.45 用日常有机材料完成对棉织物着色的面料样片

案例

图1.46展示了使用日常有机材料实现的着色结果。

1.46 从上到下依次为：用红洋葱和绿色辣椒对真丝雪纺着色、用蓝莓对细平棉布着色、用咖啡和石榴茶对真丝电力纺着色、用咖喱和其他香料对真丝双宫绸着色

学生实践计划

1.制作样本册：制作一本可用于参考的样本册。首先，选择某个颜色（红色、蓝色、绿色、紫色等），从第一章的内容中至少选择5种染色与着色方法，根据所选颜色分别运用每种方法进行每个面料样片的制作，注意所选面料材质与染料性质相匹配。以紫色为例，使用酸性染料在羊毛纤维面料上染色，使用分散染料在涤纶面料上染色，使用蓝莓在棉纤维面料上着色，使用紫色花朵的叶子给麻纤维面料着色，将真丝埋在紫茄子和泥土的混合物中使之着色。将每一个完成的面料样片贴在一张纸板上，附上一份简短的制作过程说明，并分析如何取得更好的效果或者如何产生不同的效果，以及如何用于服装、配饰或艺术作品上。

2.记录怎样还原已完成的结果：选择一种染色工艺（用酸性染料、分散染料或日常有机材料染色），并至少选择5种不同材质的面料，将每块面料分成两半，分成两组制作，从而产生两组使用了相同面料的样片。选择面料时要事先明确其纤维属性及含量，若有疑问需做燃烧测试（请参阅附录A，燃烧测试，252页）。使用与面料材质相匹配的染料进行一组面料的染色，细致观察并详细记录染色过程中染料的用量、面料浸在染锅中的时间，并标注染色结果。注意观察第一组每个样片之间的染色差别，现在尝试用第二组面料还原第一组面料的染色结果。

3.着色：准备1块白色面料，以及与其纤维材质相匹配的着色材料适量。选择两种着色技巧，在面料的不同位置着色。待面料干燥后，记录过程、标注结果，说明这块着色面料的三种用途。

关键术语

- 酸性染料
- 酒精基剂皮革染料
- 纤维素（植物纤维）面料
- 铬鞣
- 胭脂虫红染料
- 染色坚牢度
- 直接应用
- 分散染料
- 染料
- 土壤着色
- 纤维素（植物）活性染料
- 草和叶子着色
- 斥水性面料
- 浸染
- 靛蓝
- 皮革染色
- 茜草
- 媒染剂
- 油性皮革染料
- 油鞣
- 蛋白质（动物）纤维
- 熟皮
- 锈蚀
- 皴擦
- 上浆
- 水性皮革
- 染料
- 着色
- 染色专用洗涤剂
- 鞣革
- 植鞣

第二章　拔染与防染

目标：

- 使用拔染剂去掉面料的颜色
- 使用RIT去色剂去掉面料和皮革的颜色
- 在丝绸上使用防染剂
- 用蜡防染
- 使用捆扎和折叠方法防染
- 对植鞣皮使用防染技术
- 使用土豆糊剂作为防染剂

大多数经过工业化染色后的面料能够使用专门配制的去色剂去掉颜色，如拔染剂或RIT去色剂。通过这些去色剂去除面料原有的颜色而产生图案，具有类似扎染的效果；去色剂也可以用来使面料的整体颜色变淡。防染是通过涂绘的方式将防染材料如古塔胶、蜡、皮革防染剂等应用在面料、皮革上，之后将这些面料、皮革进行染色，染色后去除防染剂，防染的区域即未染色部分便形成了图案。在进行拔染与防染操作时，请始终关注环境问题。第34页具体讨论了拔染与防染对环境产生的影响。

拔染

通过在深色的面料或皮革上去掉颜色来创作负像或图案（图2.1）。也可以用去色的方法使面料的整体色调变浅，以便重新染色或者在变浅的面料上印花，从而创造出更加丰富的图案效果。在去色过程中起主要作用的化学元素是氯，最初是由卡尔·威廉舍勒在1774年发现的，当时他发现了棉花能够被氯迅速漂白。在此之前，常见的做法是将棉花大面积地平铺在地面晾晒，依靠太阳进行自然漂白，这个过程可能需要数月之久。到了1799年，苏格兰化学家查尔斯·坦南特创造了由氯和熟石灰制成的漂白粉，既能够大量生产，也非常容易使用。这个标准一直持续到20世纪20年代，直到液态氯开始在纺织工业中得到使用。

面料对拔染剂的反应各有不同，有些颜色，像黑色，拔染后可以呈现出各种各样的颜色，从橙色到黄色，到绿色都有可能。这是因为黑色是不同颜色的组合，所以若要知道面料拔染后的颜色如何，唯一的方法是进行样本测试。并不是所有面料在拔染后都能变成白色，有些面料只会呈现比原来颜色更淡的其他颜色。用酸性染料染色后的面料容易去色，而用分散性染料染色后的面料则很难去色。一些经过工业染色的面料色牢度很强，拔染后只会产生轻微的效果。

对环境的影响：拔染与防染

拔染能够去除面料的颜色，拔染后必须用大量的自来水冲洗面料，将浮色冲入下水道，以减小对环境的影响。使用拔染剂或稠厚的漂白剂拔染产生的浮色很少，但是其自身的化学物质在受热的时候会产生有毒气体，请注意在通风的地方操作，并佩戴防尘口罩，还要戴手套以免拔染剂和RIT去色剂引起皮肤过敏。

大多数防染剂是无毒的，通常具有水溶性和热溶性，其环保问题是源于使用防染剂后对面料进行染色时所产生的对环境的危害。大多数酸性染料是相对环保的，经过妥善处理，将它们排入下水管，而不是倒在地上或雨水沟中就行。使用土豆糊剂防染也相对环保，因为这种防染剂是用有机原料制成的。尽管它不产生有毒气味，还是要戴口罩避免吸入粉尘。一些商业的糊剂含有能够漂白面料的氯，可能会引起皮肤过敏，建议戴防护手套。

用密封的塑料容器储存剩余的染料和拔染剂，以避免有害气体的挥发或粉末、液体的渗漏，否则会污染工作区域。如果发生大量散漏的情况，要立即加以处置，及时使用纸巾或旧抹布进行清理。将用过的抹布放入一个塑料容器中，不要直接扔掉，需与当地的特许废物处理部门联系进行处理。

2.1 玛丽·格莱施庆加在2012年秋季时装发布会上展示的服装，通过运用拔染技巧在服装面料上实现了引人注目的图案效果。黑色面料对于拔染剂的反应结果不同：有的呈现橙色，有的呈现绿色，有的呈现黄色。产生理想的拔染效果的关键在于进行试验操作，而在操作过程中也可能得到相似的拔染效果

拔染技法

拔染剂用于已染色的面料，能够将面料原来染的颜色去掉，在面料上留下从白色到淡橙色色域之间的某种颜色。面料经过拔色后呈现的色相取决于面料的材质，对于面料拔染后的颜色和效果，只能通过对所选面料做样片试验操作才能知晓，单凭预测是不准确的。拔染剂对于天然纤维面料效果最好，增稠的拔染剂适合于许多手工印染技法（见第三章，直接印花和转移印花），如丝网印花、凸版印花或手工涂绘，图例展示了手工涂绘拔染剂创造的条纹图案（图2.2）。

蒸汽电熨斗或工业蒸锅的蒸汽可以使拔染剂的作用得到充分发挥。高温可以激活拔染剂分子，促使它们附着在染料上。当反应发生时，会释放出强烈的氨气，所以应该在通风良好的地方操作。面料置于蒸汽中或熨烫加热的时间越长，拔色区域的颜色就会越淡。一旦面料达到了预期的拔色效果，就要立即用水冲洗，将拔染剂彻底冲洗掉，再使用染色专用洗涤剂清洗面料。

2.2 布兰登·松2013年秋季时装发布会上的礼服裙，使用拔染剂在服装面料上创造了条纹图案

工具与材料

图2.3展示了直接使用拔染剂所需的工具与材料。

- 刷子：油漆刷和泡沫刷
- 拔染剂（见附录B，图B.26）或用海藻酸钠增稠的漂白剂。
- 面料：拔染技法应用于天然纤维面料染色的效果最好，如棉或羊毛，也适合大多数合成纤维面料
- 防护手套：根据皮肤的敏感性选择橡胶、塑料或乳胶材质
- 用大头针将面料固定在工作台表面

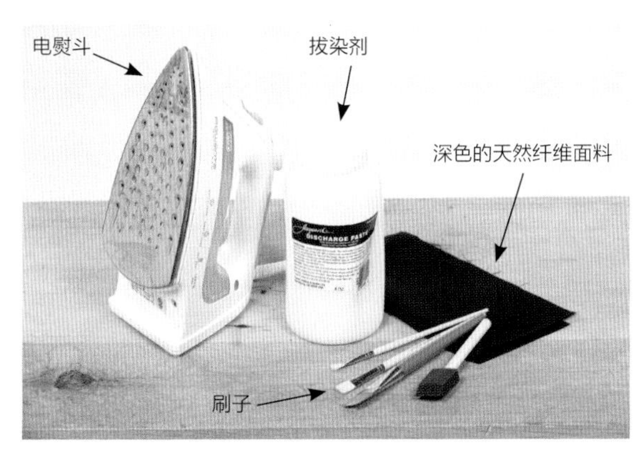

2.3 直接使用拔染剂所需的工具与材料

应用方式

- 用笔刷涂绘
- 土豆糊剂（见58页）
- 丝网印花（参见第三章：直接印花和转移印花）
- 凸版印花（参见第三章：直接印花和转移印花）

操作空间

- 泡沫板或装有软垫的工作台表面

安全提示：工作时一直戴防护手套来保护皮肤，以避免受到拔染剂的刺激而使皮肤过敏，也要避免吸入熨烫过程中所释放的气体，因为它们可能是有毒的。

拔染操作指导

1.使用大头针将面料固定在装有软垫料的桌面上（请参阅附录A，制作装有软垫的工作台表面，第254页）。

2.使用糊状的拔染剂。图2.4展示了让拔染剂在面料上流淌的技巧，将拔染剂涂在面料的一边，然后小心地拎起这一边面料的两端，让稠厚的拔染剂向下流动，直到获得所需的图案形态。

3.用纸巾吸掉面料上多余的拔染剂。

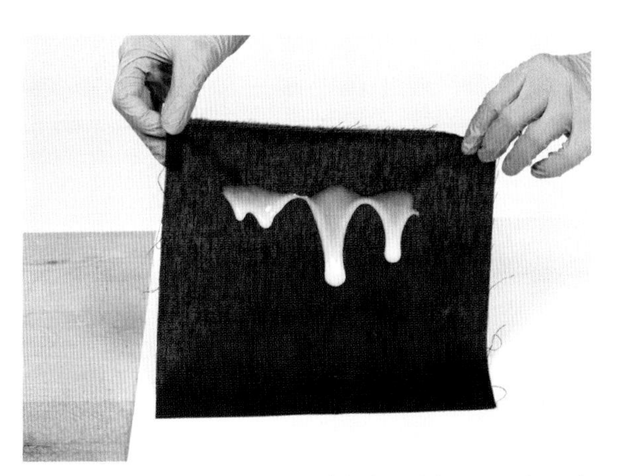

2.4 拎住面料的一边，让拔染剂在面料上缓慢向下流淌

4.让面料干燥。

5.将拔染过的面料放在两块棉布之间，有拔染剂的一面朝下，然后用电熨斗进行高温熨烫。

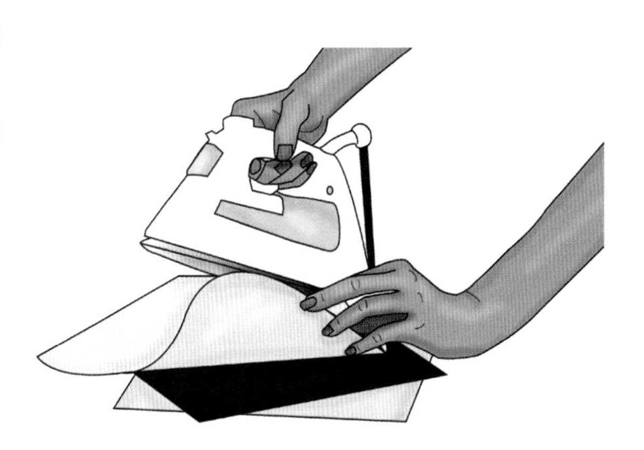

2.5 将面料放在两块棉布之间，有拔染剂的一面朝下，用电熨斗进行高温熨烫

6.所选面料材质不同，拔染后面料的颜色反应也不同，既有可能迅速发生变化，也可能需要几分钟后才开始发生变化，颜色会变成橙色、绿色或灰色。定时检查，看面料是否被拔染剂腐蚀损坏。如果是使用增稠的漂白剂，则无需熨烫面料，只需在清洗之前让它彻底地自然风干。

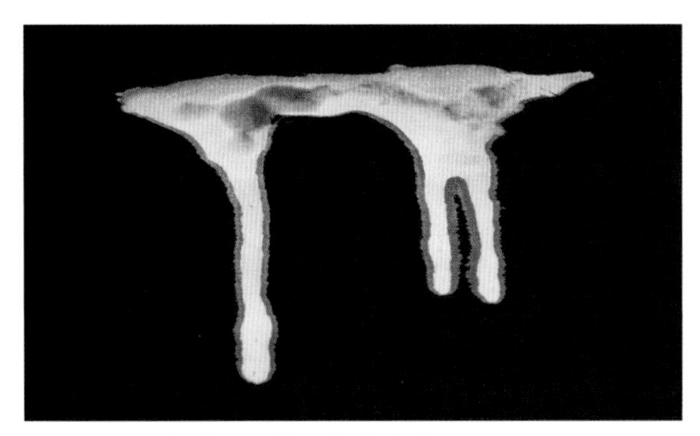

2.6 熨烫几分钟后面料颜色发生变化

7.漂洗面料以去除多余的拔染剂，在水中加入染色专用洗涤剂清洗。

8.自然风干。

2.7 不同纤维材质的面料产生不同的颜色反应

案例

图2.8~图2.11展示了使用各种拔染技法产生的面料效果。

2.8 丽莎·罗宾的拔染图案是通过使用漂白剂去除服装面料上的颜色实现的

2.9 侯赛因・卡拉扬在2013年春季时装发布会上展示的服装，其拔染图案是使用不同稠度的拔染剂和不同规格的画笔，以自由轻松的笔触表现的

2.10 使用模具将拔染剂压印在黑色细平棉布上

2.11 使用丝网将拔染剂应用在红色棉布上

RIT去色剂在任何面料包括皮革上使用都是安全的。以前常用于白色面料漂白，或者给预备染色的面料去色，但它不会去掉面料的全部颜色，在大多数情况下，仅能使面料原来的颜色变淡。这种去色剂是粉末状的，需要在水中产生活性。如果直接应用粉末，去色效果并不好。使用大桶去色方式，在大桶或洗衣机中加入去色剂为面料漂白或去色，这样的使用方式效果最好。

RIT去色剂最简单和最有效的运用方式，是对绑扎好的面料和皮革去色，详见第52页扎染。紧密的绑扎阻止去色剂渗入面料，面料松开后，就会出现图案。其他防染剂也可以用于绑扎的面料，但要确保它们不会在水中融化，否则就不会产生任何防染效果了。

工具与材料

图2.12展示了使用RIT去色剂所需的工具与材料。

- 搪瓷或不锈钢锅，仅用于染色（不能使用铝锅，也不能使用不粘锅）
- 面料或皮革
- 根据皮肤的敏感性选择橡胶、塑料或乳胶材质的防护手套
- RIT去色剂（见附录B，图B.25）
- 仅用于染色的木勺
- 橡皮筋或细绳（用来绑扎面料，形成扎染效果）

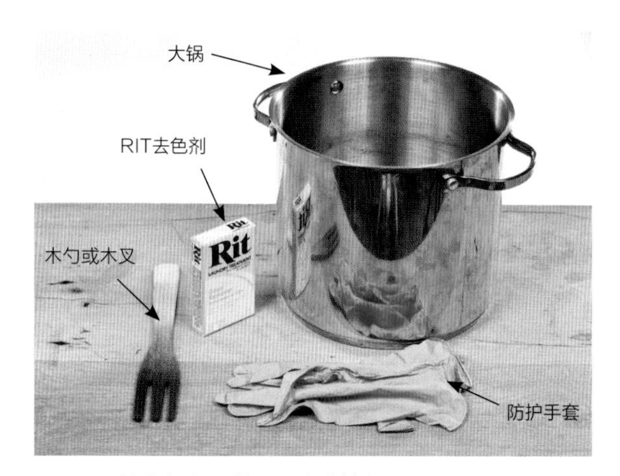

2.12 面料去色所需的工具与材料

应用方式

- 加热
- 洗衣机（遵循制造商提供的指示说明使用）

操作空间

- 加热器或炉灶
- 用来晾干被去色面料的架子
- 洗涤槽

安全提示：操作中需要一直戴好橡胶手套，同时，为了避免吸入去色剂释放的气体，盛放去色剂的容器需始终保持密封状态。加热操作时要小心，以防火灾。

面料去色操作指导

1.使用染色专用洗涤剂清洗面料，保持潮湿，不需要晾干。准备皮革，将其浸泡在冷水中，直到完全被水浸透。

2.若想去色均匀，要确保面料被彻底浸湿并且没有任何折叠。若想达到扎染效果，可用绳子或橡皮筋捆扎面料（详情参见第54页图2.40~图2.45）。

3.锅中加水，用小火加热。

4.添加去色剂粉末，注意不要吸入粉尘。

5.搅动锅中溶液，使去色剂粉末溶解于水。

6.小心地将潮湿的面料放入锅中，此时不可加入皮革，详情参考下方关于皮革的操作说明。

7.保持小火加热，持续搅动10~30分钟或持续搅动直到获得满意的去色效果为止。不要让锅内的溶液沸腾。

8.小心地取出锅内面料，用温水冲洗，并让它干燥。

在皮革上使用去色剂的操作指导

在皮革上使用去色剂时，需要使用温水，水温不能过高，然后添加皮革物品，搅动40分钟以上或根据所需的颜色确定时间。见图2.13这个例子。

案例

图2.13~图2.16展示了同一块面料按不同方式使用去色剂所产生的不同面料效果。

2.13 鹿皮革折叠打褶，在添加去色剂的冷水中浸泡20分钟

2.14 蓝色细平棉布（左：面料原来的颜色。中：整体去除面料的颜色。右：用橡皮筋绑扎面料后去色。右下角为面料的绑扎方式）

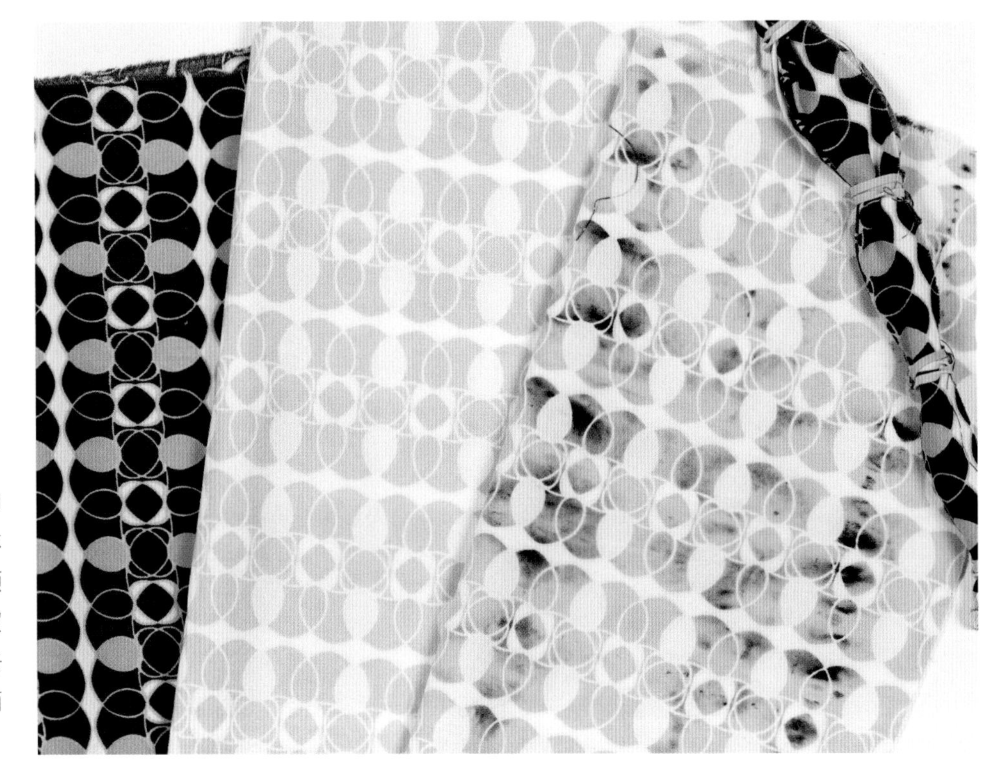

2.15 棉布（左：面料原来的颜色。中：整体去除面料的颜色。右：用橡皮筋绑扎面料后去色。右上角为面料的绑扎方式）

2.16 家居装饰棉布（左：面料原来的颜色。中：整体去除面料的颜色。右：用橡皮筋绑扎面料后去色。右上角为面料的绑扎方式）

防染

防染剂是一种化学介质，用来阻止染料、颜料渗透进面料纤维。防染剂可局部应用在面料上，通过防止染料染色或颜料涂色而使面料产生图案。

不同类型的防染剂和防染方法适用于不同材质的面料。古塔胶是一种稠厚的乳胶防染剂，几乎为丝绸专用，能够表现出图案的复杂细节；蜡防方法是使用已融化的蜡防染，几乎可用于任何材质的面料表面；扎染是通过绑扎或折叠面料，使有扎绳或褶皱的部位与染液产生阻隔而达到防染效果。扎染可以在高温染液中染摺叠色，因为用于绑扎的绳带能够经受加热的温度。皮革防染剂能应用于植物鞣革。土豆糊剂是一种有机防染剂，是以土豆为原料加工制成的，涂在面料表面，晾干后能够出现裂纹。

人类对防染剂的使用可以追溯到数千年前，在中国境内公元683年的古墓中发现了面料残片。这片面料是通过针线缝合来防染的，面料上的针眼依然清晰可辨。公元756年，日本的纺织艺术家们已经掌握了一定的防染方法，能够使用蜡防、扎染和夹缬技艺（在木雕模型板之间夹入折叠的面料）来创作复杂的图案。防染技术起源于中国和日本，通过丝绸之路迅速传播到其他地区。丝绸之路作为一条连接亚洲和欧洲的贸易线路，对于沿途地区的文化技术传播与交流起到了极其重要的作用。在12世纪，随着涂蜡器的发明，印尼的蜡染开始闻名于世。涂蜡器是一种类似钢笔的施蜡工具，在使用过程中能够保持蜡的热度，使蜡液缓缓地流入笔尖。随着蜡染图案的设计越来越复杂，完成某些作品需要几天甚至几周的时间，如图2.17所示的复杂图案。

2.17 20世纪的森林题材图案设计，出自爪哇中部，材质为棉布（摄影/富尔维奥·泽尼特尼）

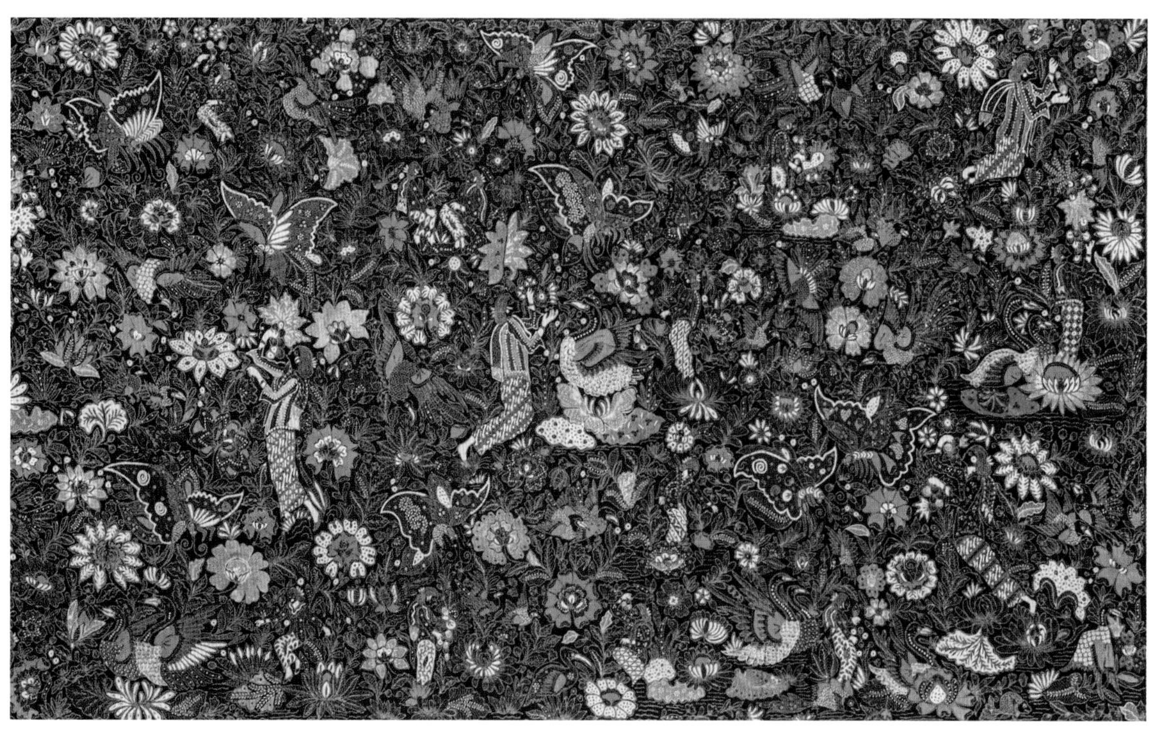

丝绸上的古塔胶

古塔胶是一种粘稠的、透明的液体，它的稠度类似于乳白胶，用于丝绸的防染。古塔胶在丝绸上彻底干燥后，会胶结在丝绸表面，产生屏障，防止染液渗透。古塔胶是一种具有很多优点的防染剂，对环境几乎没有危害，使用起来也简单。将其装在一个小的塑料瓶里使用时，能够产生干净、利落的线条。除此之外，使用古塔胶还有很多操作技法。虽然古塔胶在使用上很方便，但是仍然需要多花时间练习才能操作自如，古塔胶在使用时容易产生气泡，操作不好会使气泡喷溅在面料上。需要注意的是要确保所有古塔胶线条都能连接起来，否则染液会浸入线条断裂处。涂好古塔胶后，要将面料放在光线下仔细查看，检查是否有需要填补的地方。

古塔胶有多种颜色，包括金属色、黑色（图2.18）、透明色、白色。

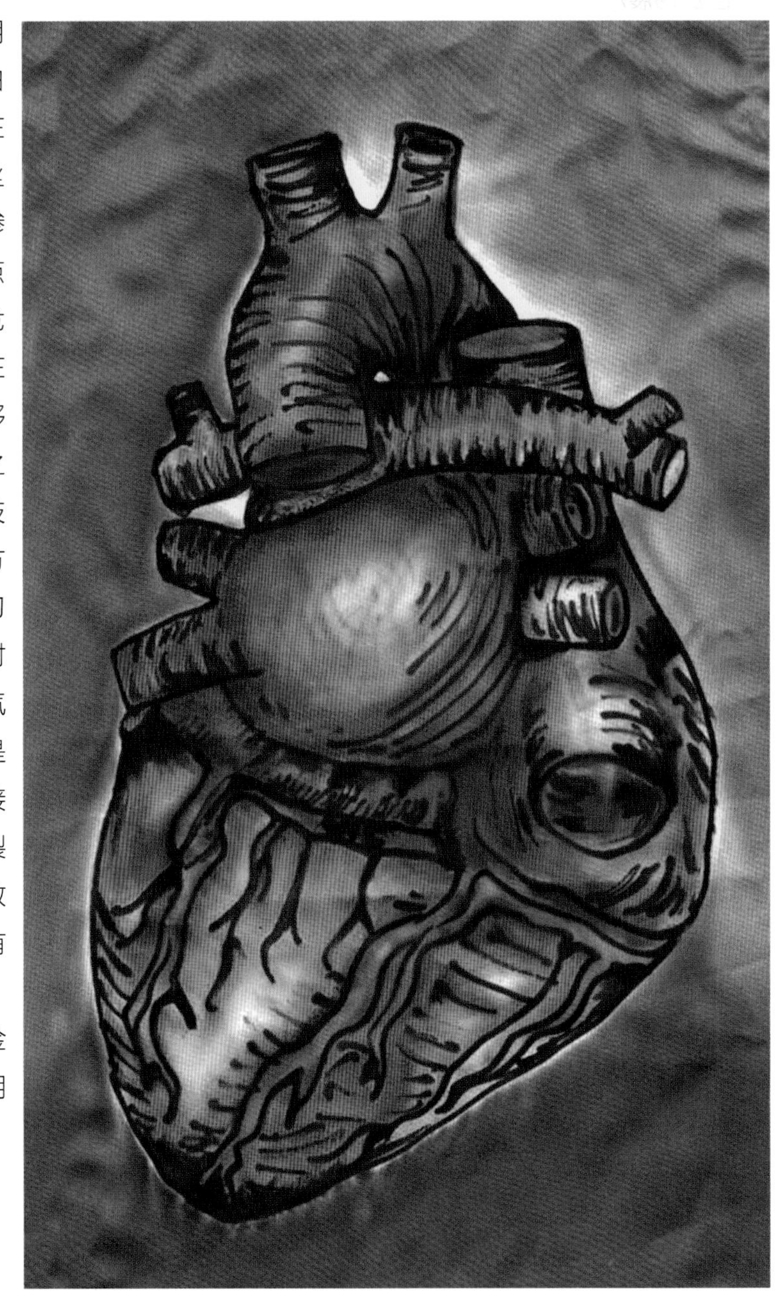

2.18 维多利亚·瓦罗纳在心脏解剖图中使用黑色古塔胶绘制线条

工具与材料

图2.19展示了在丝绸上涂绘古塔胶所需的工具与材料。

- 刷子
- 适合于丝绸材质的染料（见附录B，图B.32）
- 固色剂（见附录B，图B.39）
- 古塔胶和施胶瓶（见附录B，图B.57）
- 根据皮肤敏感性选择橡胶、塑料或乳胶材质的防护手套
- 用染色专用洗涤剂在热水中清洗过的丝绸
- 用于绷紧面料的框架
- 染色专用洗涤剂
- 图钉

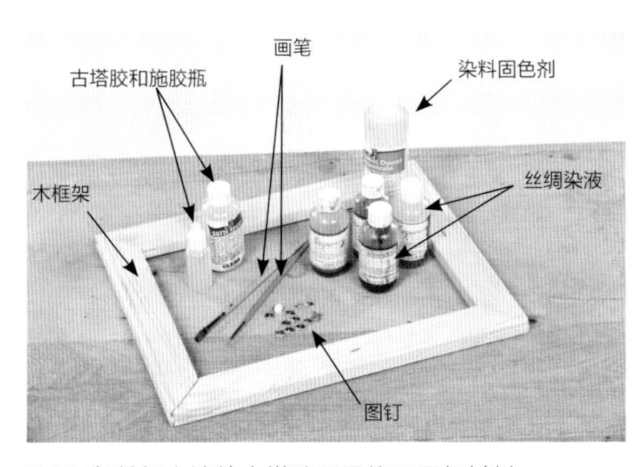

2.19 在丝绸上涂绘古塔胶所需的工具与材料

应用方式

- 在绷紧的面料表面直接涂绘

操作空间

- 任何工作室空间都适合
- 在使用丝绸染液时用报纸或塑料布覆盖工作台表面

安全提示：在使用染料时一直戴手套防止皮肤过敏。

在丝绸上涂绘古塔胶的操作指导

1.将古塔胶装入塑料瓶中，或者直接购买管状胶，后者对于初学者来说往往更容易操作。

2.绷紧丝绸，或在丝绸上附贴冷冻纸。按照附录A的指导说明绷紧丝绸（参见第254页，绷紧面料）。

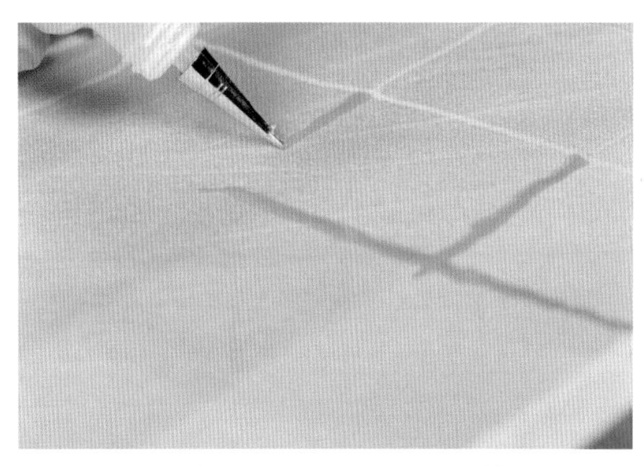

2.20 使用带有金属笔头的施胶瓶涂绘古塔胶，划分出若干小格子来测试颜色

3.用古塔胶画出网格，划分出很多小块区域用于测试颜色。古塔胶干了之后会由透明变成白色。

4.在另一块绷紧的丝绸上用铅笔绘制图案线条。

5.使用施胶瓶，按照图案线条涂绘古塔胶。

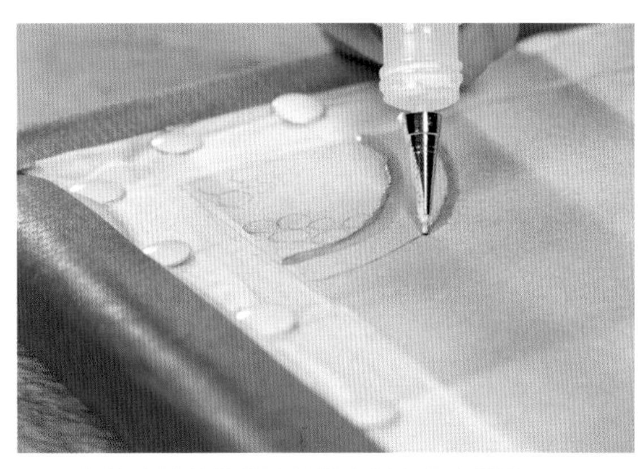

2.21 在绘有铅笔线稿的丝绸表面应用古塔胶

6.让古塔胶彻底干透，确保所有线条是连贯的，否则染液会溢出。用古塔胶涂绘出封闭的图案轮廓，以防止不必要的颜色混合。

7.古塔胶干透后，用画笔蘸丝绸染液开始涂色，涂色方式是从色块区域的中心开始，因为染液会由中心渗向边缘，边缘已经染色的区域并不需要再次涂绘。

2.22 用画笔浸蘸丝绸染液，从所涂色块的中心开始涂色，染液会向边缘渗透

8.通过在湿的丝绸染液上洒盐或白糖，能够创造特殊的染色效果。

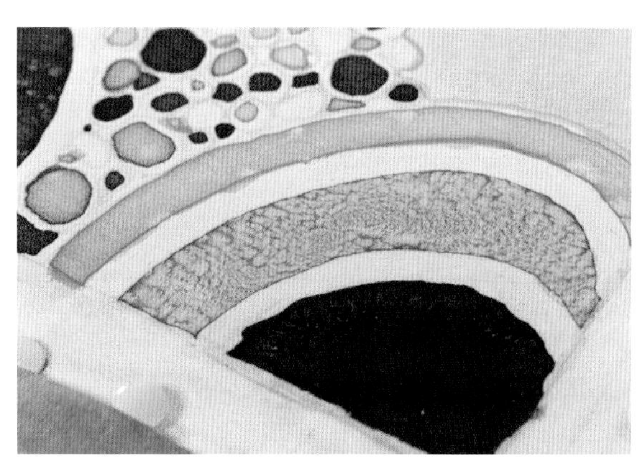

2.23 在湿染液上洒盐或白糖使图案产生了斑驳的特殊效果

9.继续涂绘，增加色块的明暗变化；或者用两种颜色的染液并排涂色，使颜色混合；或者用画笔蘸水在两色交界处晕染，使两色自然融合。

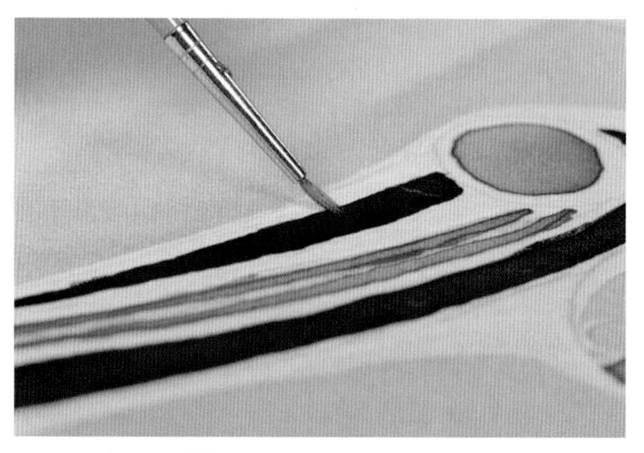

2.24 添加阴影效果，可用画笔蘸水在画面上涂绘，通过稀释已涂好的染液，使画面颜色变淡，从而使这个区域产生深浅变化

10.继续涂绘直到作品完成。

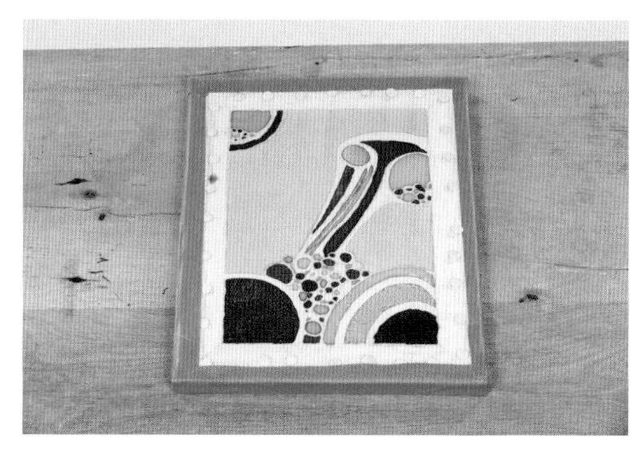

2.25 完成的涂绘作品

根据染料制造商的产品说明进行固色，雅卡尔丝绸液体染料能在古塔胶被移除的同时固色。对于需要固色的丝绸，可将固色剂与水混合，将绘制完成的丝绸放进固色剂溶液中浸泡5分钟，并不时搅动。换掉用过的固色溶液，再重复浸泡。注意丝绸固色后，画面的颜色会比之前略淡。

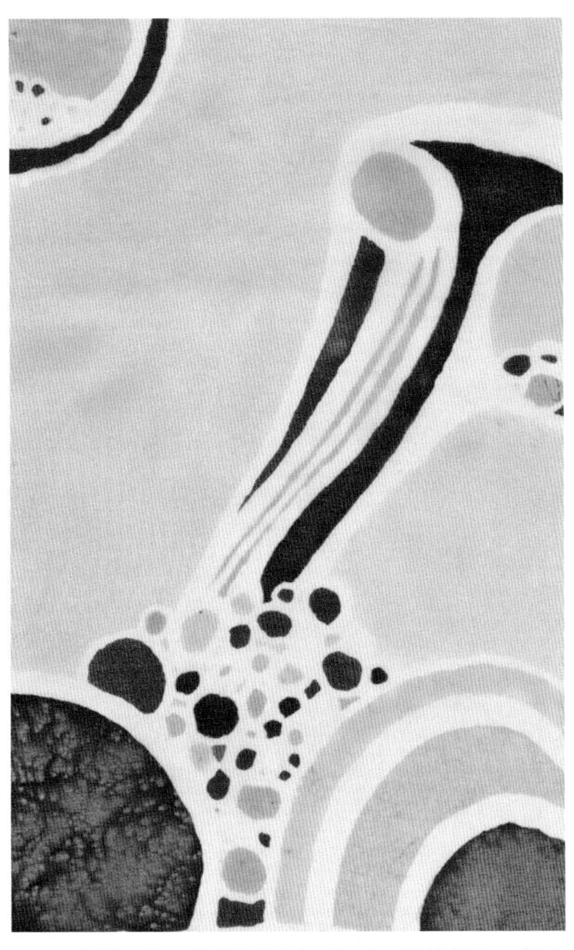

2.26 绘制图案后的丝绸经过固色后，整体颜色可能会略有变淡

案例

图2.27由黛安·罗杰斯创作的示例作品。

2.27 黛安·罗杰斯的作品是在丝绸上手绘后，再经过绗缝、刺绣处理以增加空间层次感，她的作品无论在视觉和触觉上都令人印象深刻

蜡染

蜡染是用涂蜡器将蜡液涂绘在面料上的工艺。涂蜡器是一种类似钢笔的工具，在它的顶部有个小盘用于盛放蜡液，并能够保持蜡的液化状态。当小盘中的液化蜡流经一段狭窄的管道进入笔尖，就可以在面料上仔细地绘制出线条。一旦面料上的蜡液干透，形成固化蜡，就在面料上形成了封闭的区域，从而阻止染料的渗入。面料涂蜡后无论是通过手绘涂色，还是浸染上色，都必须使用冷的染液（靛蓝染色的效果很好），否则蜡将会在热的染液中融化。

使用蒸汽、白报纸和电熨斗能够轻易地将蜡去除。使用这种方法去蜡时，另一个选择是将涂蜡面料浸在热水里慢慢用小火煮，直到蜡被去除，这种方法也可用于面料的后处理，当面料上的蜡被去除时，未被染色的区域会出现图案（如图2.28所示）。

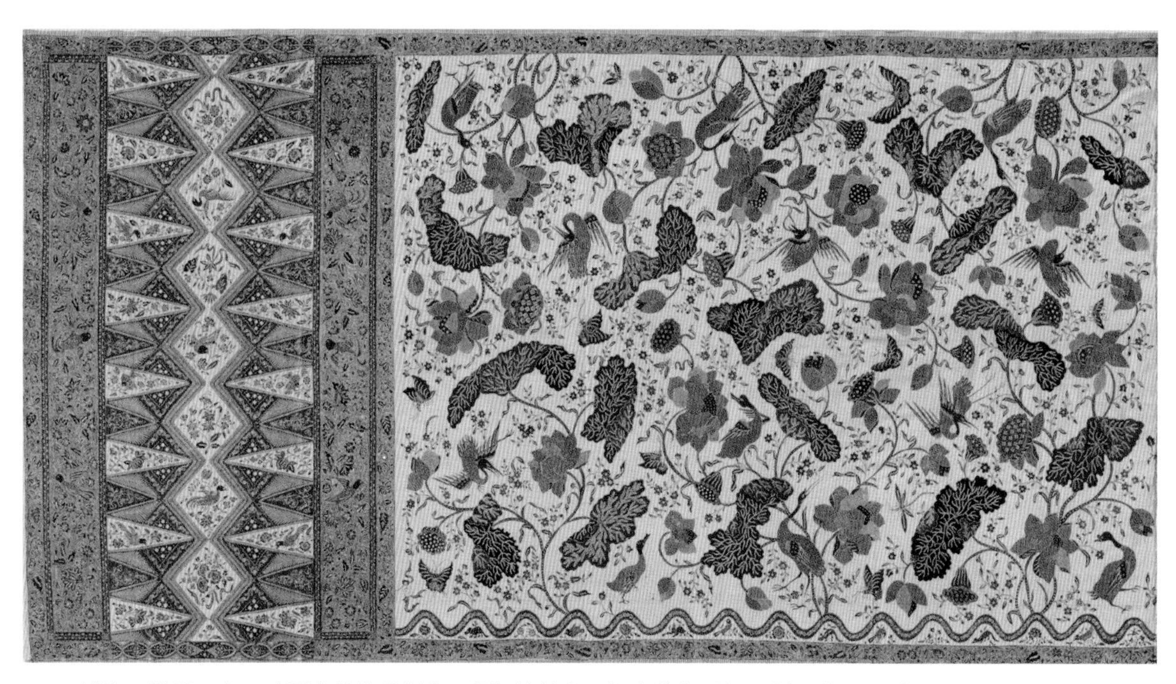

2.28 蜡染可以用于大尺寸图案的作品创作，例如这块印尼妇女的包臀裙面料，约1880年

工具与材料

参见图2.29了解蜡染所需的工具与材料。

- 蜡染用的蜡
- 适合于面料的染料
- 电熨斗
- 报纸
- 根据皮肤敏感性选择橡胶、塑料或乳胶材质的防护手套
- 用木框架绷紧面料（见附录A，绷紧面料，第254页）
- 染色专用洗涤剂
- 爪哇式涂蜡器（见附录B，图B.59）

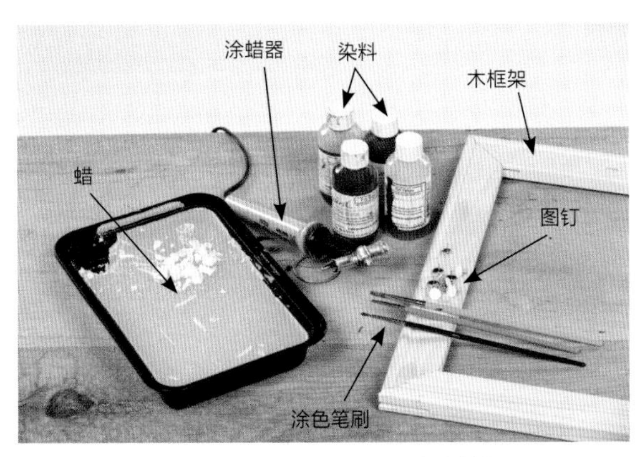

2.29 在丝绸上操作蜡染所需的工具与材料

应用方式

- 用画笔蘸染液在涂蜡面料上涂绘或将涂好蜡的面料浸入冷水染液中浸染
- 使用爪哇式涂蜡器直接用蜡绘制

操作空间

- 任何工作室空间都适合蜡染。需要一个电源插座用来给电涂蜡器供电
- 在使用染料时用报纸或塑料布覆盖工作台表面

安全提示：液态蜡非常热，涂蜡器也很热，不要触碰涂蜡器的笔尖或液态蜡。使用染料时需要始终穿戴手套和围裙。用报纸或塑料布覆盖工作台，避免污染。

蜡染操作指导

1.用木框架绷紧面料（参阅附录A，绷紧面料，第254页）。面料必须绷紧，才能使液体蜡充分渗入面料。另外再准备一块绷紧的面料用于测试颜色（参见第45页图2.20，获得更多信息）。

2.将小块蜡放进涂蜡器顶部的小盘里，注意要将蜡拜成小碎块，大块的蜡容易导致阻塞。

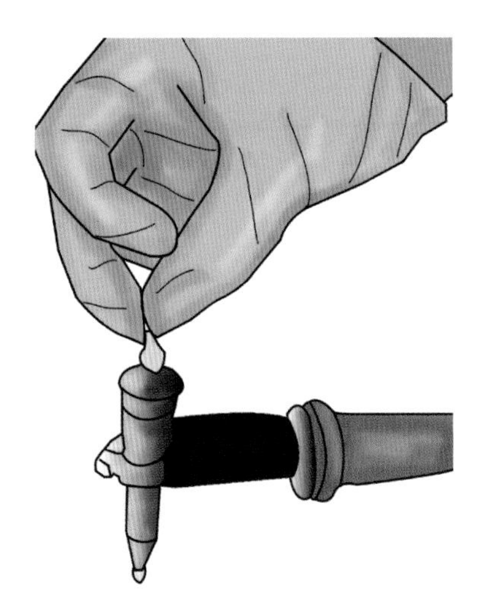

2.30 将蜡掰成小块后，放入涂蜡器顶部的小盘子里

3.手持涂蜡器缓慢而平稳地移动。用笔越垂直，蜡流动的速度越快，产生的蜡线越粗。

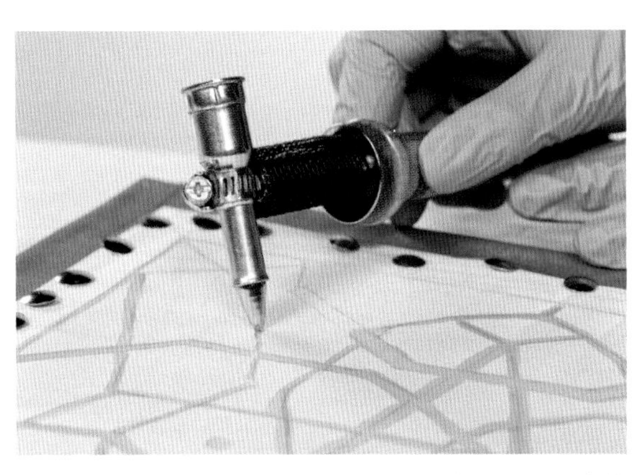

2.31 沿着图案的线条，小心地移动装有蜡液的涂蜡器，用笔越垂直，产生的蜡线越粗

4.让蜡干燥。

5.使用与面料材质相适合的染液进行涂绘，稀释的酸性染料和分散染料均可以使用。

6.画笔浸蘸染液后，从色块中心开始涂绘，让染液自然渗到边缘（参见第64页图2.22进一步了解）。

7.继续涂绘图案的不同色块，在应用另一个颜色的染液前将画笔彻底洗干净。

8.让涂色后的面料干燥。

2.32 完成图案的涂绘并使面料干燥

9.将面料从框架上取下，用报纸覆盖熨衣板或工作台表面，将面料放置于两张白报纸中间，使用电熨斗在白报纸上熨烫，面料上的蜡受热融化并被白报纸吸附。不断地将已吸附蜡的白报纸换掉，一直到面料上的蜡被去除干净。

2.33 去蜡。把面料放在几页白报纸中间，用电熨斗在上面熨烫，直到面料上的蜡受热融化并吸附于白报纸上，不断地更换用过的白报纸

10.根据染料制造商的产品说明对去蜡后的面料固色。

11.使用染色专用洗涤剂清洗面料以进一步固色，让面料干燥。

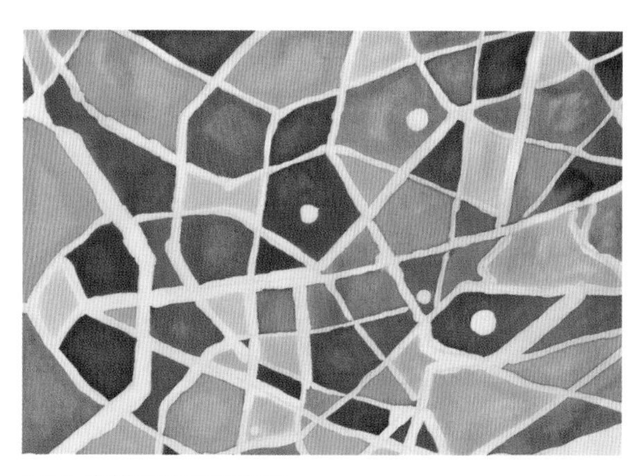

2.34 去蜡后的面料案例

案例

图2.35示例中展示了液态蜡以飞溅的方式所创造的抽象图案。

2.35 用蜡创作抽象图案的案例

设计师简介：玛丽·艾德娜·弗雷泽

玛丽·艾德娜·弗雷泽是一位美国艺术家，她使用传统的蜡染技法在丝绸上创作大型绘画作品，由于画面尺幅很大，需要使用脚手架才能将面料绷紧在框架上。她的一些著名的蜡染作品灵感是她在家族的古老飞机上从空中俯视获得的，仅仅一次短途旅行，她会拍摄多达500张照片。一旦图片被选中，她便开始熟悉它，“进行颜色选择和方案制定”，她使用传统、环保的防染方式，用绘画的形式完成作品。

弗雷泽喜欢研究地理位置特殊的地方，并通过徒步、飞行或写生的方式探索这些地区。她享受与其他科学家、艺术家合作的过程，这种合作影响了她的作品内容（图2.36）。

2.36 这幅大型的蜡染作品名为《孟加拉国》，突出展示了防染技巧在图案中的运用。玛丽·艾德娜·弗雷泽使用染料、蜂蜡和石蜡在丝绸上创作，使这幅抽象的俯视角度作品产生了独特的视觉特征（摄影 / 里克·罗兹）

扎染，在印度尼西亚和印度均有不同的称谓。它是一种防染工艺，通过对面料进行绑扎、折叠或缝线后浸入染液中来创作图案；也可以用画笔在绑扎好的面料上涂抹颜色，以便更好的控制画面效果以及获得更加丰富的色彩变化。染液只会浸入没有绑扎的区域，没有渗透染液的区域则不会染色。在服装面料上捆扎出小凸起，可以获得简单的圆形图案；通过折叠、夹住面料能够创造出复杂的图案。将画笔蘸满稀释过的染料，直接在面料表面涂绘，效果往往与扎染看起来比较相似。

日本人开发出不少染色技巧来装饰和服面料。扎染图案是分阶段完成的：染色、绑扎和再染色，直到繁复的图案出现，一件和服用一年时间完成并不罕见。扎染和其他工艺技法结合使用，能够使简单的扎染图案呈现出更加丰富的空间层次感，例如山本耀司在其1995年春季时装发布会上，将扎染与褶皱（参见第五章，第175页）结合的作品（图2.37）。

工具与材料

图2.38展示了扎染所需的工具与材料，包括适合于各类面料材质的不同类型的染料。

- 适合于所选面料纤维成分的染料
- 面料
- 橡皮筋、夹子或用于绑扎面料的细绳

应用方式

- 浸泡染色
- 泡沫刷
- 喷雾瓶
- 蘸色

操作空间

- 取决于选择什么类型的染料，遵循染料制造商的产品使用说明
- 始终用塑料布覆盖工作台表面

2.37 山本耀司1995年春季时装发布会上的服装，他将扎染和缩褶技法结合，创作了这款蓝紫色裙装

安全提示：扎染是一种安全的工艺技法，但是仍然需要戴手套操作，根据所选择的染料采取具体而适当的保护措施。

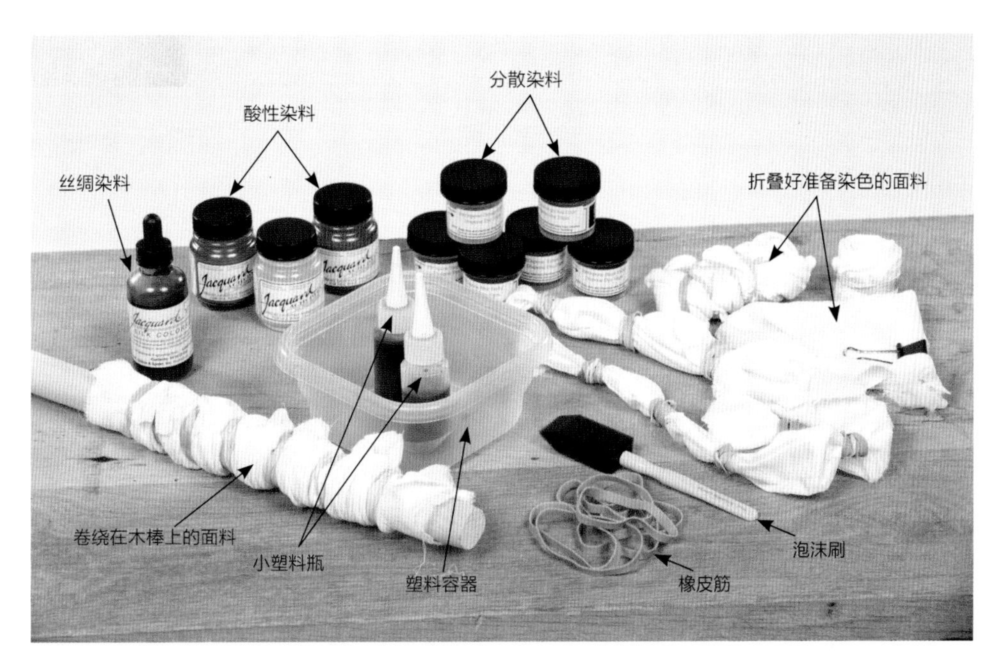

2.38 扎染所需的工具与材料，包括不同类型的染料

扎染操作指导

1.使用染色专用洗涤剂在热水中清洗面料。

2.绑扎或折叠面料，用橡皮筋或细绳固定住面料的形状（参见第54页，图2.40~图2.45）。

3.用泡沫刷在面料上涂抹染液（图2.39a），使用小塑料瓶染色（图2.39b），用面料直接蘸色（图2.39c）或在染液中浸泡面料。

4.将染色后的绑扎面料晾置大约30分钟。

5.用染色专用洗涤剂清洗仍处于绑扎状态的面料。

6.去除用来绑扎的绳子，将面料展开用温水洗净，并干燥。

2.39b 使用小塑料瓶在绑扎好的面料上喷涂染料

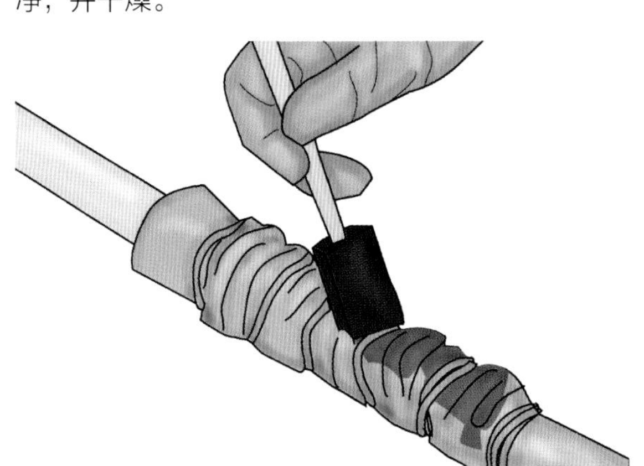

2.39a 使用泡沫刷在面料上涂抹染液

2.39c 将折叠好的面料在装有染液的盘中蘸色

案例

图2.40~图2.45展示了使用不同绑扎技巧获得的扎染效果。

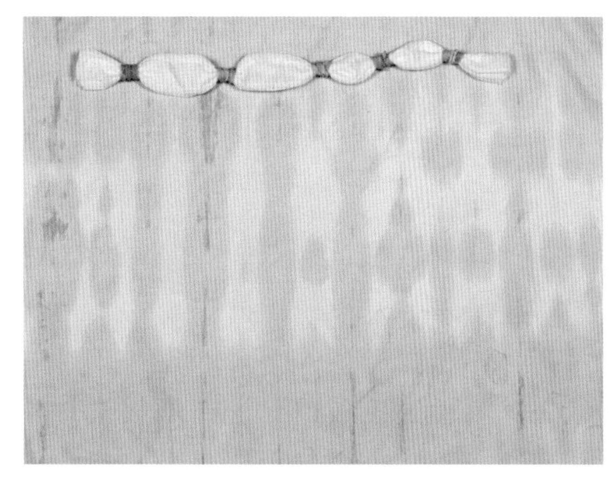

2.40 将尼龙面料折叠成风琴褶，并用橡皮筋平行绑扎。用喷雾瓶在面料上喷绘稀释的分散染料

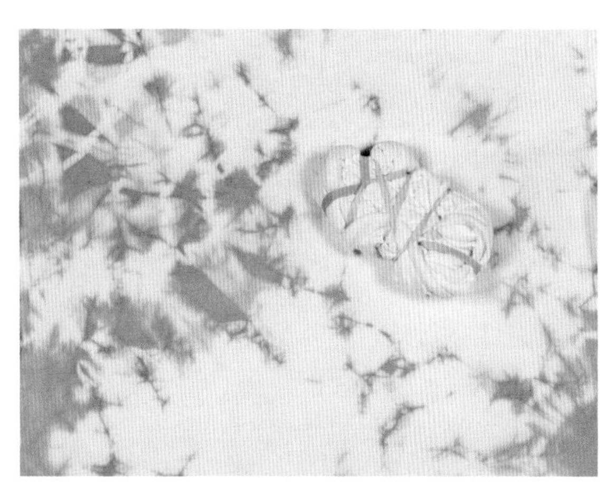

2.41 莱卡棉用橡皮筋随意、紧实地绑扎，在酸性染液中浸泡

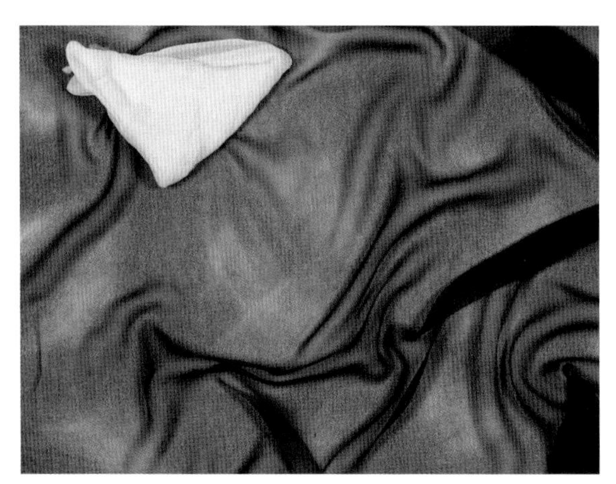

2.42 将真丝雪纺折叠成三角形的形状，在丝绸染液中蘸色

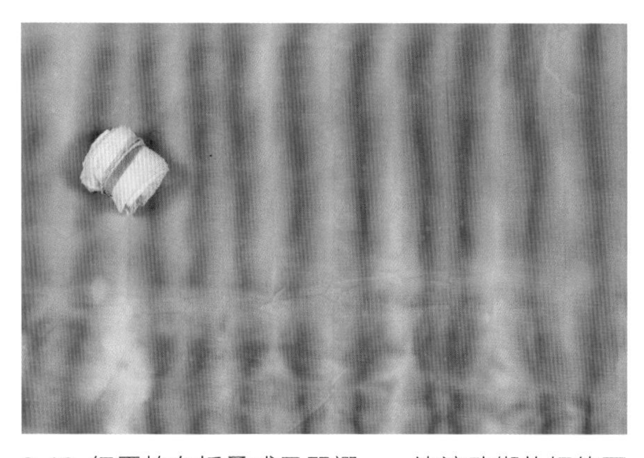

2.43 细平棉布折叠成风琴褶，一边滚动绑扎好的面料，一边用喷雾瓶在上面喷绘稀释的酸性染料

2.44 捏住聚酯缎面料的圆心位置，将四边聚拢在一起，用橡皮筋绑扎（类似羽毛球或羽毛毽之类的形状），之后在分散染料溶液中浸泡

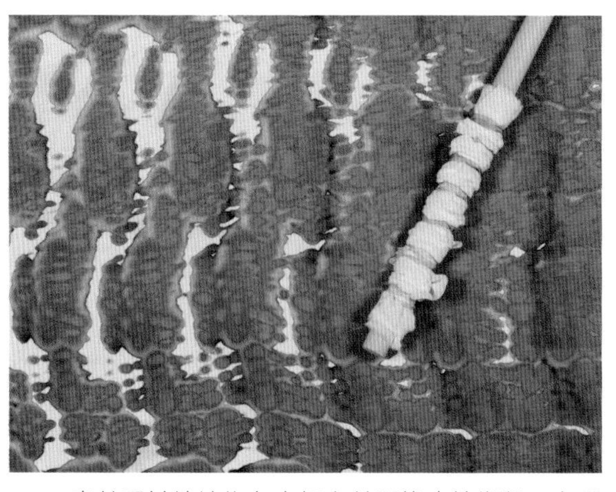

2.45 真丝乔其纱缠绕在木杆上并用橡皮筋绑紧，之后用泡沫刷在上面涂抹酸性染料

秀场作品赏析：罗达特2013年秋冬成衣作品

罗达特在其2013年秋冬时装发布会上展示了具有扎染图案风格的印花设计作品，类似的扎染图案可以通过以下方法实现：首先选择一个合适的背景颜色，除非使用拔染技巧，否则背景颜色应该是在所有使用的颜色中明度最高的。

将大块面料按照一定方式扭转，经过绑扎之后施色，便能够创造出螺旋形或圆形的图案（见示例图2.44）。对大块面料扎染时，相对于将面料放入染锅中浸染的方法，使用笔刷涂抹施色能够更好地控制画面效果，而且更容易创造出像图 2.46a和2.46b那样鲜明的条纹图案。

2.46a 罗达特2013年秋冬时装发布会上具有扎染风格的作品

2.46b 罗达特2013年秋冬时装发布会上具有扎染风格的作品

在植鞣皮的表面应用防染剂，能够减轻水性鞣革的色彩饱和度，从而使皮革产生做旧效果。皮革防染剂和乳白胶的稠度相似，可以按照手工印染的方式应用（参见第三章，直接印花和转移印花），或者直接使用笔刷以及羊毛片、湿海绵等工具。通常需要涂两层皮革防染剂，待第一层彻底干燥后再涂第二层，在防染剂彻底干燥后才可使用皮革染料染色。皮革防染剂不能完全阻挡染料，从而产生浅淡的染色效果。

需要注意的是，皮革防染只能用于植鞣皮，工业鞣皮不会因此操作而产生任何效果。因为工业鞣皮已被处理成具有抗污、抗水的性能，自然能够抵制防染剂。

工具与材料

图2.47展示了防染剂用于植鞣皮所需的工具与材料。

- 棉质抹布或羊毛片
- 泡沫刷
- 皮革染料（见附录B，图B.29）
- 皮革防染剂，有时被称为“封色剂”（见附录B，图B.58）
- 根据皮肤敏感性选择橡胶、塑料或乳胶材质的防护手套
- 植鞣皮

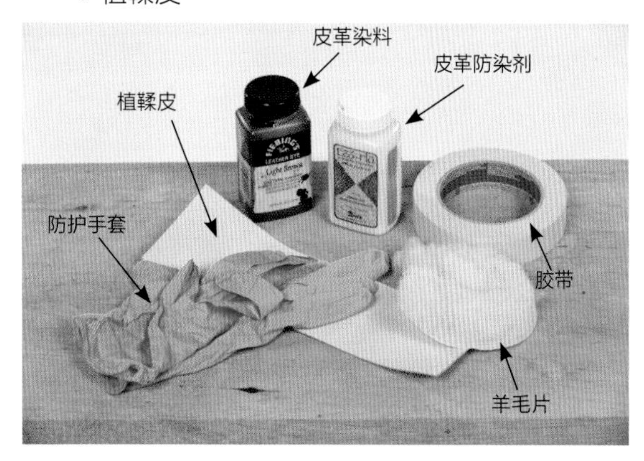

2.47 使用防染剂对植鞣皮染色需要的工具材料

应用方式

- 使用其他材料（胶带、镂空板、模具）按照一定的图案形式遮蔽皮革，从而达到防染效果
- 直接应用皮革染料（参见第1章，第14页，皮革染色）

操作空间

- 用白报纸覆盖工作台表面，因为白报纸能够吸附染料。使用塑料布覆盖并不太好，因为染料沾到塑料布上不会被吸附，容易沾染到其他物品上
- 在通风良好的地方工作

安全提示：酒精基剂皮革染料会挥发气体，所以要在通风良好的地方工作，并戴防护手套以免皮肤过敏。

2.48 用胶带贴好图形后，使用泡沫刷在上面涂抹防染剂。先后涂抹若干层，需等上一层充分干燥后再涂抹下一层

皮革防染操作指导

1.可用胶带创作图案（图2.48），用笔刷徒手涂绘，或使用模具产生图案。

2.在皮革表面稀薄、均匀地涂上皮革防染剂，并使其干燥。

3.以画圆圈的方式应用酒精基剂或水性的皮革染料，染色后令其干燥（见第1章，皮革染色，第14页）。注意皮革防染剂并不能完全阻挡染料，仍会有皮革染料渗透进去。

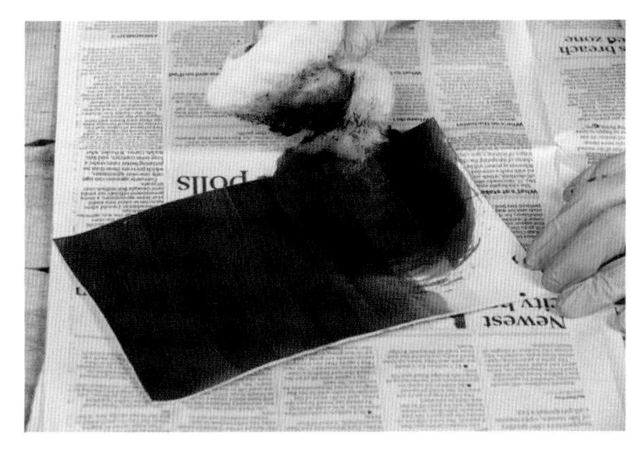

2.49 在已干燥的防染剂上用画圆圈的方式涂抹皮革染料，请注意防染剂不能完全阻挡染料，会有一些颜色渗透进皮革

4.皮革染色后再次涂上皮革防染剂，会增加皮革的光泽度。

2.50 再次涂抹皮革防染剂，增加皮革的光泽

案例

图2.51和图2.52展示了使用皮革防染剂的不同结果。

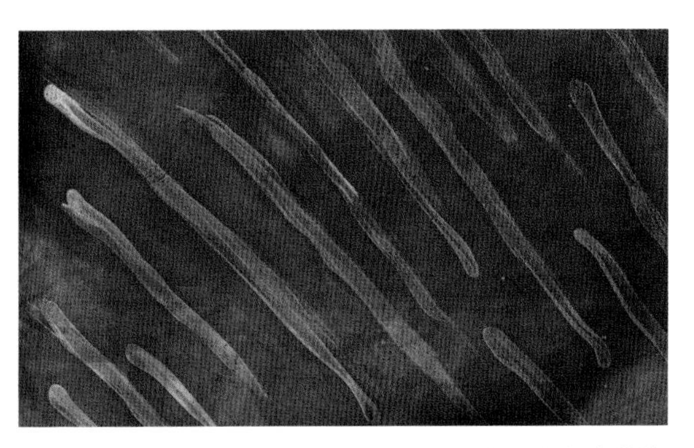

2.51 用笔刷涂绘皮革防染剂，干燥后使用紫色皮革染料在植鞣皮表面染色

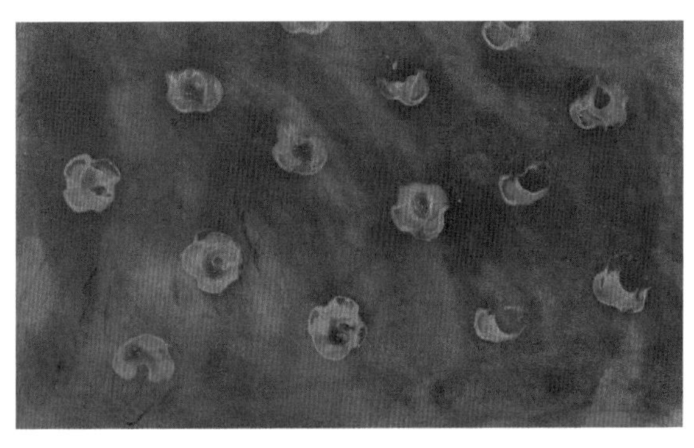

2.52 用模具涂绘皮革防染剂，干燥后使用皮革染料染色

土豆糊剂防染

土豆糊剂是一种水溶性、有机的防染剂，由粉碎的土豆屑、淀粉和水组成，通过在粉末中添加不同比例的水做成浓稠或稀薄的糊剂。使用不同的工具可将糊剂直接应用在面料的表面，如笔刷、刮刀，叉子等，然后等它干燥。干燥后的糊剂会产生裂纹，露出底下的面料。如果土豆糊剂很稀薄，干燥后就会产生很多细纹，染液可以渗进去；而稠厚的土豆糊剂干燥后，会产生又宽又深的裂纹。因为土豆糊剂是糊状的，不会流动，所以用仕面料上的防染区域会比较稳固。如果糊剂不小心溢出防染区域，在它还没有干燥前很容易用塑料刀和纸巾去除。

土豆糊剂可与颜料、染料一起使用，土豆糊剂防染能够与拔染工艺结合使用。在干燥后，土豆糊剂很容易用水去除。土豆糊剂使用便利，甚至可以用于皮革，但是却不太容易附着在合成纤维面料上，所以需要预先进行试验。

工具与材料

图2.53展示了使用土豆糊剂防染所需的工具与材料。

- 适合于面料纤维成分的染料（参见第四章，面料蚀刻剂，第97页；拔染剂的有关内容在本章前面有所介绍，可以在此运用）
- 画笔或泡沫笔刷，用于涂抹液体染料
- 塑料勺和叉子
- 根据产品说明制作土豆糊剂 （原料是粉末状的，可以参阅附加资料或第59页的配方说明）
- 事先清洗好面料。使用天然纤维面料效果最好，因为某些合成纤维面料表面有保护涂层，会阻碍土豆糊剂的正常使用

应用方式

- 直接使用勺子或量杯，可以利用糊剂创作各种图案

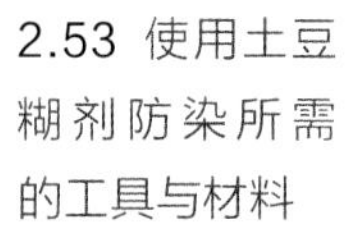
2.53 使用土豆糊剂防染所需的工具与材料

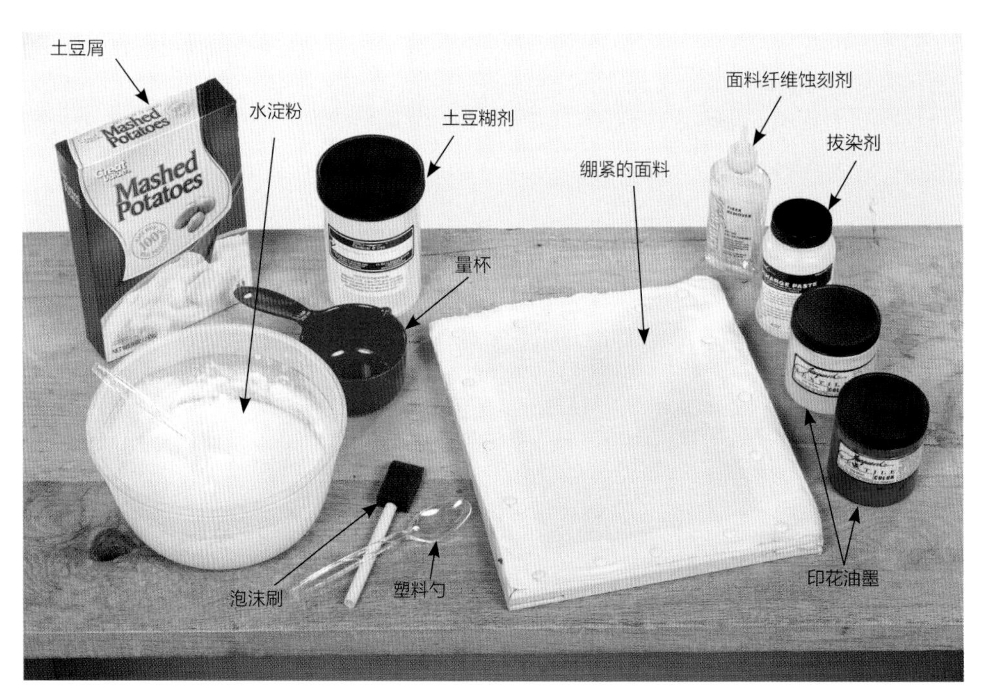

制作土豆糊剂

土豆糊剂配方：

- 3杯水
- 1杯速溶土豆屑
- 1.5汤匙水淀粉

操作指导：把水煮至沸腾，加入速溶土豆屑，转为低温或小火，继续煮5分钟，不时搅拌。熄火后将锅中的土豆泥放置于封闭容器内，加入水淀粉混合，使用搅拌器将混合物搅匀，待土豆糊剂冷却之后即可使用。将密封容器中的土豆糊剂放入冰箱，保质期可长达一个月之久。

操作空间

- 需要足够大的空间来放置土豆糊剂作品，用一整晚的时间干燥
- 用报纸或塑料布覆盖所有工作台表面，因为土豆糊剂非常粘
- 木制框架和图钉，或足够大的冷冻纸，冷冻纸尺寸不小于面料的尺幅

安全提示：土豆糊剂是无毒的，安全性甚至可以达到食品级别，但绝不能食用，使用的器皿和工具也不能再用来盛放食品。

土豆糊剂防染操作指导

1.用热水和染色专用洗涤剂清洗面料。

2.遵循制造商的配方或参考上面的表格内容制作土豆糊剂。

3.在框架上绷紧面料，或用电熨斗将冷冻纸熨烫在面料上；面料也可以被固定在用塑料布覆盖的泡沫芯板上。

4.用勺子将土豆糊剂舀到面料上，从中心向周围摊平，直到达到所需的厚度。

2.54 用勺子将土豆糊剂舀到面料上后，用泡沫刷或叉子向周围摊平

5.土豆糊剂在面料上涂得较薄，将造成细小的裂纹（图2.55a）；如果涂得较厚，将产生更深、更宽的裂缝（图2.55b）。薄涂和厚涂相结合，会产生随机的裂纹形态（图2.55c）。

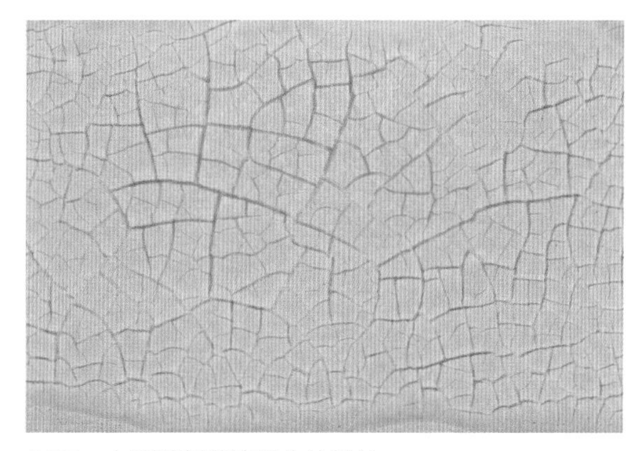

2.55a 土豆糊剂薄涂产生的裂纹

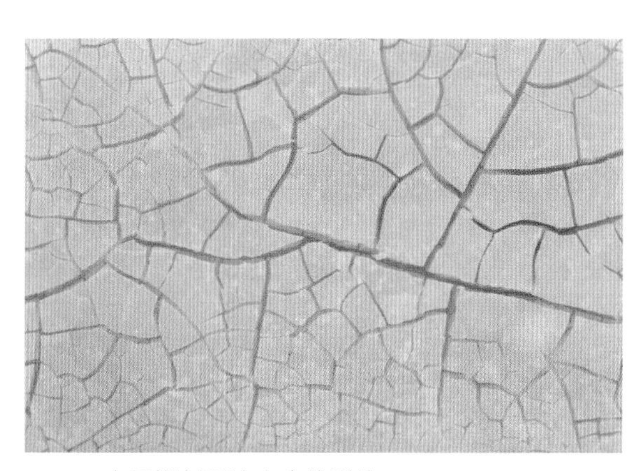

2.55b 土豆糊剂厚涂产生的裂纹

6.用一整晚时间晾干土豆糊剂。干燥后，土豆糊剂开始产生裂纹。如果希望裂纹更加明显，可弯折和扭曲面料以产生更多裂痕。

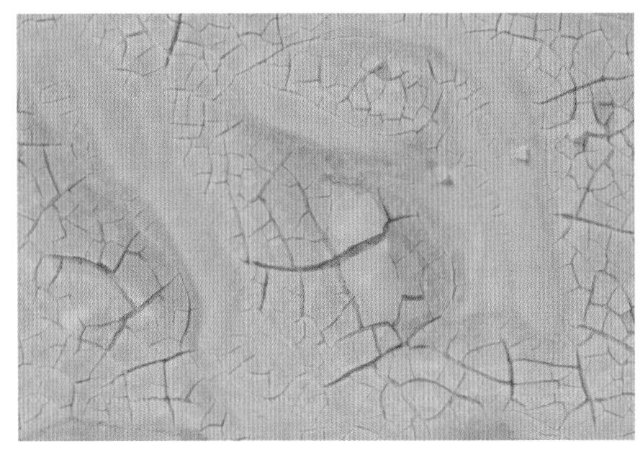

2.55c 用勺子边缘对土豆糊剂进行薄涂和厚涂结合操作所产生的裂纹

7.在土豆糊剂上涂抹液体染料并压进裂缝，确保染料到达面料。

8.待染料干燥后，剥落土豆糊剂，并轻轻用熨斗熨烫面料的背面，可以帮助染料固色。

9.用温水，不要用过热的水，将面料上剩余的糊剂冲洗干净，并使其干燥。

2.56 一旦糊剂干透产生裂纹，即可在上面应用液体染料，确定染料被压入裂纹的深处

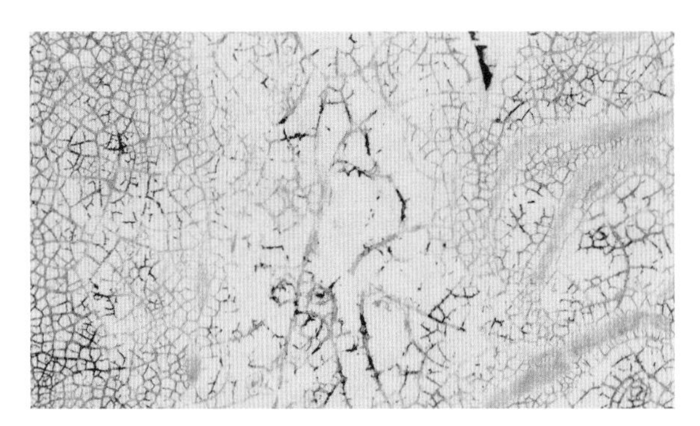

2.57 在面料上应用不同厚薄的土豆糊剂所产生的涂色效果（左：薄涂；中：厚涂；右：薄涂和厚涂结合）

案例

图2.58~图2.61展示了土豆糊剂在不同面料上的应用效果。

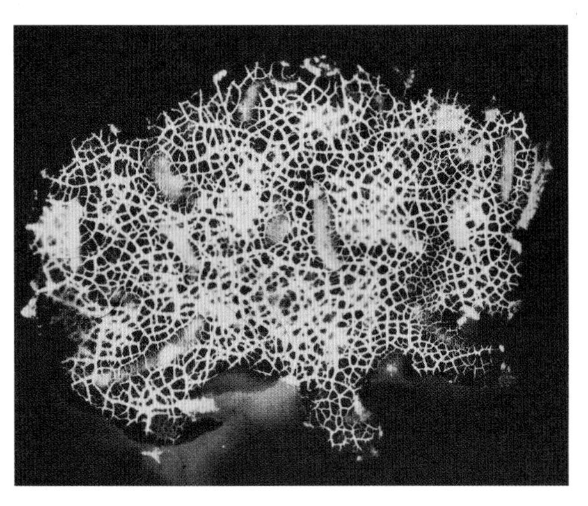

2.58 在蓝色的平纹棉布上使用土豆糊剂，干燥后让拔染剂渗入裂纹

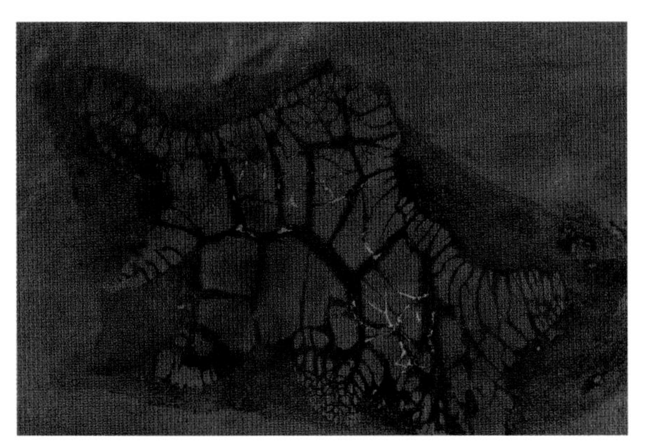

2.59 土豆糊剂涂在皮革表面，使用丝网印油墨上色

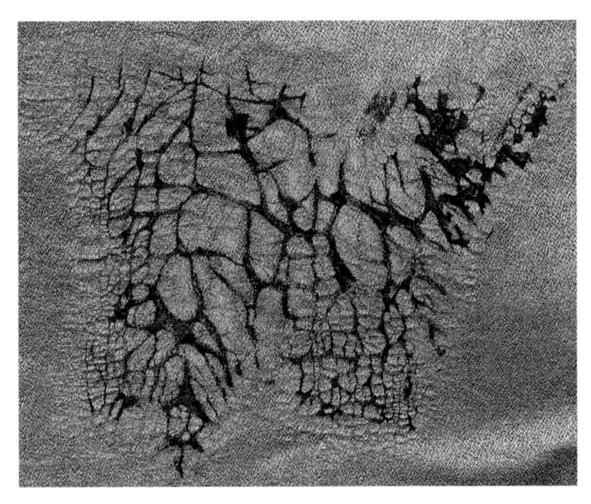

2.60 在灰色真丝缎上施用土豆糊剂，使用印花油墨上色

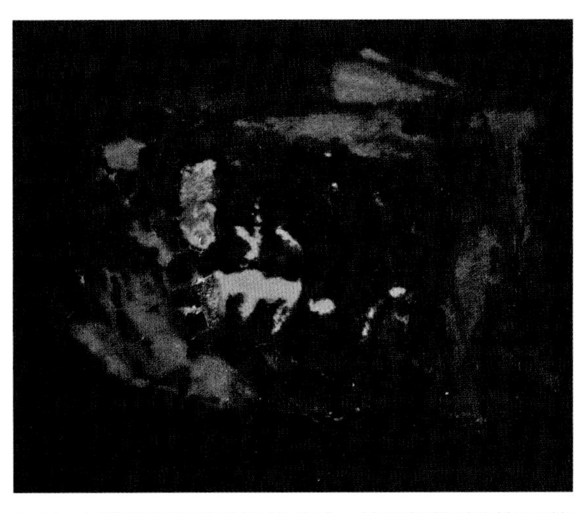

2.61 土豆糊剂应用于混纺丝绒，使用纤维蚀刻剂和拔染剂产生颜色和肌理的变化

学生实践计划

1.黑色面料拔染：所有面料对拔染剂均有不同的颜色反应，特别是黑色。选择五种具有颜色差异的天然纤维面料，均按照同一种方式应用拔染剂，例如使用笔刷、家用器皿、模具等（参见第三章，直接印花和转移印花），对每个样片的操作尽量保持一致，可参见本章的指导内容（拔染剂使用技巧，第36页）。当样片干燥后，记录结果。

- 每个样片各自发生了怎样的变化?
- 每块面料分别出现了什么颜色?
- 哪种面料的拔染效果最好?
- 完成分析之后，构思拔染工艺在产品或服装上的三种应用方式。

2.面料叠加防染：通过在面料上逐层添加防染剂，会产生非常有趣的结果。从本章介绍的防染方法中选择一种，按其指导步骤对一块天然纤维面料进行防染操作，再通过涂绘或浸泡染液上色。面料干燥后，观察结果，认真思考纹理的产生原理。

再添加一层防染剂并再次染色，将会获得怎样的效果?

选择另一种防染技法，根据指导步骤对这块面料继续进行防染操作并染色，待面料干燥后，记录结果，描述样片在服装、纯艺术、纤维艺术或室内软装饰设计的三种应用方式。

3.在防染操作的基础上使用拔染剂：染料并不是唯一能够应用在防染剂上的材料，为何不尝试使用拔染剂?选择三种防染剂和三块深色面料（天然纤维面料效果最好），每块面料的大小一致。

事先分别对每块面料做个测试，确保拔染剂对所有面料起作用。在每块面料上应用防染剂之后，按照本章中拔染的指导说明使用拔染剂（参见第36页）。面料干燥后，记录每块面料的试验结果，并思考下列问题：

- 使用了防染剂的面料对拔染剂有怎样的反应?
- 是否有意想不到的结果出现?
- 能够做些什么来改善现有的结果?
- 样片具有哪些实际用途?

关键术语

- 印度蜡染
- 蜡染
- 拔染剂
- 古塔胶
- 皮革防染
- 扎染
- 土豆糊剂
- 防染剂
- 印度扎染
- 丝绸之路
- 爪哇式涂蜡器
- 面料去色

第三章　直接印花与转移印花

目标:

- 选择和准备染料在天然纤维面料上印花
- 选择和准备染料在合成纤维面料上印花
- 使用印花版在面料上印制图案
- 使用丝网在面料上印花
- 在皮革上印花
- 使用拓印技术将图案转移到面料上
- 使用增稠的分散染料将图案转移到合成纤维面料上
- 使面料表面产生大理石纹
- 使用特殊染料，通过日光晒印法在面料上产生图案

本章介绍的直接印花与转移印花是通过手工工艺将图案印制在面料表面的技术。转移印花不容易实现对图案的重复印制，除非采用某些照片转印技术；相对来说直接印花能够产生可预测的、重复性的图案。使用其中任何一种技术都可以创造出惊人的、大胆的图案，要实现1969年侯斯顿服装上的印花，只需要一些创造力和实践就可以了（图3.1）。

直接印花和转移印花技术可以使用增稠的染料或印花油墨，两种印料产生的印花效果稍有不同。增稠的染料会渗透面料表面，当它干透时，在大多数情况下面料自身的纹理仍是可见的。印花油墨则停留在面料表面，当它干透后便附着在面料上。如果图案本身是不透明的，面料的纹理就看不见了。使用染料和印花油墨都会对环境产生影响，请参见第77页关于这个内容的说明。

直接印花

通过直接印花操作很容易在面料上产生重复的图案，只要染料或涂料适合于面料的纤维材质，在任何面料或皮革上均可应用直接印花技巧（请参阅附录A，燃烧测试，第252页）。在人类的生产生活实践中很早便已经开始大范围地运用直接印花工艺了。

简单的连续纹样可以通过凸版印花工艺印制出来，而使用丝网印花工艺可以在更大面积的面料上表现出更加精细清晰的线条。历史上世界各地都曾使用简单的印花版在面料和皮革上压印图案，至今仍无法追根溯源。在日本，凸版印花工艺曾用在和服面料上；在印度，木质印花版上面带有两三个洞孔，以便使空气和多余的染料通过洞孔溢出；在非洲，广泛使用通过在面料表面涂上淀粉上浆防染进行的凸版印花。在所有直接印花的工艺流程中，占主导地位的工艺方法是丝网印花。因为这种工艺能够迅速地完成更大面积的面料印花，而产生的纰漏更少。在工业生产中，20世纪30年代在法国里昂发明了平网印花技术，当时是用细密的网眼丝绸作为丝网。合成纤维材料做成的丝网更耐久，能保持弹性，从而使面料图案印制更平整。金属框架的使用增加了丝网的稳定性，到20世纪50年代，这一过程伴随自动化生产技术的发展而实现了机械化。

尽管自从工业革命以来，印花工艺的生产过程已经机械化，但只要在印染工作室中对丝网印花工艺多加操作练习，就可以获得专业的印花效果。

3.1 从1969年开始，侯斯顿将杰克逊·波拉克的经典图案呈现在服装上，如这件晚礼服上的印花图案（戈尔茨坦设计博物馆藏品，哈维·维尔纳太太的礼物，图片来源：Petronella Ytsma）

在天然纤维面料上印花比较容易，天然纤维面料专用的染料或油墨使面料上的印花图案具有持久性。大多数染料需要固色，要将电熨斗设置到面料可以承受的温度。确定面料的纤维成分，需要做燃烧测试（请参阅附录a，燃烧测试，第252页），这样可以确定面料材质是天然纤维还是合成纤维。

在印花开始之前，选择染料或油墨，确定是采用增稠的染料实现比较透明的印花效果，还是使用油墨产生不透明的印花效果。用不同的染料和油墨进行试验，通过完成品来增加相关知识和经验。

染料/油墨的选择

- Jacquard面料涂料，如Lumiere，Neopaque，Dye-Na-Flow品牌
- Jacquard丝网印油墨
- Jacquard纺织品颜料
- Speedball丝网印油墨
- 增稠的酸性染料（见下文）
- Versatex丝网印油墨

增稠酸性染料所需要的工具与材料

图3.2展示了增稠酸性染料所需的工具与材料。

- 防尘口罩
- 酸性染料（见附录B，图B.27）
- 塑料容器和盖子
- 根据皮肤敏感性选择橡胶、塑料或乳胶材质的防护手套

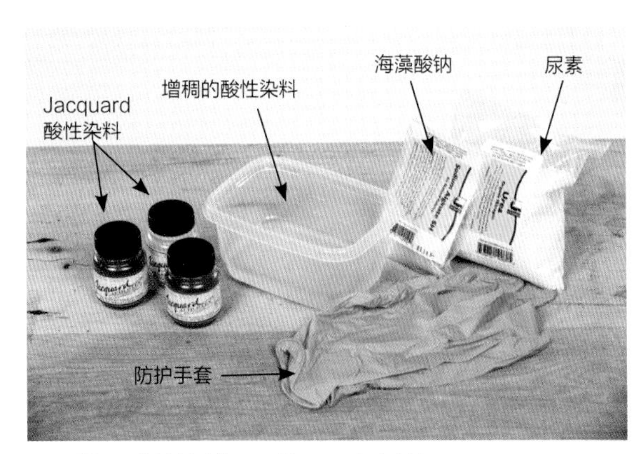

3.2 增稠酸性染料所需的工具与材料

- 海藻酸钠（见附录B，图B.40）
- 用于混合染料的勺子
- 尿素（见附录B，图B.38）

安全提示：使用染料粉末时，小心不要吸入任何粉尘颗粒，请始终戴手套和口罩。

增稠酸性染料的操作指导

1.混合0.5杯尿素、1汤匙的醋、1升水，形成化学溶液。

2.向化学溶液中加入海藻酸钠（印花用4茶匙，手绘用2茶匙），不停地搅拌10分钟。

3.静置1小时后继续搅拌，之后再静置一夜，混合物应该具有糖浆的粘稠度。

4.将染料粉末或染料浓缩溶液加进混合物中。开始时只加入0.5茶匙，之后再逐渐添加，直到获得所需的颜色。

3.3 混合物应该具有糖浆的粘稠度

在合成纤维面料上印花比在天然纤维面料上印花的操作更加复杂，因为合成纤维面料的表面往往有涂层，妨碍染料或涂料附着在上面，所以需要使用特定的染料或涂料。合成纤维面料印花后的固色操作也很困难，因为合成纤维面料不耐高温，电熨斗加热容易导致其纤维熔化。

合成纤维面料印花油墨往往是不透明的，几乎像贴纸一样附着在面料表面；合成纤维面料印花染料是半透明的，能够被面料所吸附。请根据所需效果选择染料或油墨。

染料/油墨的选择

- Jacquard丝网印油墨
- Jacquard纺织品颜料
- Jacquard涂料印花浆（Lumiere、Neopaque以及Dye-Na-Flow 等品牌）
- Speedball丝网印油墨
- 增稠的分散染料（见下文）
- Versatex丝网印油墨

增稠分散染料所需的工具与材料

图3.4展示了增稠分散染料所需的工具与材料。

- 硬水软化剂（见附录B，图B.34）
- 防尘口罩
- 测量勺
- 分散染料粉末（见附录B，图B.28）
- 根据皮肤敏感性选择橡胶、塑料或乳胶材质的防护手套
- 增稠剂
- 用于混合染料的勺子
- 两个塑料容器

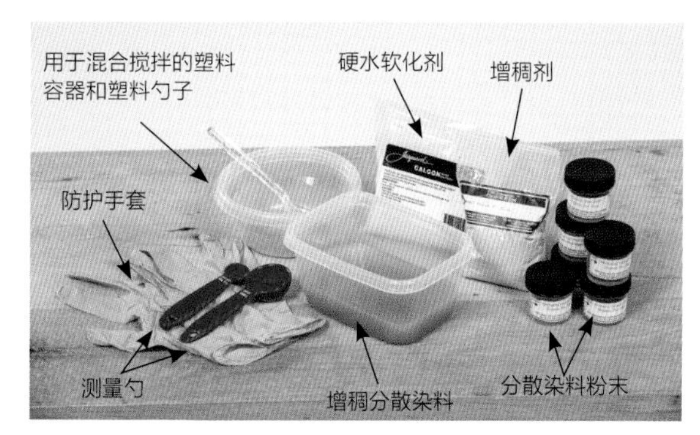

3.4 增稠分散染料所需的工具与材料

安全提示： 使用染料粉末时，注意不要吸入粉末。操作过程中始终戴手套和口罩。

增稠分散染料操作指导

1.量出2杯温水，倒入塑料容器中。

2.添加硬水软化剂（手绘用0.5茶匙，印花用2汤匙），缓慢搅拌，直至混合均匀。

3.添加增稠剂，缓慢搅拌（手绘用7.5茶匙，印花用7.5汤匙）。不时搅拌直到充分混合，这个过程大约持续45~60分钟。

3.5 稠化的混合物应该具有橡胶胶水的粘稠度

4.将粘稠混合物放入封闭容器内静置一整夜，其稠度与橡胶胶水一致。

5.在一杯温水中溶解染料，用0.5茶匙可产生淡色调，用4茶匙会产生更深的色调。

6.将0.5杯染料和0.5杯混合物搅拌均匀。

凸版印花，或称捺印，是在模具表面雕刻出花纹，通过剔除不需要的部分而形成浮雕，用滚筒、海绵或刷子将印花油墨均匀地涂在印花版上，再将涂有油墨的印花版覆盖于面料表面的过程。几乎所有日常物件都可以变成印花版，用来印制图案，比如可以将五金器具、气泡塑料膜、硬币、纽扣、钥匙等物件，固定在小木块上以便操作，还有经过塑形的海绵、木头块、橡皮擦或者专用模具，甚至大自然也提供了浑然天成的印花版，比如叶子、花瓣、青草或稻草等。

图案的设计创意是无限的，既然有必要亲自雕刻印花版，在设计复杂图案之前就要先考虑一下自己的雕刻能力。凸版印花的最终效果会有点粗糙，但这也是凸版印花最可爱的品质和特点。如图3.6所示，可见一个简单图形的凸版印花会有多么强的视觉冲击力。凸版印花中的颜色变化，是通过在印花版上先涂好颜色，再压印到面料上来实现的。每次使用印花版后必须重新涂上染料，否则经过连续印制后面料的图案会变得模糊不清。

3.6 使用印花版和防染剂创作出的连续图案，施度·基达，1959年

工具与材料

图3.7展示了在面料上操作凸版印花技术所需的工具与材料。

- 防尘口罩
- 适用于面料纤维成分的染料、油墨或涂料。可被增稠的酸性染料和分散染料（参见天然纤维面料印花，第67页；合成纤维面料印花，第68页）
- 面料
- 印花版（见附录A，制作模版，第253页）
- 根据皮肤敏感性选择橡胶、塑料或乳胶材质的防护手套
- 大头针

应用方式

- 直接应用染料、防染剂、纤维蚀刻剂

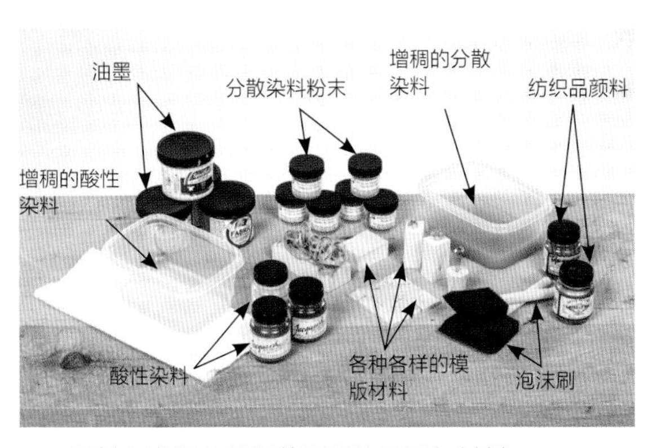

3.7 面料上进行凸版印花所需的工具与材料

操作空间

- 表面装有软垫的工作台（见附录A，制作装有软垫的工作台表面，第254页）

安全提示：使用染料时，要戴口罩防止吸入粉末；一直要戴手套，以保护皮肤免受染料的刺激。

凸版印花操作指导

1.将1汤匙染色专用洗涤剂加入热水中清洗面料。

2.用大头针将面料固定在装有软垫的工作台表面（见附录A，制作装有软垫的工作台表面，第254页），大头针的固定位置不要影响印花版的放置。

3.用泡沫刷或滚筒将增稠后的染料涂在印花版上，或者干脆用印花版直接蘸染料获得比较随意的效果。

3.8 使用泡沫刷或滚筒在印花版上涂染料

4.将涂好染料的印花版压在面料上，均匀施加压力。

3.9 将涂有染料的印花版压在面料上

5.缓慢而均匀地移动印花版。

6.在印花版上涂好染料继续进行压印。在图案印制完成或者需要改变颜色时，用冷水把印花版上的染料冲洗干净。

3.10 继续在印花版上涂上染料并压在面料上

7.让面料上的染料自然干燥或使用吹风机加快其干燥过程。在操作中有些染料可能会不慎渗入工作台软垫，只要等它完全干透，再将面料铺在上面进行操作即可，这样面料是不会脏污的。在作品下方再铺一层棉布将有助于保护工作台表面，防止染料的渗入，从而加快操作速度。

8.用电熨斗从背面熨烫印花面料，帮助面料固色。

案例

图3.11~图3.13展示了各种各样的凸版印花效果。

3.11 将增稠的酸性染料压印在真丝雪纺上

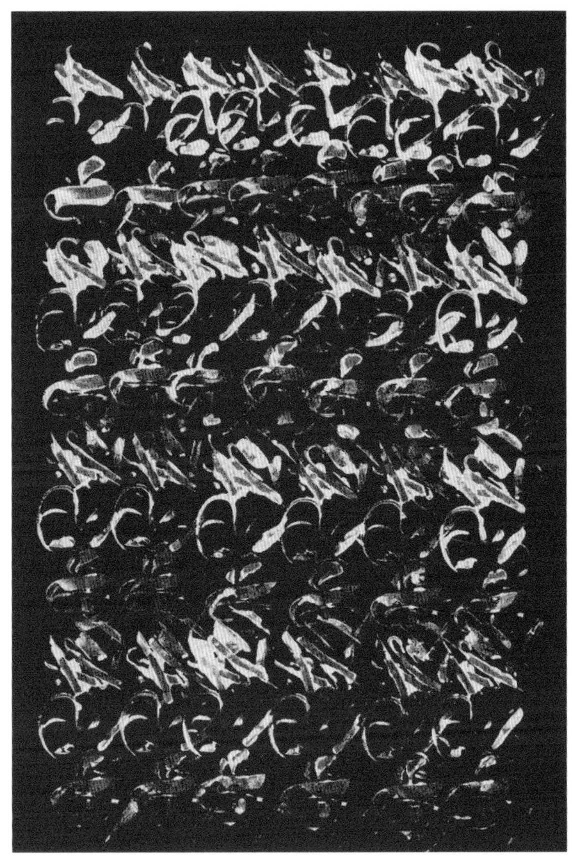

3.12 在红色棉布上使用赤褐色的卢米埃涂料印花，模版是由橡皮筋粘合在一起做成的

3.13 将丙烯颜料印在闪光的牛皮上，使用木块和金属垫圈作为模版材料

设计师简介：索尼娅·罗梅罗

索尼娅·罗梅罗是一位专职艺术家，生活在洛杉矶，在洛杉矶高中从事版画和公共艺术课程的教学工作。她毕业于罗德岛设计学院，重点学习版画艺术。罗梅罗曾接受洛杉矶艺术委员会、洛杉矶地铁、社区重建机构的委托创作壁画。2011年，首次在林荫大道50号的工作室举办个展，她也参加了一个艺术机构举办的版画回顾展。罗梅罗经常受邀在加利福尼亚南部各学校作为特约讲师和主持人传授知识，她也是民间工艺博物馆的董事会成员。罗梅罗使用油毡版进行艺术创作，油毡版是木刻的一种变体，是在油毡上创作出浮雕。油毡比木板更容易雕刻，保存的时间也更长久，但因为油毡在雕刻前通常需要加热，所以很难实现大面积印制工作（图3.14）。

3.14 左图是一幅油毡版印制作品，由索尼娅·罗梅罗创作，名为《她在柳树前弹奏》

丝网印花是一种能够精确地重复印制图案的印花方法，通过用刮板在丝网上推移染料而在面料上获得清晰的、连续的图案。丝网上涂有丝网填充剂的区域能够防止染料到达面料。染料通过刮板应用于面料，刮板是一个使丝网上的染料通过网孔的工具。一种颜色的染料需要完全干透以后再替换其他颜色。

丝网印花工艺几乎适用于所有图案设计，但在刚开始实践时，最好采用非常具象的、线条清晰的图形，直到你有足够的经验后再去尝试印制更加复杂的图案。在本章中提到的所有印花方法中，丝网印花工艺最容易实现图案一致的印花效果，即图案的边缘清晰，染料覆盖均匀。

本节中介绍了制作丝网版的方法。一种方法是先用特别配方的溶液在丝网上手绘图案，然后使用丝网填充剂将图案之外的区域封填住，再将图案上的物质冲洗掉。另一种制作丝网版的方法需要在暗室中操作才能完成，类似于照片显影的原理，使用照片感光乳剂制版，使用这种方法可以制作出图案复杂的丝网版。也可使其他一些低成本的方法，但制作出的丝网版保持时间不长，如可以用贴纸或纸胶带在丝网上贴出图案，或将一张经过镂刻后的冷冻纸贴附在丝网上面。

丝网可以是任何尺寸，工作空间是丝网大小的唯一限制，所以在设计图案前确保有一个足够大的工作台进行丝网印花操作（见附录A，制作装有软垫的工作台表面，第254页）。一旦做好丝网版，进行丝网印花的操作过程是比较快的。

丝网印花中的叠印方法

如果使用丝网进行叠加印花，要记住一次印花操作只能应用一种颜色，所以需计划好每种颜色的干燥时间。每个丝网匹配一种颜色。

3.15 福斯特·简的白色棉布购物袋上的图案可以采用丝网印花的方法实现

一种颜色印好之后，需要洗净并烘干丝网，再换其他的颜色进行印制（图3.15）。

工具与材料

图3.16展示了丝网印花所需的工具与材料。

- 防尘口罩
- 面料
- 塑料勺子
- 制作完成的丝网版（请参阅附录A，制作丝网版，第256页和附录B，图B.51）

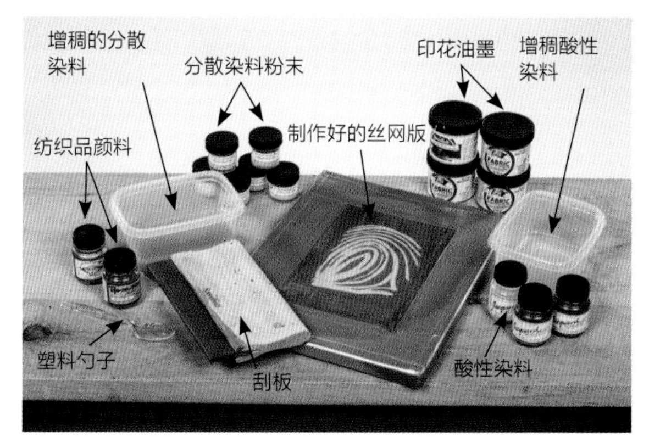

3.16 在面料上进行丝网印花工艺操作所需的工具与材料

- 根据皮肤敏感性选择橡胶、塑料或乳胶材质的防护手套
- 刮板（见附录B，图B.52）
- 增稠染料或印花油墨、拔染剂、纤维蚀刻剂

操作空间

- 表面装有软垫的工作台
- 水池

安全提示：处理任何染料时都要始终戴手套，戴好防尘口罩避免吸入废气。用封闭容器储存未用完的染料和油墨，避免溢出造成污染。

丝网印花操作指导

1.制作丝网版（见附录A，制作丝网版，第256页）。

2.配制适合面料纤维成分的增稠染料（参见第67页，天然纤维面料印花；合成纤维面料印花，第68页）。

3.在装有软垫的桌面上操作（见附录A，制作装有软垫的工作台表面，第254页），用大头针将面料固定在桌面软垫上。当使用薄透面料或有孔隙的面料时，将冷冻纸或纸板放在面料下面，可避免染料渗漏在软垫上。

4.将丝网版平放在面料上，丝网版和面料之间不留空隙。

5.用勺子舀出一些染料放在丝网版的一侧，用牛皮纸胶带封住丝网版的四周边缘（参见附录A，制作丝网版，第256页），染料的稠度与布丁类似，染料太稀会导致印出的图形出现重影。

6.用前臂力量平稳地按住丝网框，使用刮刀在丝网上平缓、均匀地推移染料。

3.17 用勺子舀出染料放在丝网的一侧，用牛皮纸胶带封住丝网四周边缘（见附录A，制作丝网版，第256页）

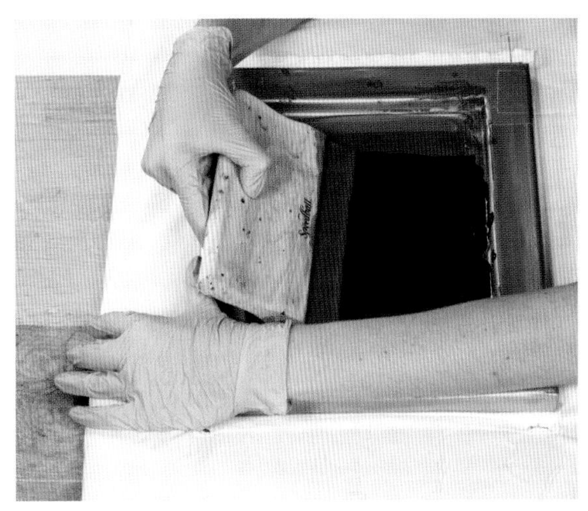

3.18 使用前臂力量按住丝网框，用刮刀在丝网上缓慢而均匀地推动染料

7.在丝网版上进行印花操作时，可能需多次使用刮刀推移染料。

8.小心地从面料上拿起丝网框。

9.丝网框上残余的染料可以用勺子舀回到容器里，以后可以继续使用。

10.用水冲洗刮板和丝网框，可以用软毛牙刷帮助清洁丝网。如果洗不干净，染料会干结在丝网孔中，导致丝网的网孔堵塞，之后再使用丝网时，无法清晰地印出上面的图案。

11.让面料上的染料彻底干燥，使用吹风机能够加快干燥速度。在染料干透之前，尽量不要移动面料。

3.19 使用丝网印油墨完成的丝网印花案例

12.在每次使用染料后，需要留出足够的时间让染料干燥，再继续印制。如果在染料未干的时候就将丝网版放在面料上继续操作，染料会弄脏面料。此外还要等丝网和刮刀完全干燥之后再进行印花操作，否则水滴会影响面料的印花效果。

案例

图3.20~图3.22显示了不同的丝网印效果。

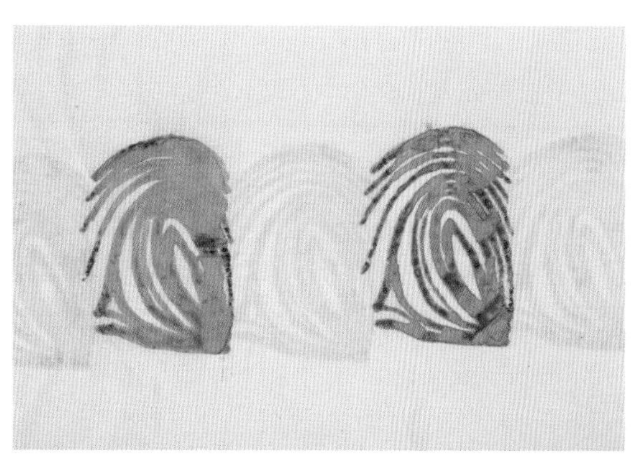

3.20 使用增稠的分散染料在尼龙面料上进行的丝网印花案例。需要等一个颜色干燥后再印下一个颜色，以免未干的染料蹭脏面料。注意画面上有一些颜色扩散，在光滑的尼龙面料上印花时这种现象比较常见

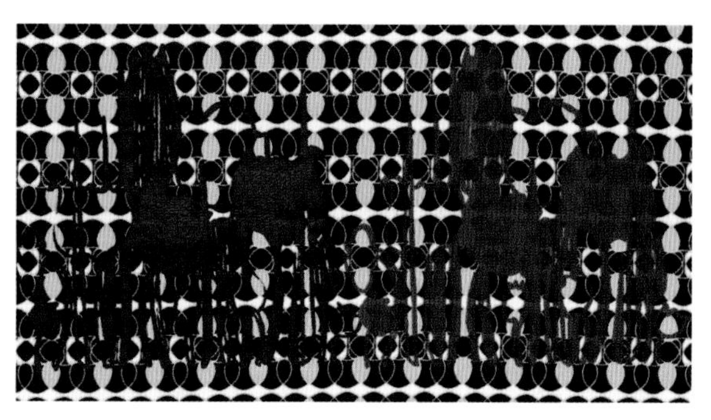

3.21 在工业印花面料上操作丝网印花工艺比较具有挑战性，因为有的染料会完全遮住面料的原有颜色，而有的染料会透出面料的底色，这个示例是使用不同染料在工业印花棉布上进行手工丝网印花操作实现的效果

3.22 如果染料过于稀薄会造成重影效果，如图所示

在皮革上印花可以实现各种各样的图案效果，这取决于所选择的印花方法。使用凸版印花可以产生简单的图案，使用丝网印花能够创作出更加复杂的、线条清晰的图案（图3.23）。

油墨和染料的选择需要针对皮革的不同类型，才能成功印制图案。植鞣皮能使用任何用于天然纤维面料的染料或指定的皮革油墨进行印花操作；在鞣制皮革或成品皮革上使用水性丙烯颜料也可以使图案印在皮革表面，但颜料无法渗入皮革。使用印花油墨印在皮革上的丝网印图案，可以使用熨斗低温加热固色来保持图案在皮革上的稳定和持久。

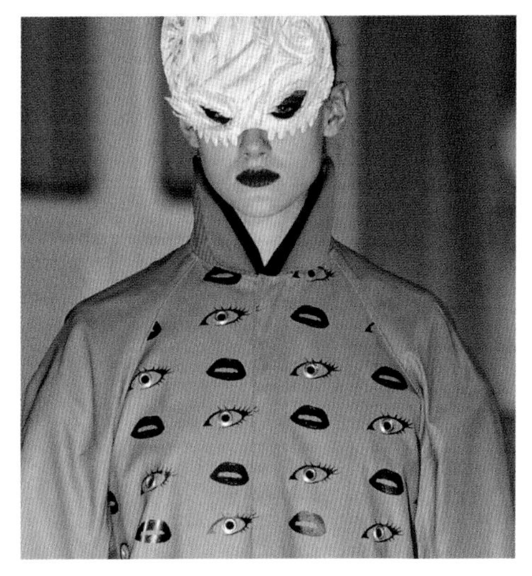

3.23 日本设计师高桥盾2013年秋季时装发布会上的服装，印在皮革上的图案

工具与材料

图3.24展示了在植鞣皮上印花所需的工具与材料。

- 防尘口罩
- 油墨和适合皮革的染料（表3.1）
- 印花工具（丝网版、模版、刷子）
- 胶带
- 根据皮肤敏感性选择橡胶、塑料或乳胶材质的防护手套
- 植鞣皮或铬鞣皮

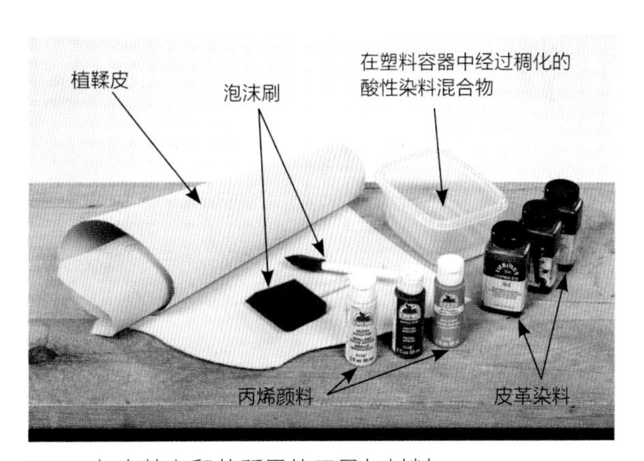

3.24 在皮革上印花所需的工具与材料

表3.1 适用于植鞣皮或铬鞣皮的皮革染料

植鞣皮	铬鞣皮
稠化的酸性染料（参见天然面料印花，第67页）	**丙烯颜料**
使用海藻酸钠增稠的皮革染料（遵循制造商的产品说明制作海藻酸钠底剂，再加入水性皮革染料，直到达到所需的颜色）	**Speedball丝网印油墨**
丙烯颜料	**Jacquard印花涂料**
Speedball丝网印油墨	**Versatex丝网印油墨**
Jacquard印花涂料	
Versatex丝网印油墨	

应用方式

- 用笔刷涂绘
- 凸版印花（见第69页）
- 丝网印花（见第72页）
- 拓印（见第79页）

操作空间

- 表面装有软垫的工作台（见附录A，制作装有软垫的工作台表面，第254页）
- 用于清洗印花材料的水池

安全提示：处理染料时，始终戴防护手套和防尘口罩，以避免吸入染料释放的气体。

在皮革上印花操作指导

1.确保皮革被胶带固定在装有软垫的桌面上。

2.按照皮革的类型选择合适的油墨或染料，见表3.1。

3.按照适当的方式应用油墨或染料（见前面所述）。这是使用了类似鞋印的模版压印的图案效果（图3.26）。

4.将增稠的皮革染料涂在模板上，在皮革表面均匀地压印。

5.让每层染料干燥。

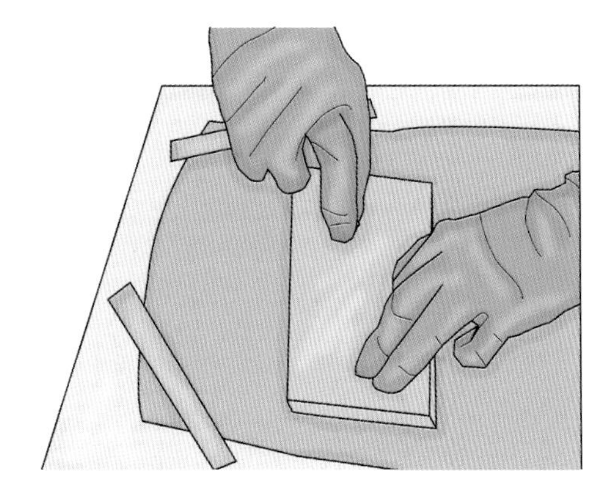

3.25 将涂有被海藻酸钠稠化的皮革染料模版，小心地压印在皮革表面

6.一种颜色的染料干燥后，再使用另一种颜色的染料进行印制。

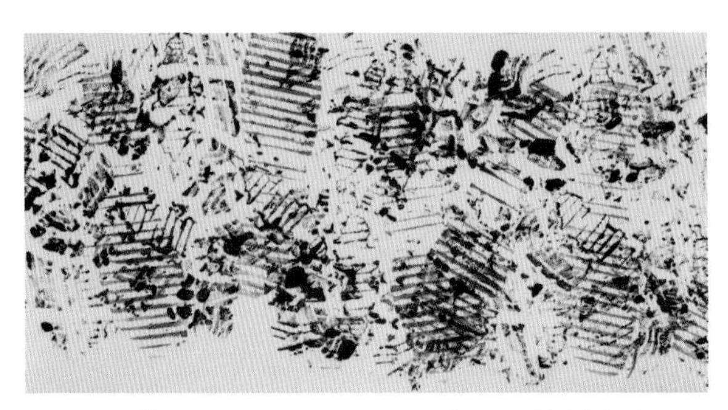

3.26 用模版可以重叠印制，只要每一层染料完全干透后再印制下一层即可

案例

图3.27~图3.29展示了皮革的各种印花效果。

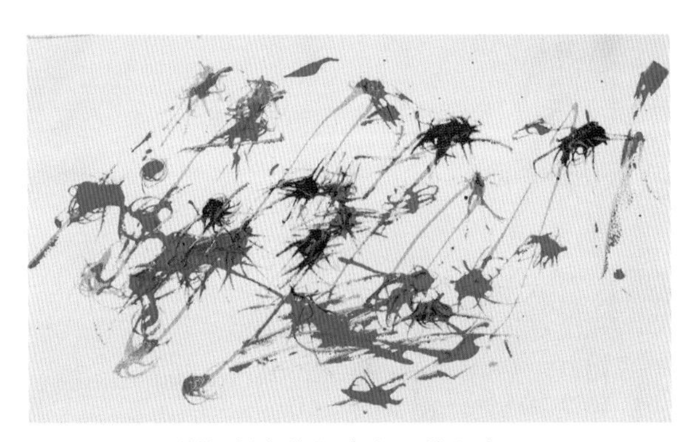

3.27 使用丙烯颜料在铬鞣皮上手绘图案

3.28 使用丙烯颜料在铬鞣皮上进行丝网印花操作

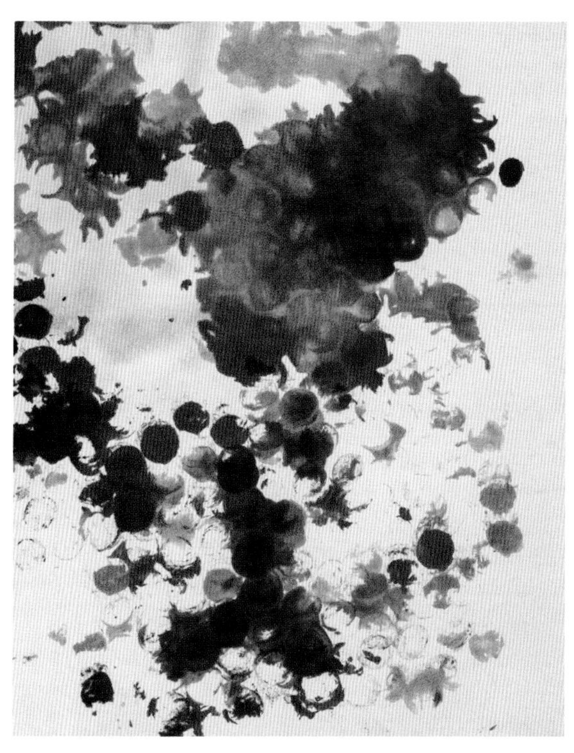

3.29 使用稀薄的酸性染料在植鞣皮上拓印

对环境的影响：直接印花与转移印花

用于直接印花与转移印花的涂料通常使用淀粉、面粉或树胶增稠，虽然材料相对无害，但是如果处理不当，把它们滞留在某处，就会对动物产生吸引力，为了防止动物误食，不要随意将涂料丢弃在户外，而是要用水稀释后倒进下水道里。

减少对环境影响的最好方法是尽可能地重复使用材料，模版和丝网版可以被反复使用很多次，直到开始变形或被用坏。用于丝网印花的丝网填充剂，可以使用牙刷以及浓缩的工业清洁剂将其很快除去，在大多数五金店里都可以买到这种清洁剂，像处理任何浓缩的清洁剂一样，需要用水稀释、请小心处理。注意操作时要戴好手套，储存材料时也需要谨慎。

在工艺品商店中出售的大理石纹印花和日光晒印的产品一般是安全的，甚至可以让儿童使用。这两种印花工艺的染料和颜料仍需谨慎储存，要将它们放入拧紧盖子的容器里，并搁置在不太可能产生意外渗漏的地方。

在家庭工作室中用蓝晒法印制图案而产生的环境问题得到了很多关注，这就是为什么像www.blueprintsonfabric.com这样的网站很有帮助的原因。业余爱好者应该避免在家庭工作室中操作蓝晒法，除非所有的安全措施都满足条件。由化学制剂生成出的深蓝色毒性很强，随着时间的推移，在受热时会分解出非常有害的气体。处理化学品时，需要按照当地相关部门的有关规定，将所有化学品送到有授权的废物处理场进行处理。

转移印花

转移印花是使用染料、涂料、油墨或着色材料创作出图案后，将图案转移到面料或皮革上的印花方法。一些转移印花的工艺技巧，比如日光晒印法和食盐显影法，只要在操作过程中精确控制，就能够实现图案的连续重复；大理石纹印花与拓印一样，随机性比较大，无法准确复制图案，却往往能够产生出人意料的效果（图3.30）。

自从染料出现以后，转移印花在面料和皮革上的操作就已经存在了。通过文化传播，曾在全球范围内使用的转移印花技术在今天仍然存在并发展着。早在12世纪，日本就开始使用大理石纹印花技巧了。起初大理石纹印花大多为流动感的色彩和微妙的漩涡，直到发展出更容易控制画面的方法，即来自土耳其的“湿拓画”。这种方法通过使用化学物质，使颜色漂浮在水面，替代了日本的传统方法。

以转移印花技术为基础的化学方法，像蓝晒法，使用一种传统的、自然界中并不存在的、色彩鲜艳的蓝色物质，被称为普鲁士蓝。在1704年，普鲁士蓝被一位名叫海因里希·迪斯巴赫的柏林艺术家、颜料制造者偶然发现。他发现一种物质，当暴露在阳光下时会产生明亮的蓝色。普鲁士蓝在1842年开始用于摄影，当弗里德里希·威廉·赫歇尔开始寻找替代印相法的技术时，他注意到了无机光敏化合物。他开始将普鲁士蓝用在印相过程中，并称之为“蓝晒法”。蓝晒法至今仍然被许多摄影师用于印相操作。

将图像转移到面料上充满了试验性和意外效果，因为大多数转移印花技巧都很难复制已完成的结果，因此，仔细地记录操作过程是非常重要的。

3.30 詹巴迪斯塔·瓦利2012年秋季时装发布会上的服装，服装面料图案可以使用装满染料的滴眼液瓶创造出来，然后按照本章拓印部分的操作方法再转移到白色面料上

拓印是通过版画和绘画技巧的组合创作出单独的图案再转移到面料上的方法。在光滑的表面——冷冻纸或玻璃上有层次地放置染料或颜料，然后用各种工具进行处理，从而产生图案，将面料直接平放在已形成图案的染料上，直到染料被面料充分吸收后，再小心地移开面料并使其干燥。

由染料拓印产生的图案很大程度上取决于对工具的选择，生成的图案往往自然随意而抽象。使用叉子、稻草、绳子、滴管、气泡塑料膜、画笔等不同工具创作图案会产生不一样的画面效果（图3.31）。

3.31 塞德里克·查理尔在2013春夏时装发布会上展示的印花服装作品，使用拓印方法很容易实现这样的图案效果，用叉子在一个光滑的表面拖出染料痕迹，就能够产生这样的不规则线条

工具与材料

图3.32展示了拓印操作所需的工具与材料。

- 防尘口罩
- 适合面料类型的染料，拔染剂或纤维蚀刻剂，分别用稠厚、稀薄的染料进行实验操作
- 面料
- 冷冻纸（见附录B，图B.50）
- 各种工具（见下面的应用方式）
- 根据皮肤敏感性选择橡胶、塑料或乳胶材质的防护手套

应用方式

- 用勺子、滴眼液瓶、滴管、画笔、叉子和气泡塑料膜等直接应用

操作空间

- 在工作区覆盖塑料布，以避免工作台表面与面料交叉污染
- 在使用染料时，把冷冻纸铺开并将其用平头图钉固定在泡沫芯板上

安全提示： 使用染料操作时，应始终戴防护手套和防尘口罩，以避免吸入粉末。

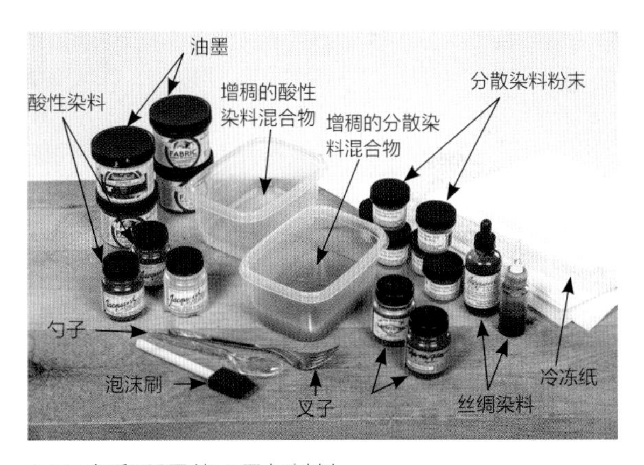

3.32 拓印所需的工具与材料

拓印操作指导

1.用平头图钉将冷冻纸（光面朝上）固定在泡沫芯板上。

2.在冷冻纸上用勺子、滴管、画笔或喷雾瓶直接放置染料。

3.使用叉子（图3.33a）、牙签、发梳或气泡塑料膜在冷冻纸表面布置染料（图3.33b）。

3.33a 使用叉子、牙签或发梳布置稠化的染料

3.33b 将气泡塑料膜按压在染料表面，产生斑点印迹

4.小心翼翼地把面料铺平放到冷冻纸上，轻轻按压面料反面以吸附染料。

5.慢慢地拉起面料，在面料上显示出图案。

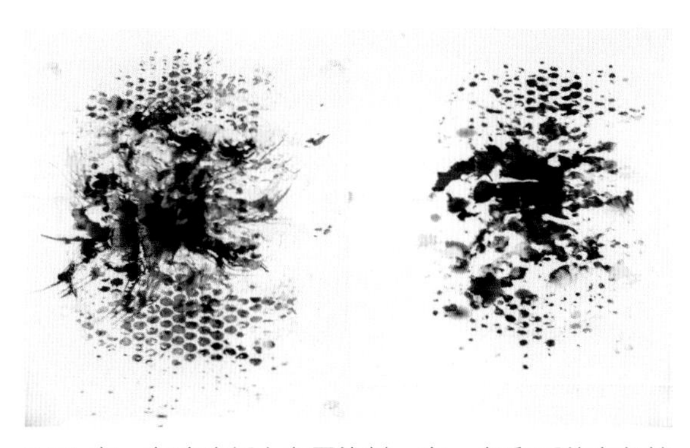

3.34 左：在冷冻纸上布置染料；右：拓印后的白色棉布

案例

图3.35~图3.37展示了拓印的案例。

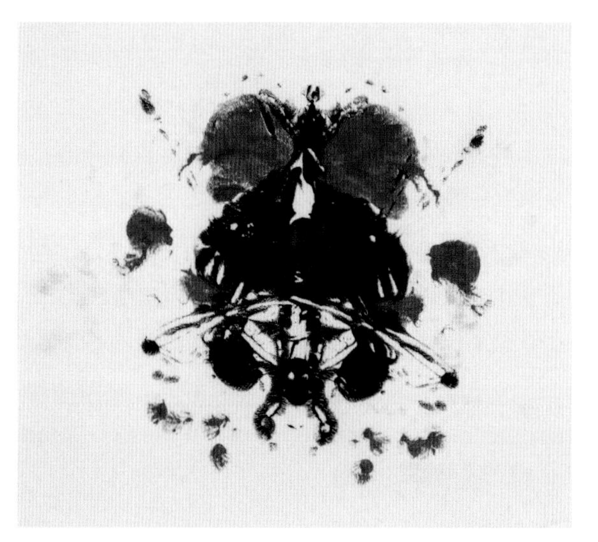

3.35 将丝网印油墨布置在冷冻纸上，然后对折产生对称的墨迹，用真丝雪纺在冷冻纸上拓印图案

3.36 使用滴眼液瓶将增稠的酸性染料布置在冷冻纸上，用叉子处理好图案，把白色的莱卡棉平铺在染料上，将图案吸附转移

3.37 使用拔染剂和丝网印染料在蓝色的棉布上拓印。棉布干透后，用熨斗熨烫，以帮助拔染剂去色和对染料固色

秀场作品赏析：德赖斯·范诺顿 2011年春夏男装系列

德赖斯·范诺顿在2011年春夏男装系列中创造出了具有喷溅效果的印花图案，这些墨渍印迹是用滴眼液瓶分别装满了蓝色、黑色和紫色的染料，通过直接滴在服装上的方法实现的（见图3.38a和图3.38b）。类似的墨迹喷溅效果可以运用拓印法，将染料滴在一个光滑的表面，通过画笔涂刷或用吸管在染料上吹气的方法实现。

3.38a 德赖斯·范诺顿2011年春夏男装系列的衬衫图案，可以通过拓印方法实现相似的图案效果。用一个滴眼液瓶将稀薄的染料持续滴在一片冷冻纸上，直到产生的点状图案呈现出墨水渍的效果。小心地把面料平铺在染料上，再慢慢移开，等面料吸附的染料干燥后进行固色处理

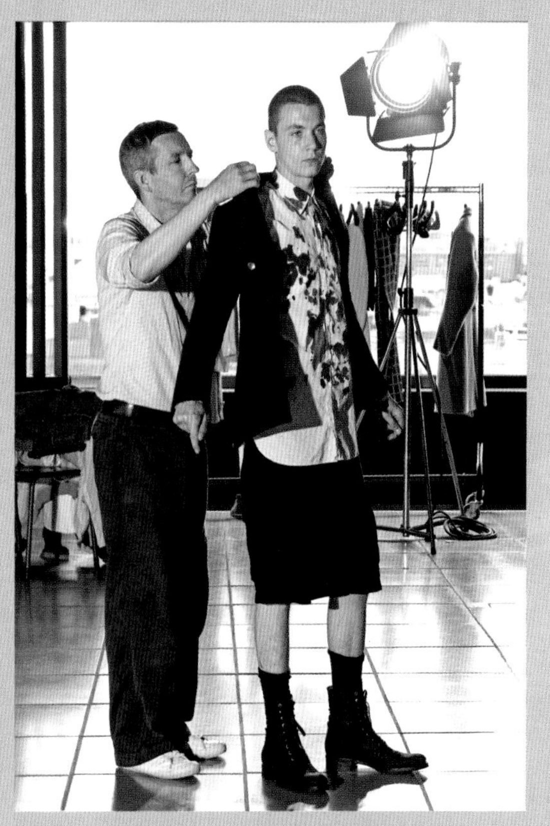

3.38b 德赖斯·范诺顿2011年春夏男装发布会上的服装体现了拓印技法的应用

转移印花可以使用增稠后的分散染料进行操作（见本章第68页，合成纤维面料印花），产生的图案通常为抽象形态，类似于染料被直接布置在平滑表面——像冷冻纸或仿羊皮纸上所产生的拓印效果。随着增稠的分散染料变干，各颜色之间开始融合，在出现旋涡形图案后，小心地将合成纤维面料放置在已干燥的染料上，用电熨斗高温熨烫。几分钟后，融化的染料就开始转移到面料上。熨烫的时间越长，颜色越浓。

在面料选定之前一定要确定其纤维成分，因为分散染料不能将鲜明的颜色转移到天然纤维面料上，只会产生非常淡的颜色，并且染料产生的旋涡形图案造型也不会显示出来。

工具与材料

图3.39展示了用增稠的分散染料进行转移印花操作所需的工具与材料。

- 处理染料的刷子或勺子
- 防尘口罩
- 面料
- 熨斗
- 羊皮纸
- 分散染料粉末（见附录B，图B.28）
- 根据皮肤敏感性选择橡胶、塑料或乳胶材质的防护手套
- 增稠混合物（参见第68页，合成纤维面料印花）

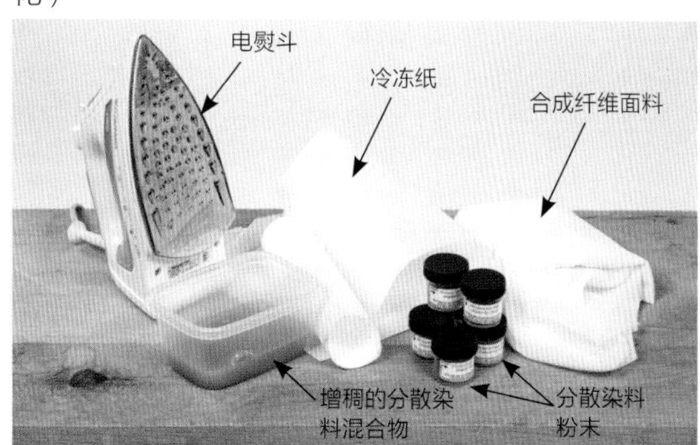

3.39 使用增稠的分散染料转移印花所需的工具与材料

操作空间

- 任何工作区域都是适合的，仅需要一个能使用电熨斗并让染料不受干扰地晾干的空间

安全提示：处理染料时应始终戴手套，尽量不要吸入在熨烫过程释放的任何气体。

使用增稠的分散染料转移印花操作指导

1.使用图钉在泡沫板上固定一张仿羊皮纸，形成光滑的表面。

2.根据本章中关于合成纤维面料印花的操作指导混合出增稠的染料（见第68页）。

3.用塑料勺或画笔布置染料，确保染料有足够的厚度。

4.随着染料变干，颜色之间开始融合。

5.染料完全干透后，将它从仿羊皮纸上拉下来，状态类似干的水果皮。

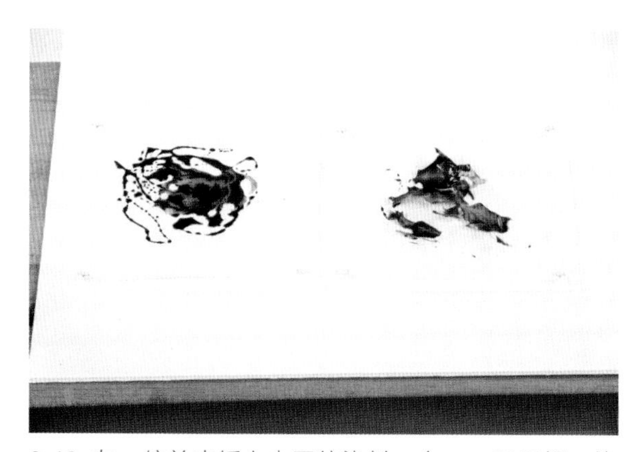

3.40 左：仿羊皮纸上未干的染料；右：一旦干燥，染料就在羊皮纸上翘卷起来

6.将合成纤维面料放在已干燥的染料上。

7.使用电熨斗轻轻熨烫面料，将卷起来的染料烫平。

8.继续用高温均匀地熨烫面料，直到颜色开始转移到面料上。小心地拿掉染料，观察颜色转移的情况。染料会非常烫，剥掉时一定要小心。

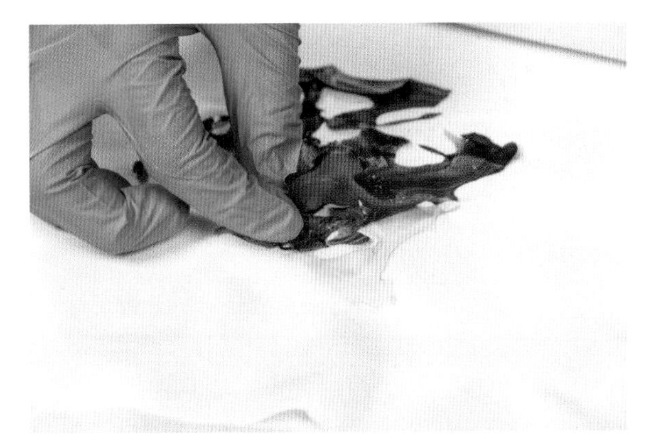

3.41 一旦熨烫好，就可以从面料上剥掉已经干燥的染料，它会非常烫，一定要小心

9.继续熨烫面料，直到获得所需的颜色。

如何获得鲜明强烈的颜色

增稠的分散染料被熨烫的时间越长，产生的颜色就越鲜明强烈。

3.42 熨烫面料的时间越长，产生的颜色越强烈，显然这块尼龙面料上的图案就是一个例子

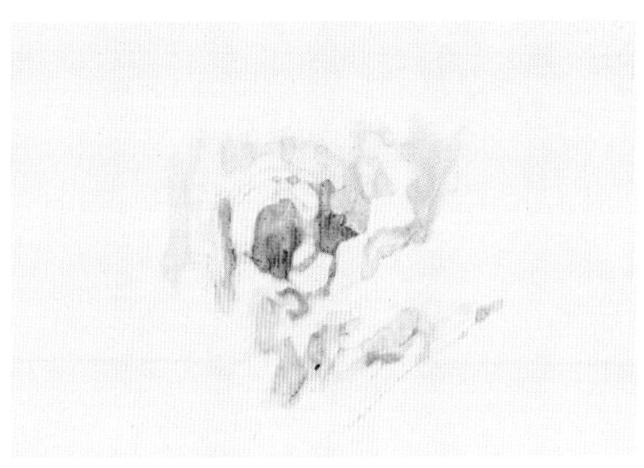

3.43 在白色的色丁布上使用增稠的分散染料转移印花

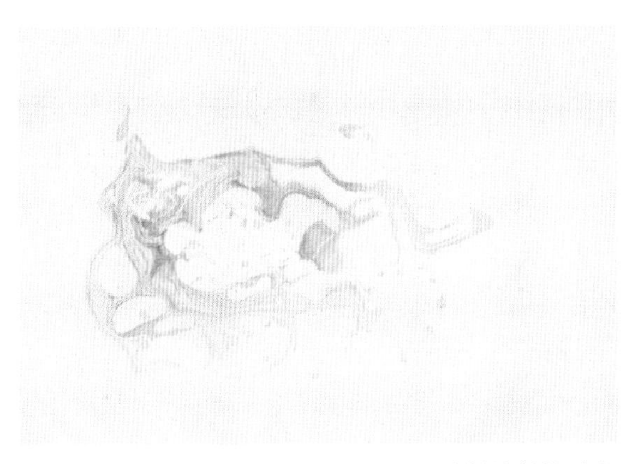

3.44 在白色的涤纶里料上使用增稠的分散染料转移印花

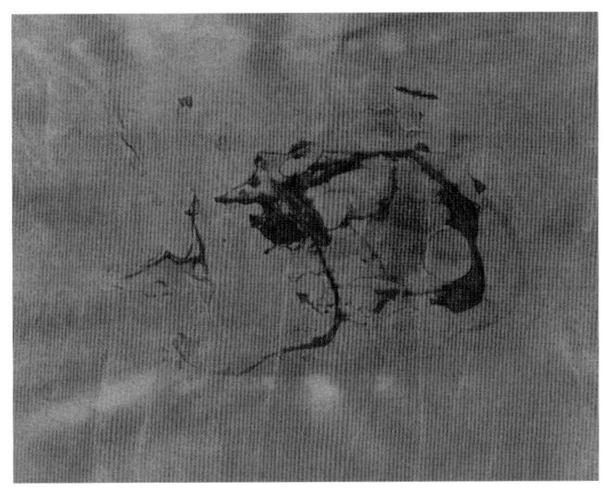

3.45 在已染色的涤纶上使用增稠的分散染料转移印花

案例

图3.43~图3.45展示了将增稠的分散染料进行转移印花所产生的不同结果。

大理石纹印花

大理石纹印花有时被称为“墨流”，日语词汇中意为“墨水浮动”，是将染料放在经过处理后的水上进行创作。染料会悬浮在水面上，用铁笔或梳子控制染料，使其产生精妙的旋涡，形成流转的色彩。布置好图案后，将面料或纸平放于水面吸附染料，使水面上的图案转移到面料或纸面上。在水面上创作图案非常有趣，但使用大块布料进行图案转移比较棘手，可能需要别人的帮助才能操作。大理石纹印花的工具包是现成的，在工艺品商店和在线零售店铺都可以买到，在家里使用一个大托盘或者澡盆就可以进行简单的操作。大理石纹印花通常产生色彩重复、形态不确定的抽象图案，图案效果非常生动、流畅。经过实践，具有高度控制感的图案画面是可以实现的（图3.46）。

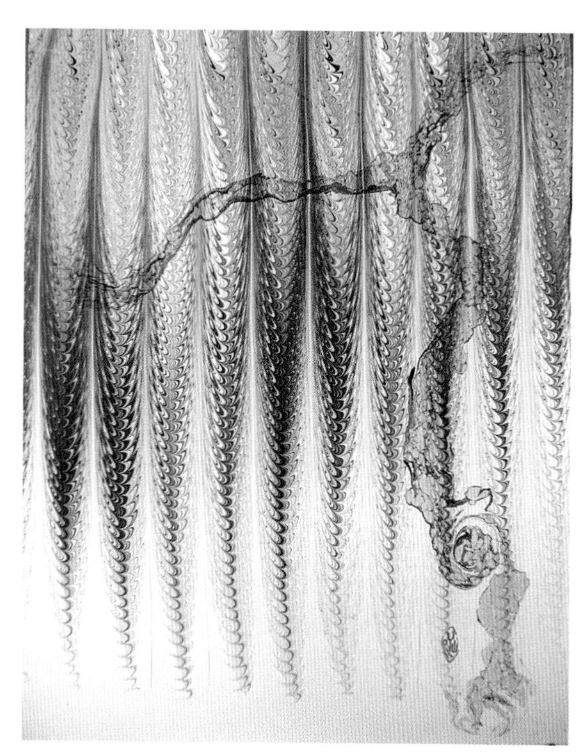

3.46 《日本紫藤》，罗伯特·吴所作

工具与材料

图3.47展示了在小块面料上进行大理石纹印花所需的工具与材料。

- 明矾和甲基纤维素（见附录B，图B.37）——大理石纹印花小工具包
- 氨
- 防尘口罩
- 用明矾溶液浸泡过的清洗好的面料；天然纤维面料效果最佳
- 报纸
- 大理石纹印花染料（见附录B，图B.30）
- 根据皮肤敏感性选择橡胶、塑料或乳胶材质的防护手套
- 用于塑造花纹的各种物件（小刷子、梳子、牙签、叉子）

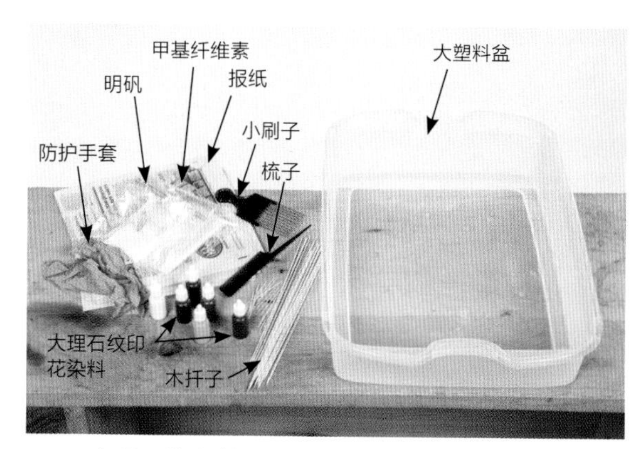

3.47 大理石纹印花所需的工具与材料

应用方式

- 染料在甲基纤维素溶液上产生了图案，面料通过直接接触染料而吸附图案

操作空间

- 大约5cm深的浅盘
- 盛放明矾和甲基纤维素混合溶液的水桶

安全提示：大理石纹印花操作过程是安全的，但接触任何染料都需要戴手套，并戴好防尘口罩，以免吸入明矾或甲基纤维素混合时产生的任何气体。

大理石纹印花操作指导

1.将7汤匙明矾放入4升温水中溶解，把面料放入明矾溶液中浸泡20分钟，泡好后晾干，压平面料，不要起皱。

2.按照每4升温水添加4汤匙甲基纤维素的比例标准制作甲基纤维素溶液，加入1汤匙的氨来促进甲基纤维素溶解，搅拌约5分钟。

3.将甲基纤维素溶液倒进一个托盘或澡盆中，静置30分钟。

4.在开始操作之前，用一块报纸吸附掉甲基纤维素溶液的粉尘颗粒和气泡。

5.每次添加一滴染料，然后进行花纹塑造。某些染料相对更加容易晕开，在花纹状态理想的情况下，这些晕开的染料会先被面料吸附，最后添加的染料通常颜色最鲜艳。

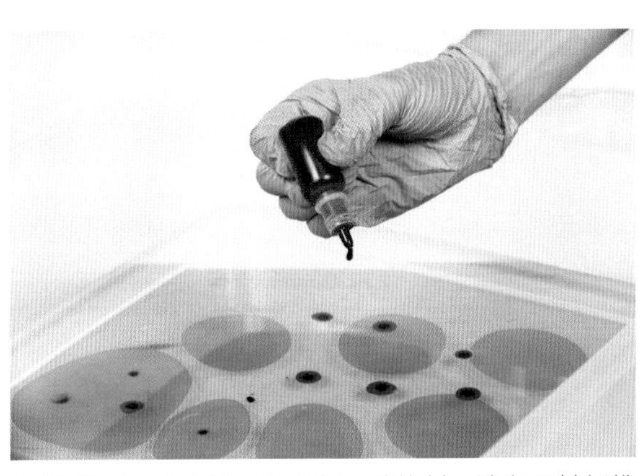

3.48 使用一个小瓶，每次加一滴染料，滴在甲基纤维素的溶液上，染料会在溶液表面自动散开

6.一旦将染料滴到甲基纤维素溶液上，就可以使用发梳、小刷子（图3.49a）、牙签、木扦子（图3.49 b）创作图案。

3.49a 可以用一个小刷子来调制花纹

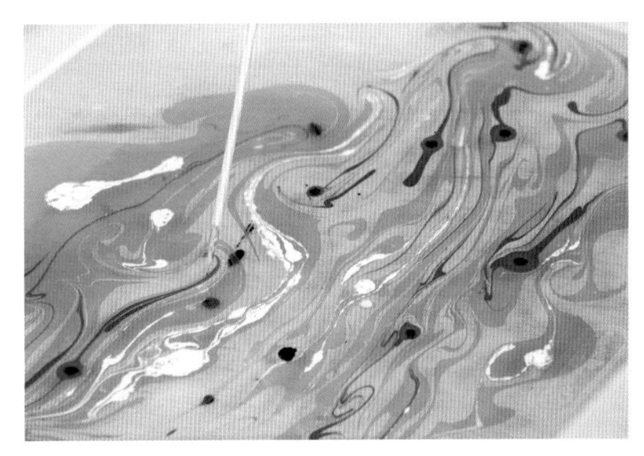

3.49b 还可以用木杆和牙签来混合染料

7.一旦出现理想的花纹，请小心地握住面料的两端，让面料平展着吸附染料。面料中间部分会先接触染料，接着是两边，操作时还要避免产生气泡。

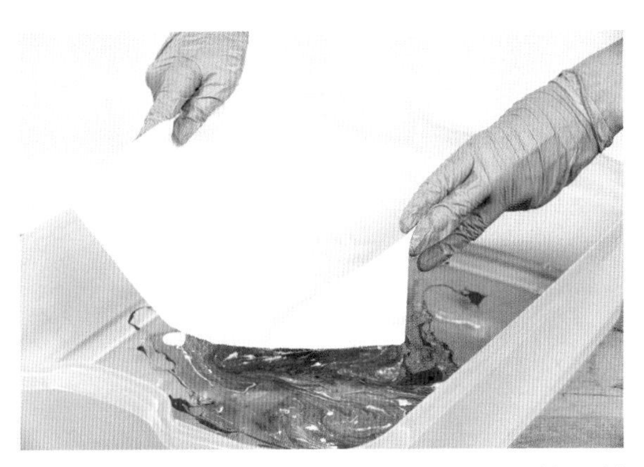

3.50 仔细把面料平铺在染料上，小心操作，避免面料折叠，否则会在图案中产生不必要的折痕

8.几秒钟后，将面料提起来，平铺在桌面上。如果操作中面料被折叠，图案上将会产生折痕；也可以故意折叠面料，通过折痕来产生特定的图案。

9.用报纸吸附溶液中剩余的染料，干净的溶液可以用于下一次的操作。没有被报纸吸附的染料会在几分钟后沉入水底。

10.用温水洗掉面料上的甲基纤维素。

11.面料平摊干燥后，用电熨斗加热固色。

12.完成操作后，用流动的温水将甲基纤维素溶液冲入下水道。

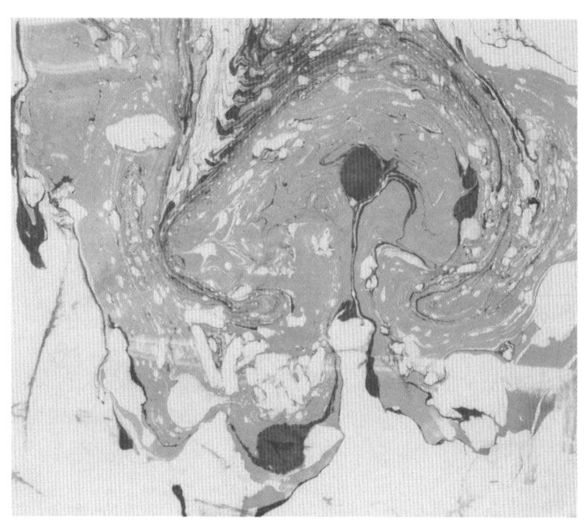

3.51 一旦面料干燥并经过熨烫，花纹将被保持在面料上

案例

图3.52~图3.54展示了各种各样的大理石纹印花的效果。

3.52 白色的莱卡棉，在蓝色和黄色染料中用木扦子创作的旋涡状花纹

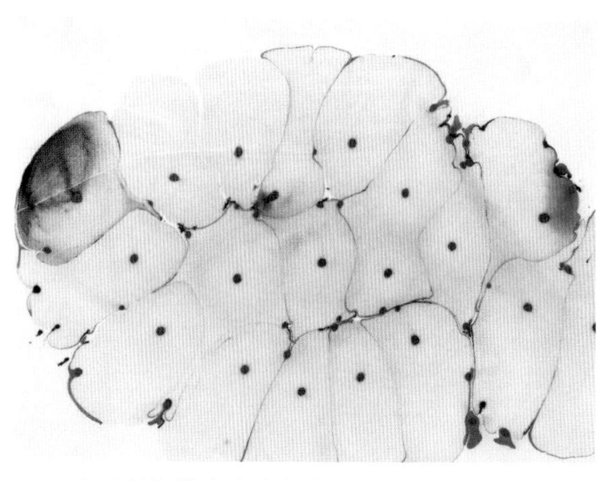

3.53 在甲基纤维素溶液中滴入染液，轻微晕开后应用在真丝乔其纱表面

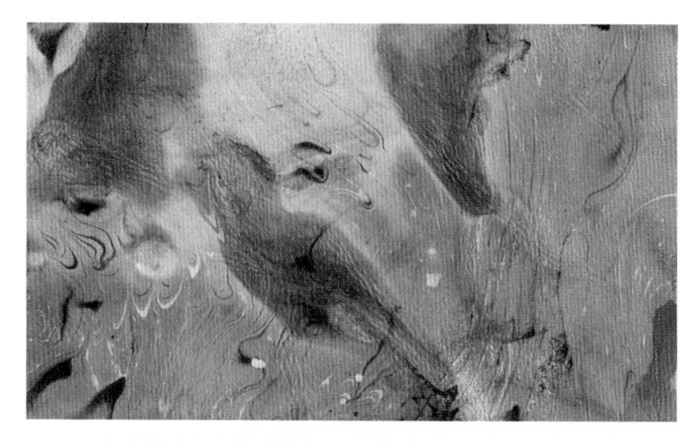

3.54 大理石纹可以运用于植鞣皮上，但是结果比较随机，无法预测

秀场作品赏析：帕特里夏·加西亚高级成衣，2012年春季

帕特里夏·加西亚，毕业于萨凡纳艺术与设计学院，将大理石纹印花形成的图案应用在她的毕业设计作品上（美术学士，服装设计，2012）（图3.55）。她的灵感来自于涡流的律动感和文森特·梵高的笔触，梵高广为人知的笔触完美地匹配了大理石纹印花图案的特点，这种形式将美感与鲜明的颜色大胆结合，在她的作品中得到了充分表现。

3.55 帕特里夏·加西亚的大理石纹印花作品（摄影/大卫·戈达德）

首先用一种感光溶液处理面料，再将转移印花材料（植物、剪纸，甚至是一件睡袍，如图3.56所示）或者将一张底片放置在面料上，暴露在阳光或紫外线中。在光线照射下，应用感光溶液的区域会变暗，从而在面料上产生了一个负像。

3.56 詹妮弗·格拉斯使用蓝晒法在面料上创作大尺寸的艺术作品，图例展示了她使用自己收藏的睡袍创作出的美丽而生动的图像

传统的蓝晒法预处理面料可以在线订购，通过日光照射即可产生图像。一旦经过蓝晒法产生的图案在面料上成像，面料就能够经受正常洗涤而不会褪色，从而成为家居装饰的一种选择，像南希·布雷斯林的作品那样（图3.57）。

日光晒印与蓝晒法略有不同，它使用一种特殊的日光反应染料来接触面料，这种染料有很多种颜色，可以在网店和一些工艺品商店买到。本章将重点讨论这种光合染料的使用，因为它操作简单方便，不需要暗房，比传统的蓝晒法印制图案有更多的色彩选择。日光晒印与蓝晒法的所有操作方式均相同，按照下面的指导可以开始任何一种工艺流程的操作，一定要阅读制造商的产品说明来准备光合染料溶液。

3.57 “美梦抱枕”由南希·布雷斯林创作，使用蓝晒法在面料上清晰地再现了图像的负片效果

进行日光晒印操作所需的工具与材料

图3.58展示了日光晒印所需的工具与材料。

- 面料，棉质面料的效果最好
- 泡沫刷
- 盛水的塑料容器
- 根据皮肤敏感性选择橡胶、塑料或乳胶材质的防护手套
- 光合染料（见附录B，图B.31）
- 玻璃片或图钉，用来固定物件
- 各种物件（例如有图像的透明胶片、叶子、面料、剪纸）

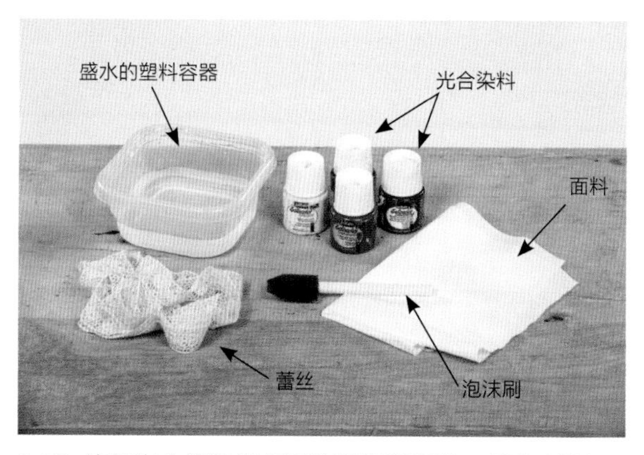

3.58 使用光合染料进行日光晒印所需的工具与材料

应用方式

- 直接在面料上用泡沫刷涂绘光合染料
- 直接在面料上放置物件

操作空间

- 用塑料布覆盖泡沫芯板，再用图钉把面料固定在上面

- 任何工作空间都可以，只要有直射光的窗户，使作品静置于阳光能够直射到的地方

日光晒印操作指导

1.收集用作转移印花的物件（叶子、镂空物件、有图像的透明胶片以及任何能够阻止光线穿透的物品）。

2.混合光合染料，染料和水按1：2的比例勾兑，预先准备足够整个作品使用的混合溶液。

3.在泡沫板上平铺一块塑料布或套上垃圾袋，用于工作台表面。

4.用大头针或图钉将面料固定在工作台表面。

5.用泡沫刷或笔刷将水涂在面料上。

6.用泡沫刷或笔刷在湿的面料上涂绘光合染料溶液。

3.59 用泡沫刷或笔刷将稀释后的光合染料涂绘在湿的面料上，出现所期望的图形和颜色后，添加更多的水以产生水彩晕染效果

7.涂绘光合染料产生颜色后，加入更多的水以产生水彩效果。

8.快速地将各个物件放在湿的染料痕迹上，并在面料表面上按压，再加上一片玻璃或者一些石块，以保持这些物件不被移动。

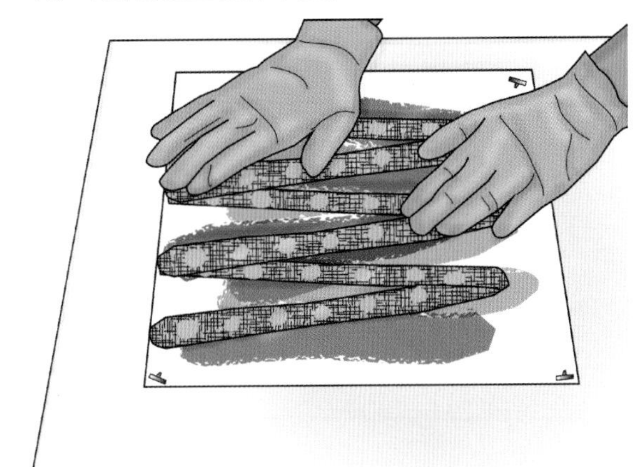

3.60 将各种物件放在潮湿的面料上压稳

9.将作品放在充满阳光的户外、明亮的窗口旁接受日光照射或者使用紫外线光源照射。

10.当面料干燥后，颜色开始变暗，而在原先放置物件的地方则显现出明亮的颜色。

11.当面料变干后，拿掉上面的物件，用电熨斗轻轻熨烫2到3分钟，进行固色。

3.61 当面料变干后，暴露于阳光下未被遮蔽的区域就会变暗

对预处理面料进行蓝晒法转移印花操作所需的工具与材料

图3.62展示了对预处理面料进行蓝晒法转移印花操作所需的工具与材料。

- 蓝晒法预处理面料可以直接购买到
- 玻璃或图钉，用来固定物件
- 用于转移印花的物件 （有图像的透明胶片、树叶、面料、剪纸等）

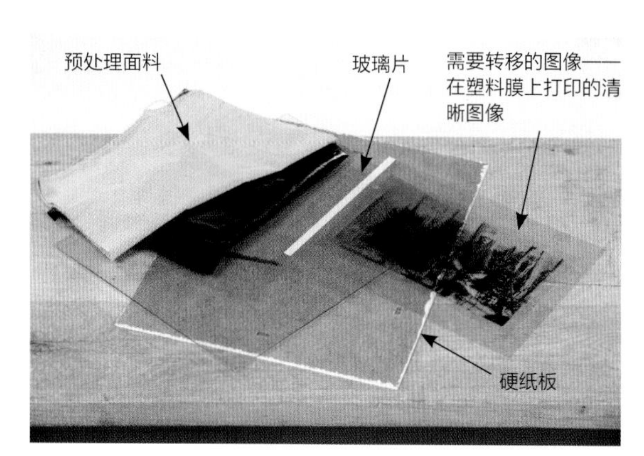

3.62 对预处理面料进行蓝晒法转移印花操作所需的工具与材料

应用方式

- 将印有清晰图像的塑料膜或用于转移印花的物件直接放置在面料上应用

操作空间

- 泡沫板或硬纸板
- 使用图钉或一片玻璃将用于转移印花的物件固定在面料上
- 任何工作空间都可以，只要有直射光的窗户，使作品能够静置在有阳光的地方

蓝晒法操作指导

1.将预处理面料用大头针固定在泡沫板或纸板上。

2.将物件置于面料表面。塑料膜的图像转移效果非常好，因为在操作过程中它始终保持干燥。塑料膜上的图像在打印前，可通过绘图软件进行图像编辑，调高画面对比度，以便更好地实现蓝晒法转移印花效果。

3.使用图钉、石块或一片玻璃（用于压在塑料膜上）将用于转移印花的物件覆压在面料上。

3.63 将一片玻璃压在塑料膜上，放置在一个阳光充足的地方或在紫外线光源下接受光线照射

4.将面料暴露于阳光下或紫外线光源下。在阳光明媚的天气，只需要5到10分钟；在阴冷的天气则需要长达30分钟。

5.面料经过晾晒后使用冷水冲洗，直到从面料挤出去的水变为清澈。

6.将面料阴干，电熨斗设置成高温，对面料进行熨烫固色。在熨烫过程中，面料会轻微改变颜色，但当它冷却后会变回原来的颜色。

3.64 面料一旦接触光线就会变暗，用冷水彻底冲洗并阴干面料，面料上的图案将会一直保持

案例

图3.65~图3.67展示了通过日光晒印或蓝晒法进行转移印花处理面料所获得的不同效果。

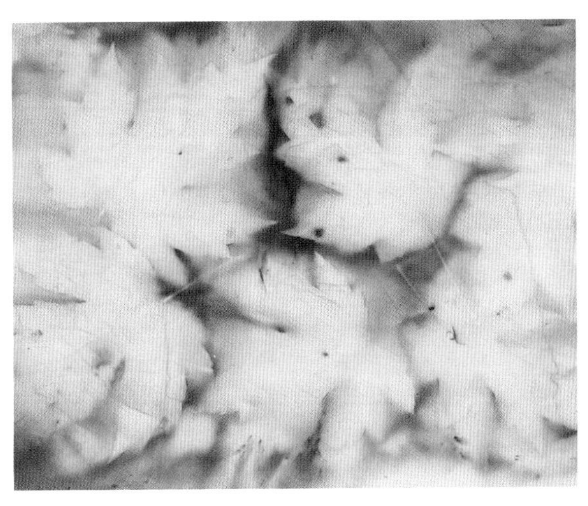

3.65 真丝斜纹绸涂上紫色和红色的日光晒印染料，之后把叶子压在上面，在阳光下晒干

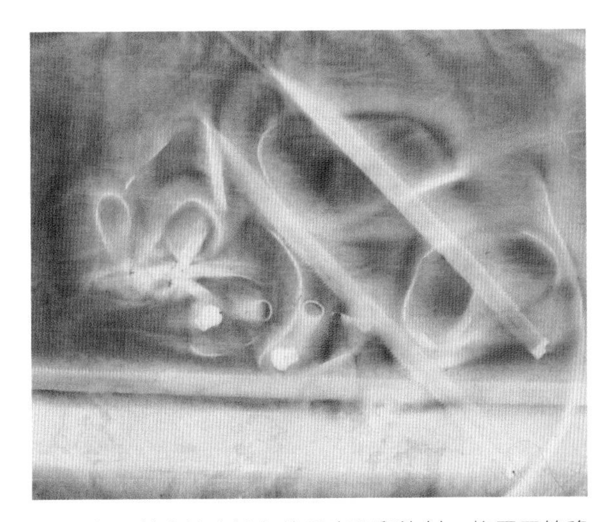

3.66 细平棉布涂上棕色的日光晒印染料，将用于转移印花的物件比如拉链、拉链头、缎带放置在上面，之后在太阳下晒干

3.67 在预处理面料上放置叶子，使用蓝晒法创造这幅作品

学生实践计划

1. 样本册：制作一本用于参考的样本册。从本章中选择五种工艺，使用每种工艺至少制作完成3个样片。注意所使用的染料和油墨需要适合面料的纤维成分，在开始操作时用一块稍大些的面料，最后经过修剪，留下最生动的部分。将所有样片贴在一张纸板上，用文字简要地记录操作过程，并回答以下问题：

- 如何取得更好的/不同的结果？
- 如何将这些样片应用于服装、配件和纯艺术领域？

2. 印花：利用印花工艺能够快速而简单地创作出连续图案。选择一种印花工艺，在面料上用两种颜色创作一幅四方连续图案。在开始操作之前设计好单元图形（一个简单的图形最适合初学者），并考虑单元图形的大小以及画面布局。

- 在画面中如何产生色彩交替的重复效果？

我们的目标是在一块面料上创作出连续而均匀的图案，在开始制作作品前需要通过样片实验来解决任何问题。

3. 转移印花：使用转移印花的方法在面料上完成一幅连续的满幅图案，因为结果是不可预测的，所以请接受错误！首先，选择两种不同的转移印花工艺和两块浅色面料，在每块面料上使用一种转移印花工艺创作图案，使两幅图案完成后能够产生某种关联或对应。例如，一块带有绿色和黄色的大理石纹棉布，可以对应一块经过日光晒印操作的、具有同类色或互补色的丝绸。这种对应关系是因为大理石纹能够产生波动的、难以预测的线条，而日光晒印图案，由于使用了不同粗细的纱线作为转移印花物件而产生了类似的图案风格。请多加尝试和练习，通过样片实验，发展并完成最终的作品。

关键术语

- 凸版印花
- 蓝晒法和日光晒印
- 湿拓画
- 固定
- 大理石纹印花
- 拓印
- 印花
- 普鲁士蓝
- 丝网印花
- 日光晒印染料
- 刮板
- 转移印花

第四章　纤维处理

目标

- 运用纤维蚀刻技法去除面料的部分纤维
- 通过热熔方法破坏面料的表面
- 皮革压花
- 模塑皮革
- 用羊毛纤维制作毛毡
- 针毡操作
- 将羊毛纤维和天然纤维结合制作面料
- 给毛毡制品增加空间维度

纤维处理是去除面料纤维的操作工艺，也可以看作是塑造面料或皮革的工艺。通过对纤维进行一定的加工处理能够产生一块面料，如毛毡；通过压花或模塑技法能够改变皮革的表面形态和纹理。虽然本章介绍的大多数工艺技巧是环保的，但用化学试剂去除面料纤维的过程可能对环境有危害，请参见第120页提示框中关于纤维处理对环境影响的建议。

去除纤维的化学方法

用一种被称为“纤维蚀刻剂”（Fiber Etch）的产品可以从面料中去除纤维。纤维蚀刻剂由硫酸氢钠、水、甘油和印刷膏组成。它通过对纤维混纺面料进行侵蚀或灼烧而除去面料中的天然（纤维素）纤维，从而使面料产生“烂花”效果。

蚀刻工艺起源于意大利修女为教会创作的雕绣纺织品，是从对面料抽纱或去除部分纱线的过程中发展而来的。修女们改进了这项工艺，用剪切部分面料的方法进行雕绣。罗马天主教扩张后，雇佣了更多人员生产教堂用的礼服，而这些雇员也会用雕绣的方法来刺绣她们自己的床单和衣服。到了14世纪，雕绣已经在欧洲迅速普及了。最终，硫酸氢钠被引入雕绣的制作中，从而使操作过程更快、更便捷。这种化学物质让人们不必再进行耗时的、切除小块面料的工作，结果产生了在欧洲被称为“水溶花边”的技术，与机绣的水溶绣花产品效果类似（参见102页，用纤维蚀刻剂进行雕绣）。在17世纪，这种技术被称为“穷人的花边”，因为它能提供花边的效果却无需什么成本。到了20世纪20年代，在混纺面料中采用蚀刻工艺来实现烂花效果成为主流方法，蚀刻作为一种面料处理工艺被广泛地用于各种服饰和纺织品的生产制作中。

采用一种叫做“硫酸氢钠”（以纤维蚀刻剂作为商品名出售）的化学物质，通过侵蚀或灼烧的方法去除面料的纤维。这种化学物质应用于面料的表面，能够“吃掉”面料中的纤维素纤维，而留下完好无损的人工合成纤维和蛋白质纤维。用化学灼烧法处理纤维能够使面料局部产生透明，制作出令人意想不到的、奢华的服装或纺织品（图4.1）。这项工艺常用于天鹅绒，也可用于任何混纺面料，如表4.1所示。

可运用第3章中提到的直接印花或转移印花技法，对面料进行纤维蚀刻操作。一旦用了这种化学药剂，就需要在面料彻底干燥后，用电熨斗在面料的反面进行干热熨烫，直到经过化学制剂处理过的部分变成焦糖色并脱落，再对面料进行冲洗，干燥后就可以使用了。

4.1 塔达希2013年秋季时装发布会的服装，使用蚀刻工艺在天鹅绒上创作出透明花纹

面料的选择

选择一种混纺面料操作，避免留下“蚀洞”是非常重要的，除非需要这种效果。如果是由合成纤维、蛋白质纤维分别与纤维素纤维一起构成的天鹅绒面料，蚀刻效果就会特别好。任何针织或机织的面料都可以选择，只要其经线或纬线是合成纤维或是蛋白质纤维，而纬线或经线是纤维素纤维，反之亦然。在开始操作之前，请记得做面料燃烧试验来确定面料的纤维成分（参见表4.1快速指南）。

表4.1 蚀刻面料纤维选择指南

溶解性纤维	非溶解性纤维
棉花	晴纶
亚麻	涤纶
人造丝	羊毛
剑麻	真丝

工具与材料

图4.2展示了用于纤维蚀刻工艺的工具与材料。

- 混纺面料（参见表4.1）
- 防尘口罩
- 纤维蚀刻剂（参见附录B，图B.45）
- 刷子，可用于蚀刻工艺
- 根据皮肤敏感性选择橡胶、尼龙或乳胶材质的防护手套
- 图钉，用来在工作台表面固定面料
- 电熨斗
- 棉布

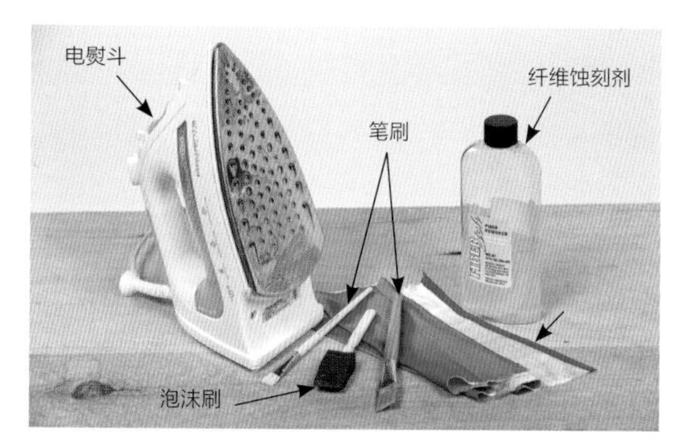

4.2 纤维蚀刻工艺所需的工具与材料

应用方式

- 直接应用
- 拓印
- 丝网印

操作空间

- 操作纤维蚀刻技法对场地的要求不高，但熨烫时产生的烟雾可能有害，所以应在通风良好的地方操作，必要时戴上口罩
- 可以将面料固定在一块泡沫板上或装有软垫的工作台上

安全提示： 进行纤维蚀刻操作时应始终戴好手套，因为化学物质可能会使皮肤过敏，纤维蚀刻剂受热时，可能会释放出有害的烟雾，请戴好防尘口罩，并避免所有物质与眼睛接触。

纤维蚀刻工艺操作指导

1. 把面料固定在工作台上，下面的案例是用图钉将面料固定在泡沫板上进行的纤维蚀刻操作。

2. 前面章节所介绍的操作技巧均可用于纤维蚀刻工艺，图例所示的是用泡沫刷浸蘸后将纤维蚀刻剂甩在面料表面上的操作方式。

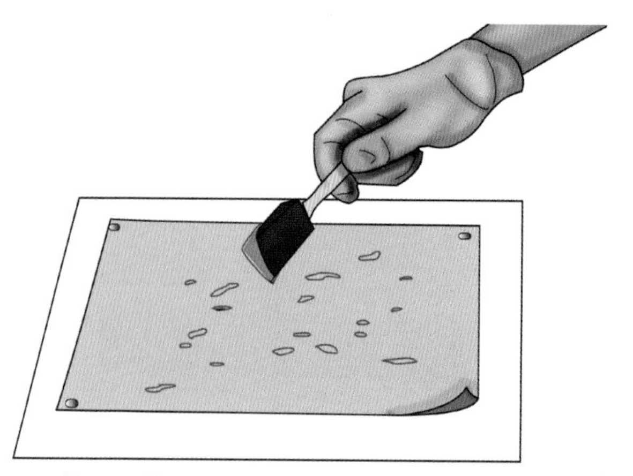

4.3 使用浸满纤维蚀刻剂的泡沫刷，在面料上制作飞溅图案

3.用纸巾吸掉面料上多余的纤维蚀刻剂。

如何去除多余的纤维蚀刻剂

在不需要纤维侵蚀的地方撒上薄薄的一层小苏打有助于避免错误。

4. 让纤维侵蚀剂彻底干燥，可以使用吹风机加快这个过程。

5. 等纤维蚀刻剂干燥后，把面料夹在两块棉布之间熨烫，这样有助于避免交叉污染，因为纤维侵蚀剂可能会附着在电熨斗上从而影响后续使用。

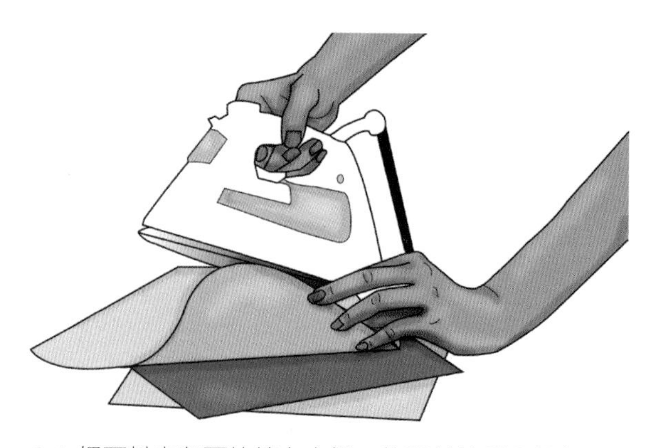

4.4 把面料夹在两块棉布之间，将面料的反面朝上

6.以快速、轻压的方式熨烫面料的反面，过热、过快可能会导致面料燃烧，还会形成破洞。

7.面料接触纤维蚀刻剂的区域会变成焦糖色并开始脱落。要非常小心，避免使纤维蚀刻剂燃烧，否则面料上会留下永久的污渍。

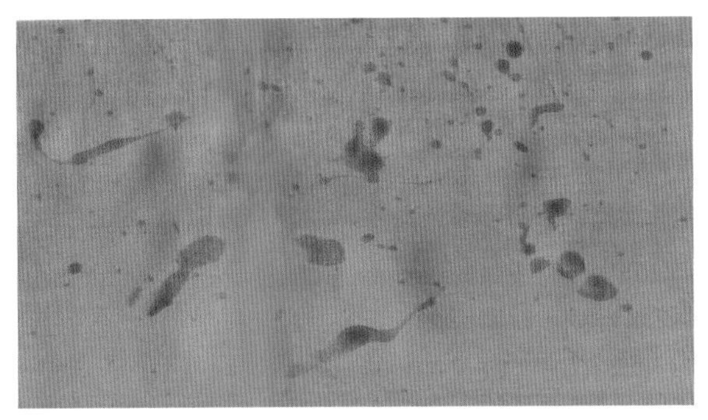

4.5 一旦纤维蚀刻剂被加热，就会变成焦糖色并开始脱落

8. 冲洗掉残余的纤维蚀刻剂并使面料干燥。

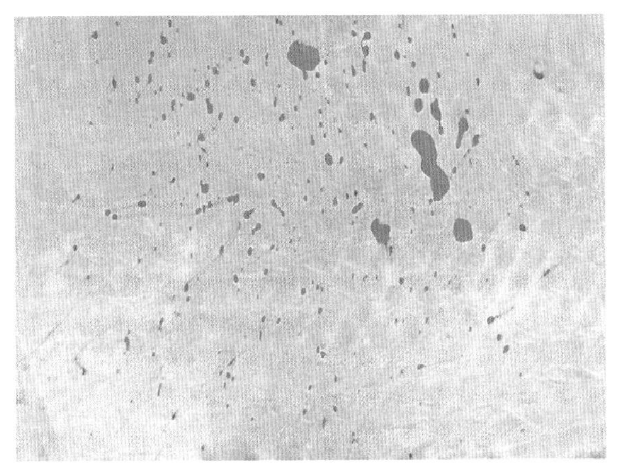

4.6 经过纤维蚀刻方法处理后的面料样片

案例

图4.7~图4.9展示了三个不同蚀刻效果的面料样片。

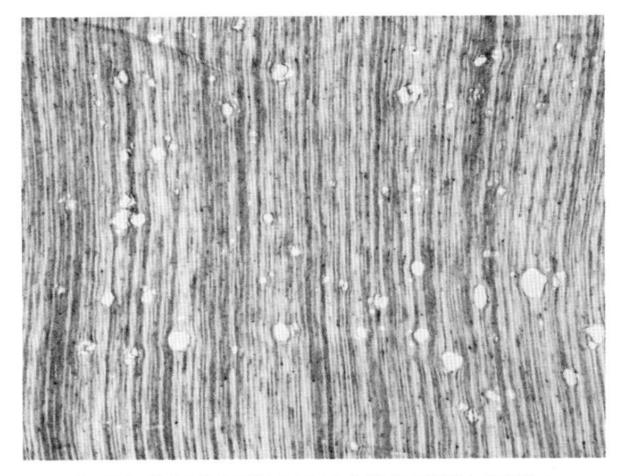

4.7 使用印花版将纤维蚀刻剂应用在莫代尔面料上

4.8 通过丝网将纤维蚀刻剂应用在黑色真丝与人造丝混纺的天鹅绒上

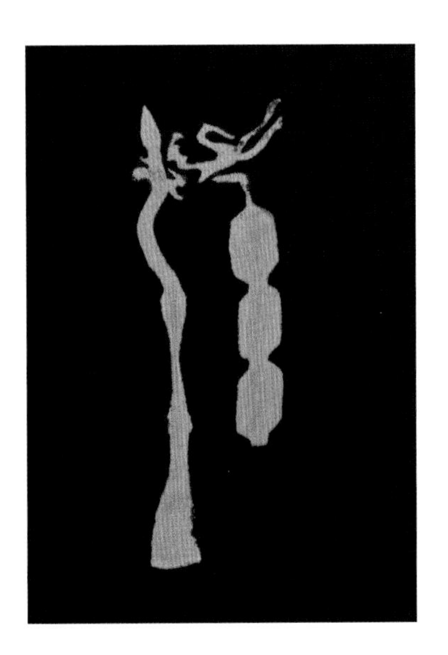

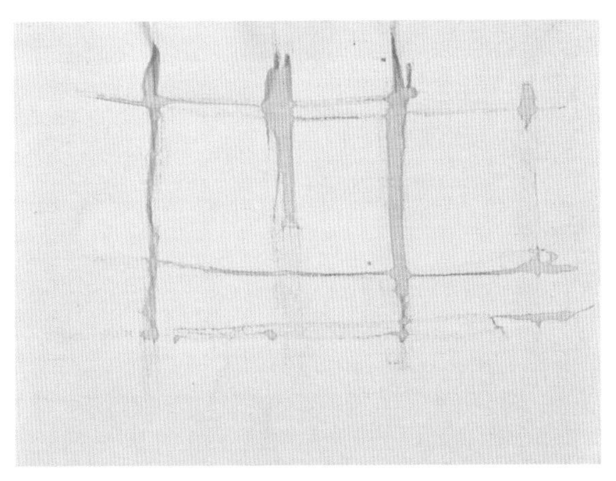

4.9 用合成纤维笔刷将纤维蚀刻剂应用在经酸性染料染过的棉加莱卡的面料上

设计师简介：迪翁·斯威夫特

迪翁·斯威夫特是一位纺织品设计师，她在伦敦大学金斯密斯学院学习过刺绣艺术，并在伯明翰中英格兰大学获得纺织硕士学位。斯威夫特在天鹅绒上采用蚀刻工艺探索乡村风景画中的纹理变化，她给面料染色和手绘，并结合更多的手工工艺，使作品产生层次丰富的视觉效果。她借助工艺技巧的表现力，创作出美丽的、富有肌理感的纤维艺术作品（图4.10a和b）。

4.10a 迪翁·斯威夫特将纤维蚀刻剂手绘在天鹅绒上，创作的作品《蓝色峡谷的风景》

4.10b 迪翁·斯威夫特设计制作的创意面料，在拔染过的亚麻布下面放置一块羊毛面料，然后用合成纤维线将两块面料缝合在一起，再用纤维蚀刻剂去除亚麻布中的纤维素纤维，从而把下面的羊毛面料显露出来

秀场作品赏析：祖海·慕拉2013年秋冬成衣作品

祖海·慕拉在2013年秋季成衣展上展示了使用纤维蚀刻工艺创作的服装。若想获得相似的效果，可采用丝网印纤维蚀刻工艺进行操作，制作负像（反向）圆点图案的丝网，当面料的纤维素纤维被侵蚀掉之后，这些圆点图案仍然保留下来（参见第3章，丝网印，第72页）。要确保丝网是由合成纤维或蛋白质纤维构成的，不会被纤维蚀刻剂“吃掉”（图4.11）。

4.11 祖海·慕拉2013年秋季成衣作品

使用纤维蚀刻剂制作雕绣

传统意义上的雕绣是用卷缝针法或锁缝针法缝出图形的轮廓后，用小绣花剪刀小心地去除面料碎片后形成的。本节将重点介绍纤维蚀刻工艺在含纤维素面料上辅助雕绣的操作方法，通过化学药剂去除面料，无需进行耗时的镂空操作。所有准备去除的区域边缘都必须先用涤纶线进行卷缝或锁缝，以避免面料撕裂。

世界各地有许多不同风格特点的雕绣。黎塞留雕绣的特点是独特的锁绣条交叉穿过镂空的区域（图4.12），威尼斯雕绣的特点是围绕镂空的边缘进行加芯锁缝（图4.13），马德拉刺绣是由小洞或孔眼构成图案的白色刺绣工艺（图4.14）。

在一定条件下使用纤维蚀刻剂可以加快雕绣的操作过程，这取决于所选择的面料材质是否可以用于纤维蚀刻工艺操作。在某些情况下，或许手工镂刻是唯一可行的选择（参见第97页，表4.1快速指南）。

4.12 出自萨斯和比贝2013年秋季成衣展，使用加拿大东南部雕绣工艺制作

4.13 出自迈克尔·哈姆2013年秋季成衣展，使用现代威尼斯雕绣工艺制作

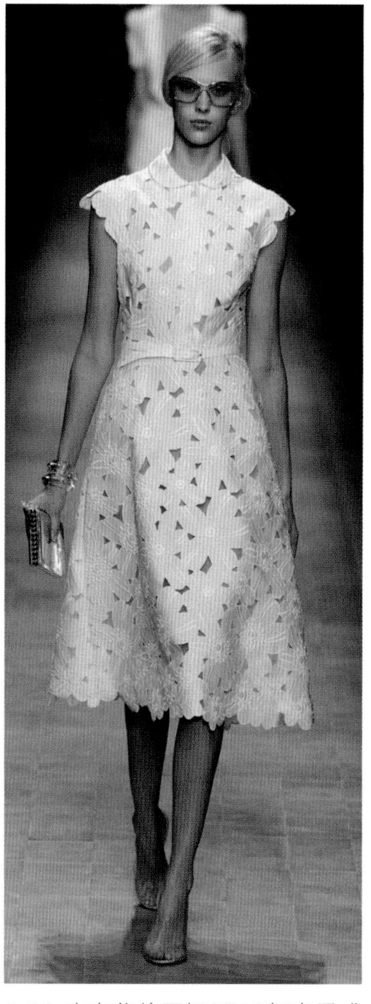

4.14 出自华伦天奴2013年春季成衣展，使用马德拉刺绣工艺制作

工具与材料

图4.15展示了使用纤维蚀刻剂制作雕绣所需的工具与材料。

- 防尘口罩
- 纤维蚀刻剂（见附录B，图B.45）
- 泡沫刷
- 用于转移图案的物件
- 电熨斗
- 天然纤维面料
- 大头针
- 缝纫机
- 剪刀
- 纸衬
- 合成纤维线
- 棉布
- 根据皮肤敏感性选择橡胶、塑料或乳胶材质的防护手套

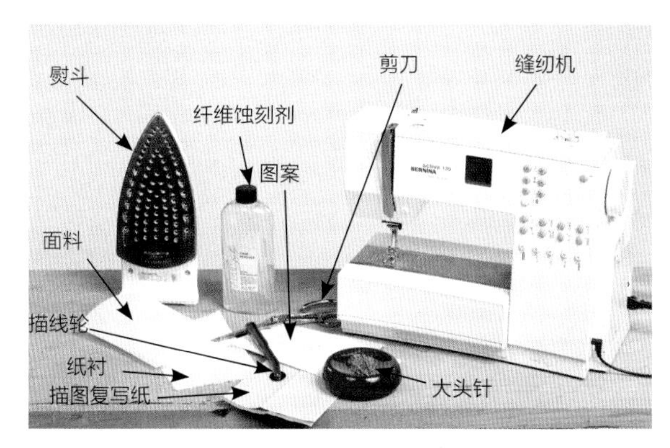

4.15 纤维蚀刻雕绣所需的工具与材料

操作空间

- 这种工艺需要使用锁绣，又称为毛毯锁缝，很有必要使用缝纫机，也可以手工操作完成（见第6章，毛毯锁缝针迹，第188页）
- 进行纤维蚀刻工艺操作时，要用泡沫板和图钉来固定面料

安全提示：小心使用纤维蚀刻剂，它可能会对皮肤产生刺激。它是易燃品，不能吸入，一定要戴防护手套和防尘口罩。

使用纤维蚀刻剂制作雕绣操作指导

1.创建一个图形（图4.16A）并决定针迹的宽度（需大于0.8cm，否则纤维蚀刻剂可能会溢出图形），围绕着图形画一圈轮廓线以标记所需的针迹宽度（图4.16B）。

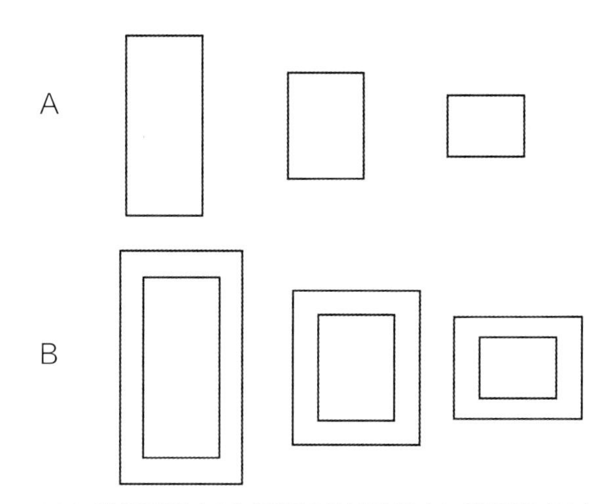

4.16 雕绣图形（A）用适当的针迹宽度加以标记（B）

2.将图形用描图复写纸转印到面料上。

3.使用可撕掉的纸衬来加固面料。

4.用大头针将面料和纸衬固定在一起。大头针的位置要远离图形，以免在缉缝时阻碍缝纫针。

5.从面料反面用直线缉缝出图形的轮廓。

6.在缉缝到转角时，需让针留在面料上，抬高压脚，按缉缝的方向转动并摆正面料。

4.17 在缉缝到转角时，让针留在面料上，抬高压脚，按缉缝的方向转动面料

7.继续使用直线针迹，沿着图形的轮廓线缉缝，直到全部缝完。

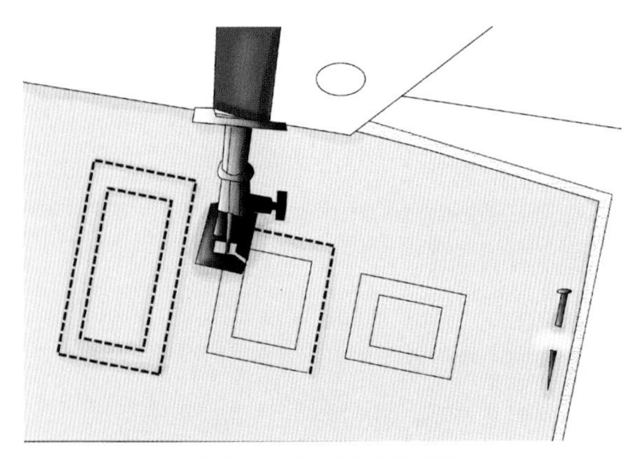

4.18 使用直线针迹，沿图形轮廓线缉缝

8.缝纫机设置为锯齿形线型并调整参数设置以适合针迹宽度。每台缝纫机都是不同的，最重要的是确保针脚密实，因为这样才能形成封闭的线迹。

9. 在轮廓线的两条直线线迹中间缉缝锯齿形线迹，直到填满空隙。

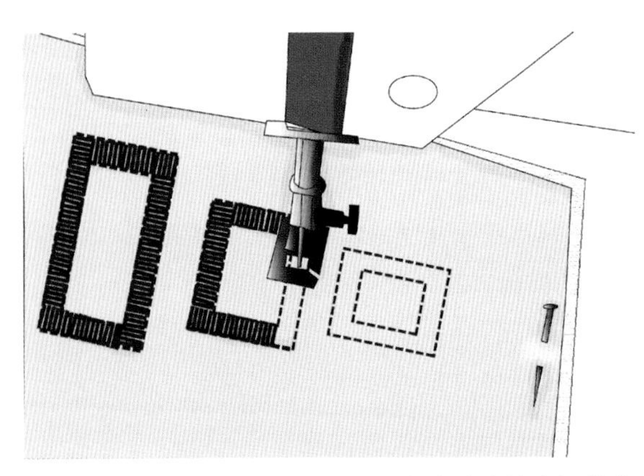

4.19 用密实的锯齿形线迹填充两条直线线迹之间的空隙

10.用泡沫刷在需要去除的图形区域内涂抹纤维蚀刻剂。

4.20 用泡沫刷在长方形区域内涂抹纤维蚀刻剂

11. 让纤维蚀刻剂干燥。

12. 撕掉纸衬。

13.把干燥后的面料（反面朝上）夹在两块棉布中间，高温熨烫，不要使用蒸汽（参见第98页，图4.4的文字说明）。

14.面料上应用纤维蚀刻剂的部位会变成焦糖色，很容易被撕掉。

4.21 面料上经过纤维蚀刻剂处理的部位会变成焦糖色，很容易被撕掉

15.如果有必要，可以添加更多的纤维蚀刻剂以去除残余的纤维。

16.用水冲洗或用小刺绣剪刀修剪多余的面料残片。

17.面料被清洗后，让其干燥，然后熨烫平整。

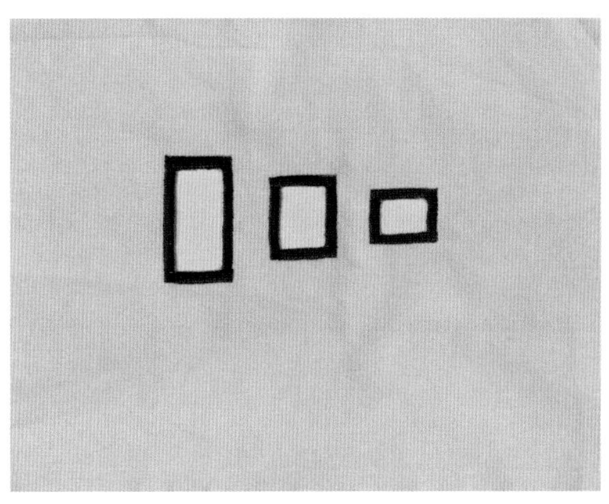

4.22 最终的面料样片，已使用纤维蚀刻剂去除了不需要的部分

案例

如何制作蕾丝花边：用纤维蚀刻工艺制作蕾丝花边时，在面料和纸衬之间放一层合成纤维薄纱，再按照前面的指导操作。使用纤维蚀刻剂后，让面料干燥，然后熨烫，去除面料碎片时要很小心，避免损坏薄纱（图4.23）。

4.23 在面料下面放一层合成纤维薄纱以产生蕾丝花边的效果

秀场作品赏析：维克托和罗尔夫2012年春夏成衣作品

将雕绣技艺发挥到极致的一个例子是维克托和罗尔夫的2012年春夏成衣作品，大片的面料被去除，留下的镂空面料附着于薄纱上，正如前面介绍的关于蕾丝花边的内容(图4.24a和b)。

4.24a 维克托和罗尔夫2012年春夏服装成衣作品

4.24b 维克托和罗尔夫2012年春夏服装成衣作品

热熔方法

热熔方法可应用于天然纤维、合成纤维和混纺面料，虽然能够制作出令人惊奇的效果，但它是不可预测的。如果温度太高，面料会被熔化，出现孔洞或被完全烧毁。热熔方法通常用于在天然纤维面料上制作出斑驳、褴褛的外观效果（图4.25），也可用于在合成纤维面料上制作出独特、美丽、起泡或扭曲的纹理。

4.25 海因 · 科赫创作的这幅作品是把几层帆布层叠放置，然后用厨房喷灯烧透每一层帆布，制作出“眼睛”的形状。帆布经过卷绕后形成“眼睛”的同心圆部分，通过轻微烧焦上色

纤维成分、表面涂层或使用染料的差异，使面料对于热熔操作所做出的反应均有不同。先测试面料，记住两个影响操作结果的因素：热风枪和面料之间的距离，以及热量集中在一个区域内的时间。快速而平稳地使用热风枪在面料上移动，这样操作产生的效果最好，如果局部过热将导致合成纤维面料熔化、天然纤维面料燃烧。

工具与材料

图4.26展示了通过热熔方法处理面料所需的工具与材料。

- 防尘口罩
- 面料
- 花岗岩板或其他耐热材料
- 热风枪

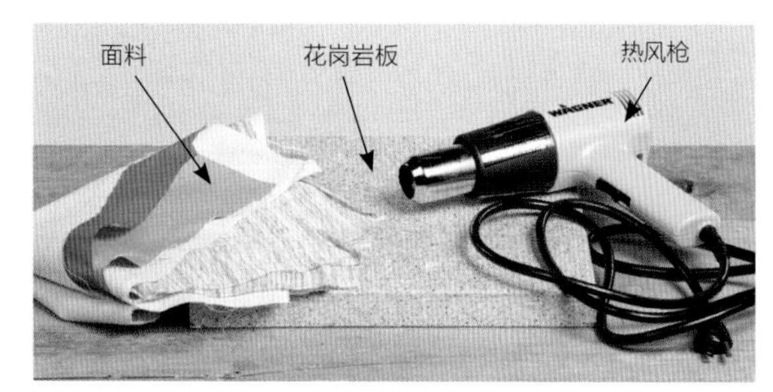

4.26 热熔方法处理面料所需的工具与材料

操作空间

- 始终在耐热材料表面进行操作，以防发生火灾
- 在附近有水源的地方工作，以防发生火灾

安全提示：使用热风枪比较危险，容易使面料着火。注意不要触碰热风枪的尾部。

热熔方法操作指导

1.找一个户外空地或者具有良好通风和水源条件的室内空间。

2.用胶带将面料松散地固定在不易燃烧的材料表面或花岗岩石板上。

3.手持热风枪在距离面料15~20cm的位置，均匀而快速地在面料上方移动。

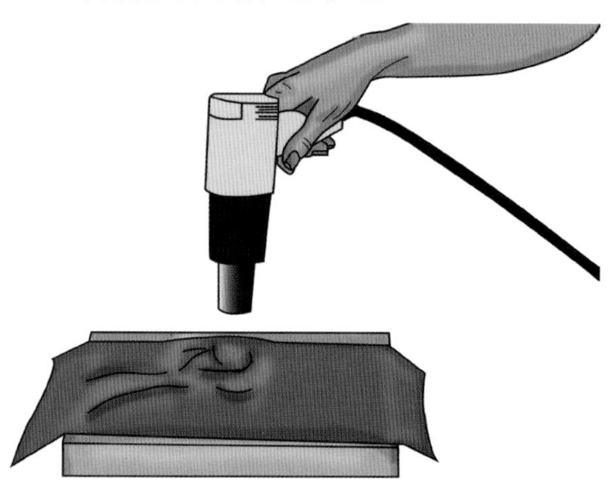

4.27 在距离面料上方15~20cm的位置，均匀而快速地移动热风枪

4.面料受热熔化的时间并不会十分精确。一般来说，面料越厚，所花的时间就越长；轻薄的面料在几秒钟内就会被熔化掉（参见表4.2面料受热熔化的大约时间）。

表4.2 面料受热熔化的大约时间

晴纶/薄纱	1~2秒	涤纶双面布	3~4秒
尼龙	3~4秒	涤纶薄纱	1~2秒
棉	5~6秒	涤纶里料	4~5秒
涤纶人造丝	4~5秒	涤纶硬纱	2~3秒
涤纶雪纺	2~3秒	人造毛	3~4秒
涤纶蕾丝	1~2秒	真丝针织物	2~3秒
色丁	3~4秒	羊毛针织物	3~4秒

案例

图4.28~图4.32展示了运用热熔方法产生的不同面料效果。

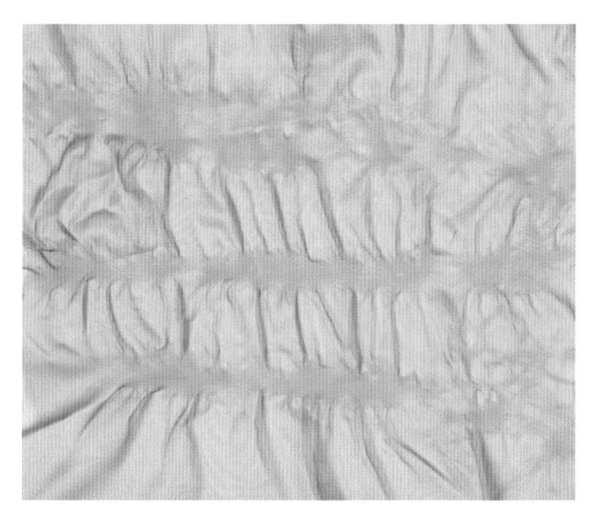

4.28 用热风枪沿相等距离在涤纶雪纺上直线移动

4.29 涤纶衬里被熔化时产生的脉状纹理

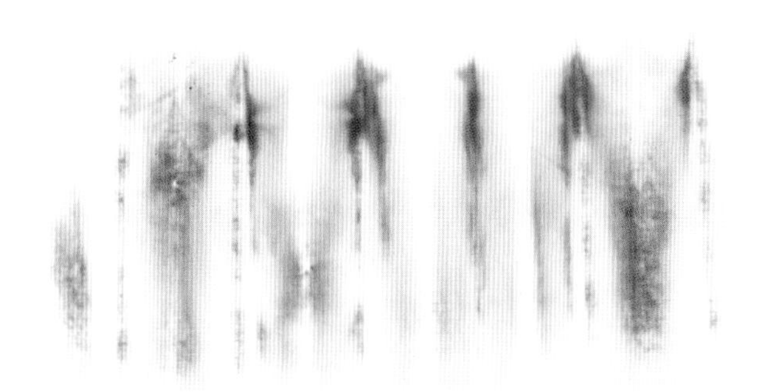

4.30 对棉布的手风琴式折叠布边进行热熔处理后产生的效果

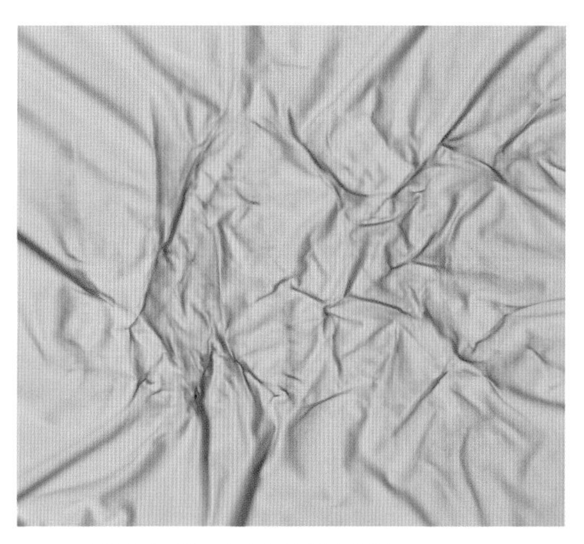

4.31 丝质莱卡受热时产生的复杂褶皱

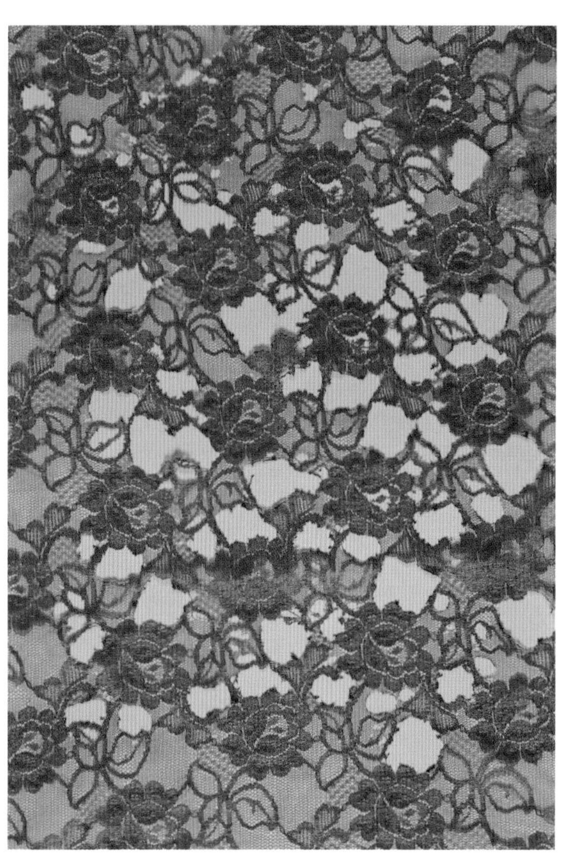

4.32 受热时涤纶薄纱的纤弱纱网被迅速地熔掉

设计师简介：萨比·韦斯特比

萨比·韦斯特比从事传统绗缝创作已有十余年，却在2008年改变了创作方向，开始创作艺术绗缝、纺织品和综合媒介作品。韦斯特比从自然界和人文世界中获得灵感，综合了纸、面料、颜料，运用缝纫、拼贴等方法进行创作。她积极探索未知材料和新技法，用热风枪创作出具有特殊纹理效果的系列作品“单色系列”。韦斯特比选择使用一种聚酯纺粘布，这是一种合成涤纶无纺布，对受热具有意想不到的反应能力。在操作中，她握住热风枪贴近面料，先加速面料熔化，然后再使热风枪远离面料让其慢慢冷却。韦斯特比说“聚酯纺粘布和灼烧是我最喜欢使用的材料和技法之一”（图4.33a和b）。

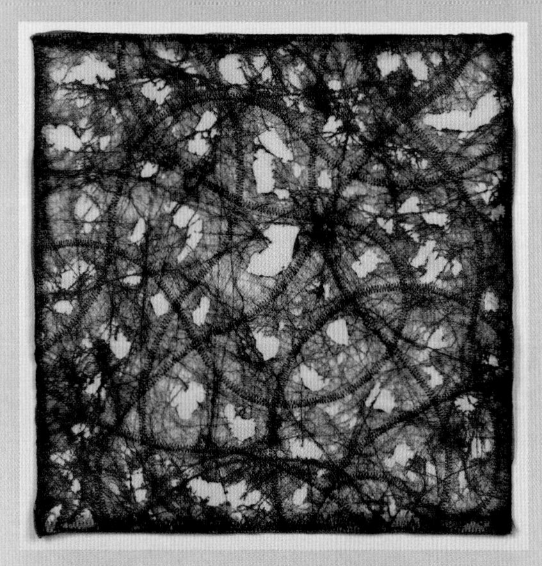

4.33a 萨比·韦斯特比作品，她把黑色的聚酯纺粘布、合成短纤涤纶面料层叠在白色棉布上面，白色棉布下面衬了一层薄薄的尼龙喷胶棉（喷胶棉下面还有一层棉布做底布）。她使用黑棉线以锯齿形线迹将各层的面料缝合在一起，使用棉线很关键，因为合成纤维线受热后会与聚酯纺粘布一起熔化。韦斯特比在面料上方长时间缓慢地、顿挫式地移动热风枪，直到聚酯纺粘布被熔化掉

4.33b 萨比·韦斯特比使用黑色的聚酯纺粘布创作了这幅作品。她先用热风枪按照设计好的图形形态和大小对聚酯纺粘布进行热熔操作，使其产生很多装饰小孔；接下来，韦斯特比把纺粘布放在白棉布上，用棉线以每个小孔为中心用缝纫机缉缝出放射状线迹，然后在每个小孔的中心手工绣出一个法式线结。这个作品如果加上外框装裱起来，就可以成为一件装饰艺术品

皮革塑形

皮革塑形操作是用刀具、压擦器或其他压花工具处理皮革表面以产生阴刻图案，或者将湿皮革用模具塑造出某种造型而产生阳刻图案的工艺。

从人类早期文明用兽皮遮蔽身体开始，在皮革上制作印记就被用作一种交流方式。据称，公元8世纪西班牙的摩尔人被认为是使用复杂皮革加工工艺作为房间装饰的最早记录。中美洲阿兹特克文化创造出许多浮雕花卉图案，促进了整个中世纪直到19、20世纪皮革加工业的发展，这期间皮革塑形加工在牛仔和牧场主群体中开始普及。皮革塑形作为一种自我表达和艺术创作的工艺，为传承文化元素提供了保护。

只有植鞣皮可以被塑形加工，因为它能吸收水。如果是采用皮革压花技法塑形，所选皮革的厚度至少应该与旋转刻刀的刀头或与压花器模型部分的厚度相同。皮革越厚，压花纹理的清晰度就越高；如果用模具塑形则需要用非常薄的皮革，因为皮革必须具有一定的拉伸能力才能用塑形工具对其进行压刻。

皮革压花操作是在皮革的表面压刻出浮雕形状——使用压花器、刀具、压擦器或其他工具制作阴刻图案。皮革压花必须使用植鞣皮，因为它很容易吸收水分，而水能够软化皮革。压花时必须保持皮革的潮湿状态，这样使用工具压刻花纹就会变得容易。皮革变干后会变硬，在上面压刻好的花纹便会保留下来。

哪些是不能被压花的皮革

铬鞣皮和油鞣皮、马鞍上的皮带和小山羊皮不能用于压花操作。

大多数经过压花的工业皮革产品是在专业制革厂加工制作的，通过使用金属模版在皮革表面压制出浮雕图案（图4.34）。将皮革与其他面料结合运用时，传统的西部风格压花皮革很容易演变成现代风格的服装、配饰。

4.34 贾斯特·卡瓦利在2013年秋季成衣发布会上展示的服装

工具与材料

图4.35展示了皮革印花操作所需的工具与材料。

- 压线圆规（见附录B，图B.46）
- 橡胶锤
- 勺形压擦器（见附录B，图B.48）
- 尺子
- 金属压花器（见附录B，图B.47）
- 旋转刻刀（见附录B，图B.49）
- 植鞣皮
- 水和海绵

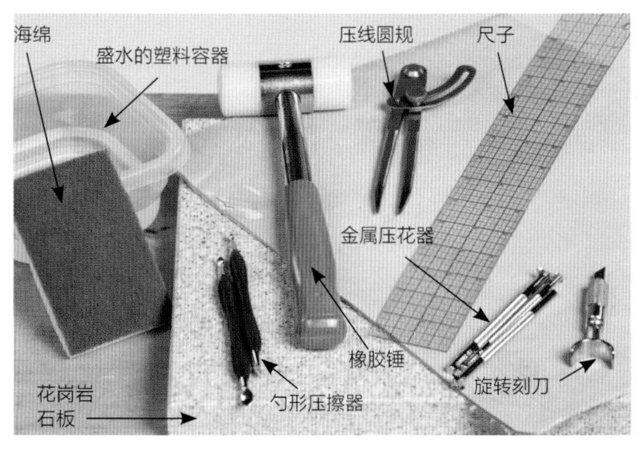

4.35 皮革压花所需的工具与材料

操作空间

- 花岗岩石板或其他非常坚硬的材料表面
- 有水源的地方

安全提示：任何锋利的工具都是危险的，所以需要谨慎操作。

压花器使用方法操作指导

1.在皮革上可以按照自由随意的方式使用压花器，也可先用压线圆规划出网格线，再以网格线为参考，用压花器压刻出精确而复杂的几何图形。

2.确定网格的尺寸，选择大小适当的压花器。一般的规则是，小型压花器适合0.6cm边长的方格，中型压花器适合0.9cm边长的方格，大型压花器适合1.2cm边长的方格。

3.使用尺子来调整压线圆规的间距，让两脚间的宽度与所需的方格边长尺寸相同。

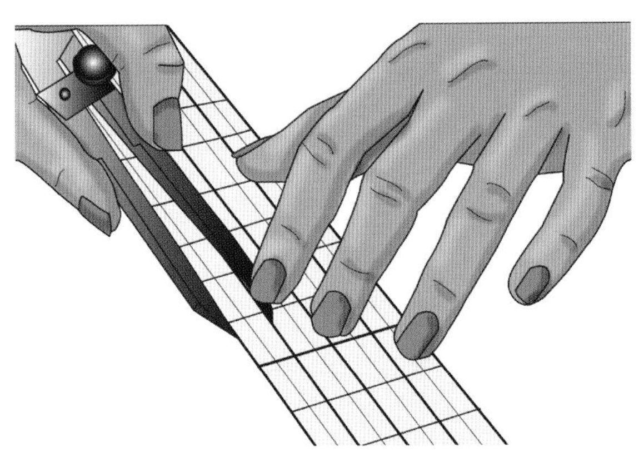

4.36 调整圆规，让它的宽度与格子的宽度尺寸相同

4.制作网格，用压线圆规沿着透明塑料尺在皮革上压出凹痕。

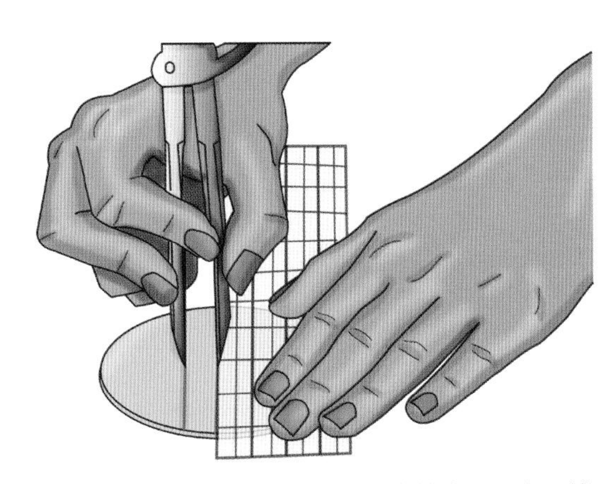

4.37 沿着尺子边缘，把圆规轻按进皮革表面，留下浅浅的压痕

5.把皮革放置在花岗岩石板上，用一块海绵润湿皮革。如果皮革太湿，压花器将不起作用；如果皮革太干，皮革完全干透之后印痕就会消失。试验成功的关键是水分要平衡，请记得皮革的颜色从湿到干的变化非常显著。

4.38 用海绵润湿皮革——植鞣皮的颜色从干到湿的变化显著，因此一定要做试验

6.用压花器在网格上定好位置，使压花器的中心对准方格上的十字交叉点，并用橡胶锤用力敲打。

4.39 把压花器的中心对准网格上的十字交叉点位置

7.继续沿着网格在十字交叉点位置操作压花器，直到出现所需的图案。

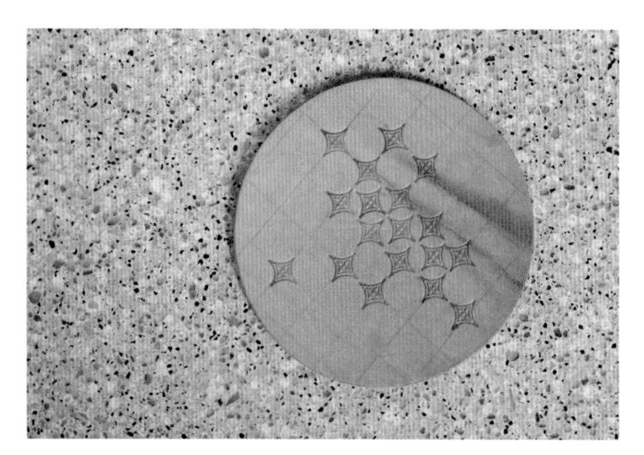

4.40 继续沿着网格使用压花器，直到出现所需的图案

8.皮革变干后，就可以应用皮革染料了(参见第1章，第14页，皮革染色)。

皮革压花操作指导

1.在纸上设计出一个图形，并使用铁笔、圆规尖或勺形压擦器的边缘将其转印到植鞣皮的表面。小心地在皮革上绘刻出一条浅浅的凹痕线：这将被用作压花操作的标记线。

4.41 用圆规的尖端把图案转移到皮革表面

2.用海绵润湿皮革，可以先做些试验，以确定理想的用水量（参见第113页的图示指导）。

3.用旋转刻刀压刻图形线条，刀头始终与皮革保持45° 角，沿着线条转动刀头就会在皮革上产生刻痕。

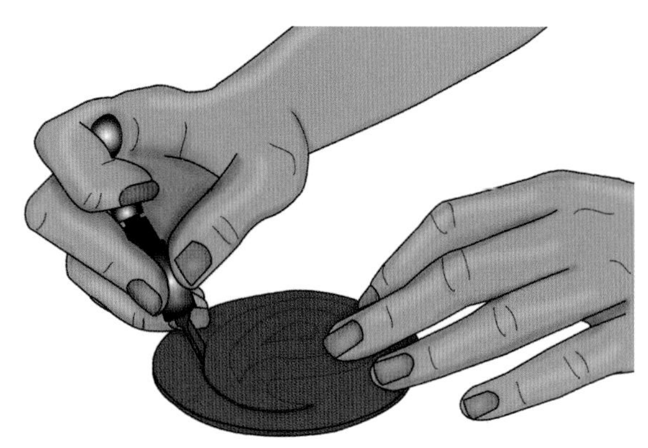

4.42 使用旋转刻刀在皮革表面压刻，刀头始终与皮革保持45° 角

4.将勺形压擦器的边缘放置在刻痕上并沿着线条拖动，以便在皮革上产生一个有斜面的压痕。

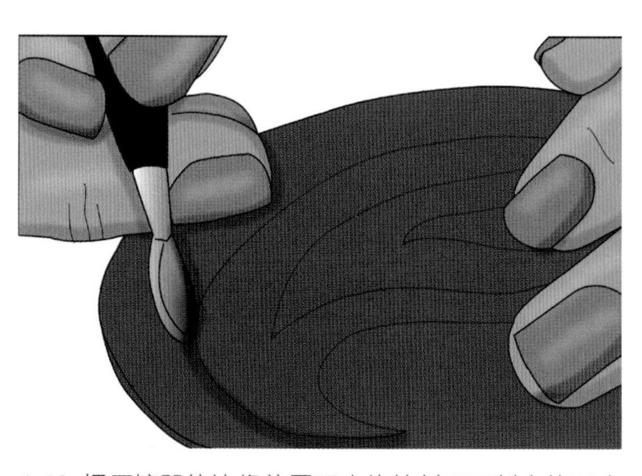

4.43 把压擦器的边缘放置于由旋转刻刀压刻出的凹痕中，向外压刻皮革

5.若要压刻较粗的线条，可以使用更大的压擦器，但最好是先用小的压擦器压刻出精确的压痕后，再用更大的压擦器扩大凹痕。

6.要增加凹痕的深度，就继续在凹痕上使用压擦器，每次压刻都会产生更深的压痕。

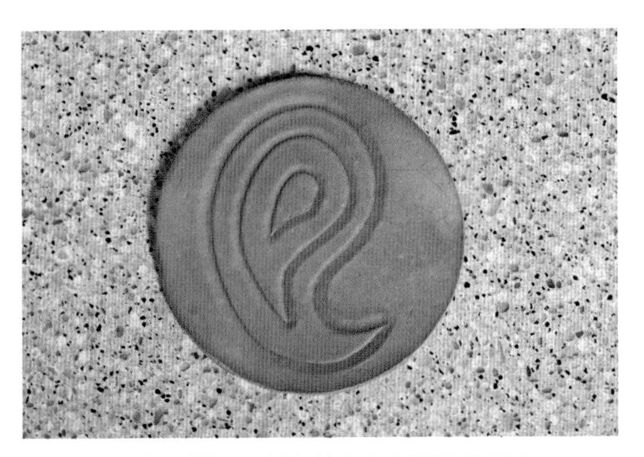

4.44 用压擦器增加压刻次数会产生更深的压痕

7.如果压擦器不能在压痕中顺畅移动，就表明皮革太干了。如有必要，需继续润湿皮革。

8.完成图形轮廓线的压刻后，可以用旋转刻刀划线或用压花器压刻出简单的形状来增加更多的图形细节。在每次压刻之前都要润湿皮革。

4.45 旋转刻刀可用于添加更多的图形细节

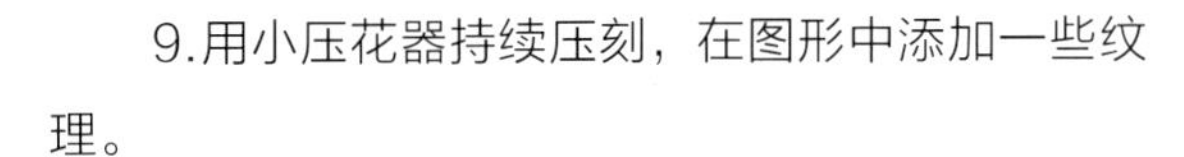

9.用小压花器持续压刻，在图形中添加一些纹理。

10.当这块皮革干燥之后，就可以进行皮革染色了（参见第1章，第14页，皮革染色）。

案例

图4.46和图4.47展示了皮革压花的例子。

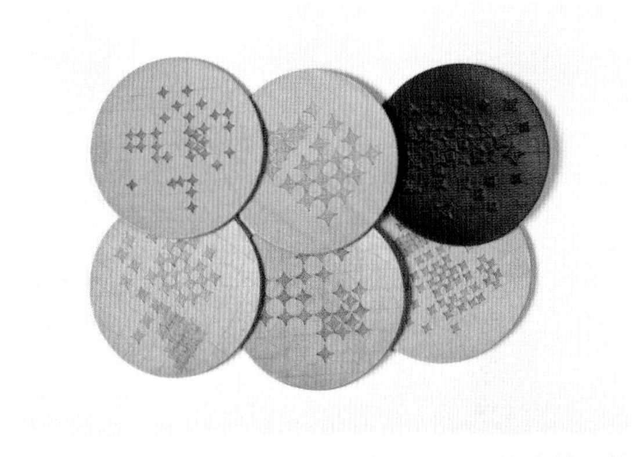

4.46 不同尺寸的压花器可以用来创作不同的皮革压花效果，这些皮革在经过压花处理后可以一起染色

4.47 染色后皮革的压花图案细节更加明显

设计师简介：马克·埃文斯

马克·埃文斯1975年出生于北威尔士，他用大幅的兽皮和各种刀具，包括解剖刀，创作大尺幅的皮革画。埃文斯不使用传统的雕刻工具，如旋转刻刀，但运用同样的皮革压刻操作技巧创作。他每次只从皮革上刻掉不到一毫米的十分之一的绒面，通过绒面深度变化形成的不同色调，而产生画面的明暗关系，作品效果震撼人心。埃文斯称他的工作是“微雕”，他可以花上几个月来完成一件作品。精确度对于他的工作来说是关键，因为一旦刻出痕迹，就无法恢复原样了（图4.48）。

4.48 艺术家马克·埃文斯正在皮革上创作一只狮子

皮革模塑需在一块防水泡沫模具上小心地拉伸并固定湿的植鞣皮，当皮革彻底干燥后，会按照模具的造型形成立体的图案形态。当皮革干燥变硬后，它将一直保持模具的形状。根据立体图案的深度，可能需要一些用来固定皮革形状的材料。蜂蜡、胶水，甚至玻璃丝等材料，都可用于加固较大尺寸的作品。

皮革模塑是一种普遍流行的技巧，用于给皮革服装增加空间维度和生动效果。由于使用这种技巧制作出的手工艺品性能优异，在配饰市场上更受欢迎（图4.49）。

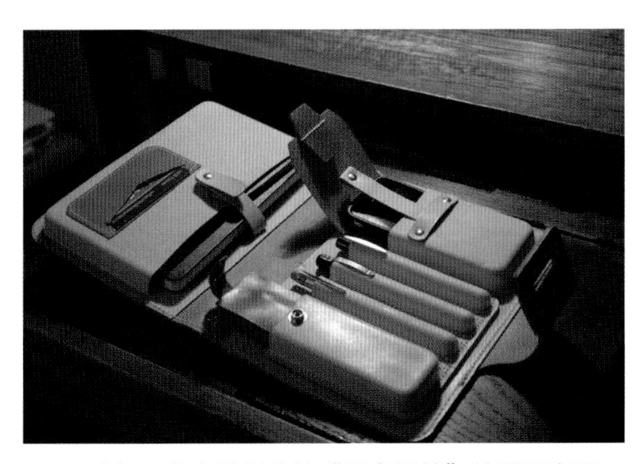

4.49 威尔·费克那创作的“维多利箱”美观而实用，它不仅能容纳和保护里面的物品，还能使物品的存放井然有序

工具与材料

图4.50展示了皮革模塑所需的工具与材料。

- 钢丝锯（如果要用胶合板来制作模具）
- 锤子

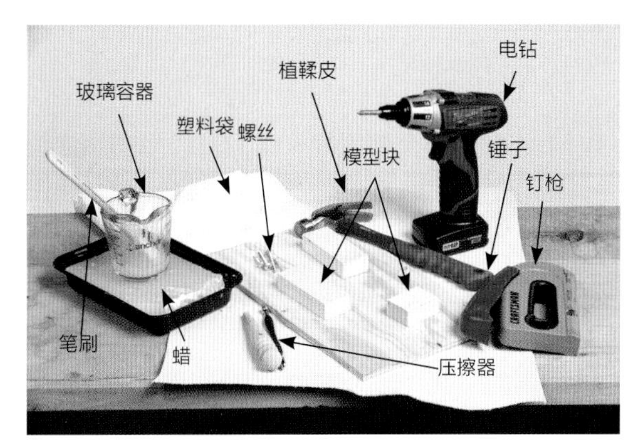

4.50 皮革模塑所需的工具与材料

- 塑形工具（见附录B，图B.48）
- 用于上蜡的笔刷
- 砂纸
- 螺丝刀
- 钉枪和U型钉
- 薄植鞣皮（厚度为1~2mm）
- 用于制作模具的两块胶合板——模具几乎可以用任何材料制成，需要做试验确定。
- 蜡和用于熔化蜡的耐热盘

操作空间

- 在一个能够承受按压皮革压力的坚固表面上操作
- 用塑料布覆盖工作台表面
- 有水源的地方

安全提示：使用电动工具有一定危险，使用时要小心，并要戴防护眼镜。

皮革模塑操作指导

1. 把皮革浸泡在水中至少24小时，这时皮革应该会比之前略带一些弹性。

2.用胶合板做一个镂空的模具，在胶合板上按照模型块的大小绘制图形，沿图形边缘向外扩增0.3cm（皮革越厚，需要增加的尺寸就越大）。

4.51 在胶合板上按照模型块的大小绘制图形，标记出所需的形状后，沿图形边缘向外扩增至少0.3cm

3. 把胶合板模具放在一个能用于支撑的物体上，可将凳子反过来，四条凳腿朝上用于支撑，需要支撑更大的模具时，可使用锯木架。

4. 制作模具时，首先在矩形的四个角上钻孔，然后把锯条插进孔洞里，沿着外侧的矩形轮廓线锯出镂空的矩形。

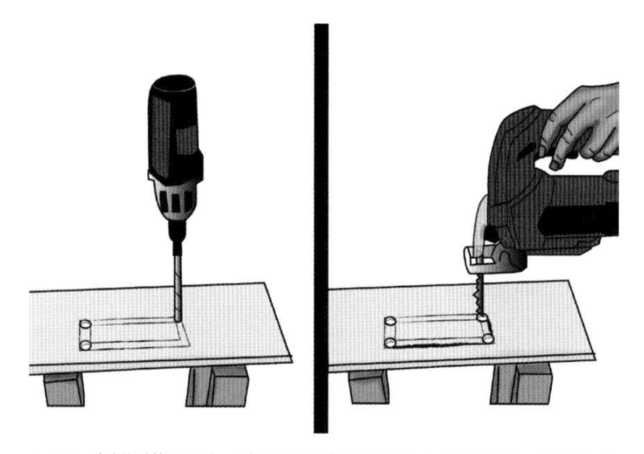

4.52 制作模具时，在矩形的四个角上钻孔后，把锯条插进孔洞里，沿外侧轮廓线锯掉矩形

5. 胶合板上的矩形被锯掉后，用砂纸将粗糙的边缘都打磨光滑。

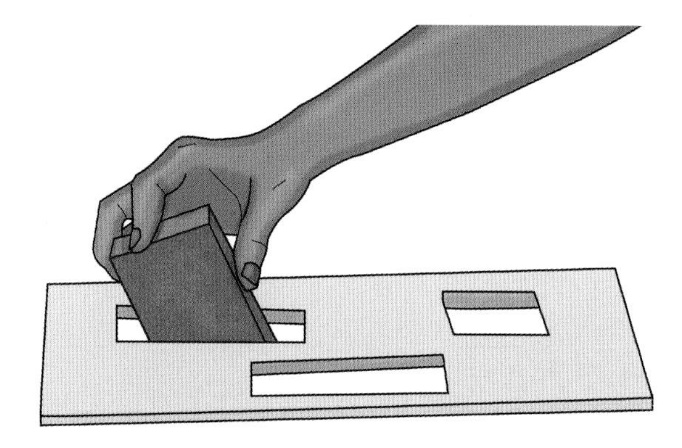

4.53 用砂纸打磨胶合板上的粗糙边缘

6.把皮革铺在胶合板模具上，将皮革的光滑面朝下，绒面朝上。

7.沿着胶合板模具的四周边缘，用钉枪钉住皮革，以便在拉伸过程中保持皮革不动。

4.54 皮革绒面朝上放在模具上，沿模具边缘把它钉住

8.使用压擦器在皮革上沿着矩形边缘压出凹痕，如果有必要，继续润湿皮革。压刻过程可能需要很长时间，这取决于图形的深度和细节，这个例子是经过了一个小时的压刻操作后，皮革被压到了合适的深度。

4.55 使用压擦器用力向下压刻皮革，直到出现所需的形状，这可能需要一个多小时

9. 把模型块放回凹进的压痕区域，然后把另一块胶合板放在模型块上面，用螺丝把两块胶合板固定在一起。如果皮革没有被充分拉伸好的话，可能会破裂。

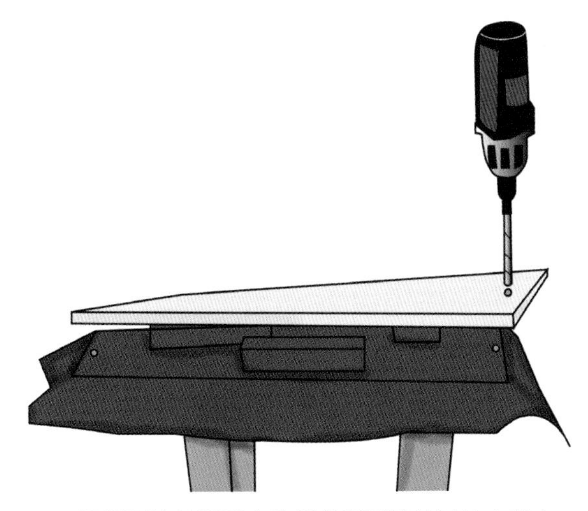

4.56 把模型块按照凹痕位置放回到拉伸过的皮革上，并将另一块胶合板放在模型块上面。在胶合板的四角上用镙钉固定，把模型块更深地压进皮革

10. 静置一夜，待皮革干燥。

11.在耐热玻璃杯中熔化蜡，处理热蜡时要小心。

12.皮革干燥后，用笔刷把液态蜡涂在矩形的凹陷处，逐层添加，每一层蜡液干后再继续涂抹下一层。

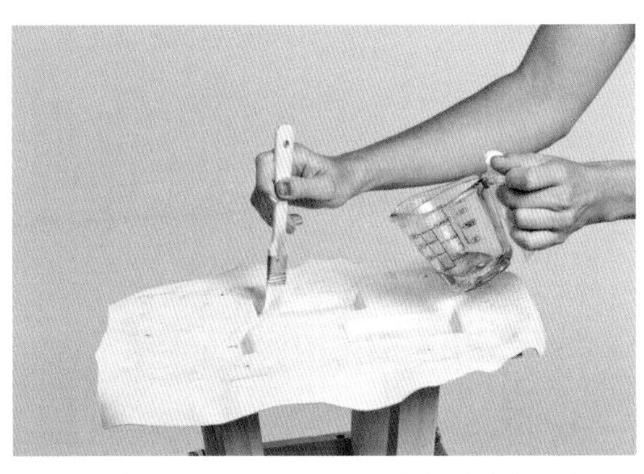

4.57 皮革干燥后，就可以用笔刷把蜡液涂在凹陷的地方以保持皮革的形状

13.蜡液凝固后，就可以对皮革染色了（参见第1章，第14 页，皮革染色）。

4.58 等蜡液变干，就可以用皮革染料给皮革染色了

案例

图4.59展示了模塑皮革的应用。

4.59 金伯利·欧文创作的手提包。他将非常薄而湿的植鞣皮经过拉伸后，平铺在一张镂刻出正方形的胶合板模具上，沿着方形凹槽的边缘压刻皮革，再将粘土做成的锥形体压入皮革的凹陷处，皮革干燥后，在上面添加一层薄薄的玻璃丝以保持皮革锥型体造型的稳定

对环境的影响：纤维处理

纤维蚀刻剂是用来从混纺面料中去除纤维素纤维的化学药剂，是由硫酸氢钠、强酸制成的。这种酸会强烈刺激人的皮肤和眼睛，所以要始终戴手套和护目镜进行操作。如果纤维蚀刻剂接触到眼睛，请立即用水冲洗至少15分钟。不要将剩下的纤维蚀刻剂丢弃于户外，因为强酸会侵蚀它所遇到的所有天然纤维,包括植物和木头。请将它用大量的水稀释后倒入下水道。如果不慎摄入了纤维蚀刻剂，不要催吐，而需要立即就医。不要将纤维蚀刻剂存储在金属容器中，因为纤维蚀刻剂会与金属产生化学反应，向空气中释放出有毒物质和气体。

使用热熔方法处理面料会释放出一些废气和毒素，特别是在燃烧或熔化合成纤维面料的时候。要一直在通风良好的地方工作并戴好防尘口罩。使用热风枪或明火操作时，要警惕发生火灾的危险，工作的地方需要备有外接水管或灭火器，因为面料是易燃的，小火花也可能会迅速地引起一场大火，请采取必要的预防措施以避免发生火灾。

皮革塑形的环境问题很少。皮革压花和模塑操作都使用植鞣皮，它是最环保的皮革。如果皮革塑形使用的工具质量非常好，可以长期使用下去。模具可能会变形或腐烂，需要及时更换。

羊毛毡是羊毛在温度、水、压力的作用下经过摩擦制作而成的。尽管羊毛是一种可再生资源，但当你考虑如何加工羊毛的时候，环保问题就出现了。羊毛染色是最大的生态问题，不同公司的做法可能有很大的不同。如果处理得当，酸性染料对环境造成的危害通常很小。做一些调查，就会很容易地找到那些只使用天然染料用于羊毛染色的公司。

本文介绍的毛毡工艺不是由机械生产的，制毡过程中需要人工处理羊毛纤维。用来处理羊毛纤维的洗洁精和水可以直接倒进下水道里，既方便又安全。

毛毡工艺

毛毡是一种经过压缩的非织造布，与机织或针织面料的织造组织不同，不需要用线或粘合剂来保持外形的稳固，它依赖于羊毛的缠结特性来形成稳定的面料组织。毛毡是最古老的纺织品之一，在操作时只需要加湿、加热、摩擦，羊毛纤维是毛毡工艺唯一需要的材料。毛毡的天然保暖性和耐用性使它成为中亚游牧民族的理想选择，常用于制作服装、马鞍褥和帐篷，非常轻便、易于携带。毛毡也用于制作鞋子和帽子，因为它具有塑型和保持形状的性能。

毛毡工艺在以羊和羊毛为主导的文化中十分常见。在显微镜下观看会发现羊毛纤维都是朝向一个方向的，这种现象是因为羊皮所产生的水分和污垢是通过羊毛排出的。使用加热、加湿和摩擦方法处理羊毛纤维，需要使上一层羊毛与下一层羊毛垂直交叉放置，再开始进行毛毡工艺操作。一旦羊毛完全毡化，就可以剪出任何形状而不用担心纤维脱落。还有一些其他的纤维，毡化效果并不比羊毛逊色。羊驼毛、安哥拉山羊毛、美洲驼毛和羊绒也可以直接使用，无论采用针毡还是湿毡的方法，它们的毡化效果都不错。长纤维如野牛毛、牦牛毛、骆驼毛需要更长的时间毡化，但效果更加柔软、有韧性。

毛毡可以应用于从服装（图4.60）到家居纺织品（图4.61）的每个产品上。毛毡的耐用性使它几乎适用于任何产品，它也可以与其他天然纤维混合，产生更加轻薄的面料，所以毛毡并不一定都是很厚的。

4.60 亚历山大·麦克奎恩在2000年秋季发布会上展示的服装，用扭曲的羊毛粗纱做领口部分，用纤细的羊毛纤维做衣身部分

4.61 达纳·巴恩斯为她的纽约公寓创作了用钩针编织并毡化的方形坐垫

湿毡工艺是用预先处理过的羊毛条进行层叠操作，使每一层羊毛纤维都垂直于其下面的一层，以确保纤维之间会互相缠结。羊毛按照设计好的图案进行层叠，作品厚度取决于羊毛纤维的层数。一遇到水，羊毛的状态很快就会从蓬松变成平坦，所以在购买羊毛条时要考虑到这个因素，可能会需要比预想更多的羊毛。

把羊毛按照设计构想铺好之后，就让羊毛与热量、水、压力和洗洁精（或肥皂液）接触，从而使羊毛纤维缠结在一起。缠结后的纤维将会收缩变硬，形成一块强韧的面料。用湿毡工艺操作可以创造出复杂的舞会礼服或一件简单的连衣裙。在制毡的过程中通过不同的颜色层次组合，能够产生丰富的明暗色调。

工具与材料

图4.62展示了进行湿毡工艺操作所需的工具与材料。

- 气泡膜或竹席
- 木棒
- 尼龙丝袜
- 微温的肥皂水，装在一个喷雾瓶里
- 羊毛条

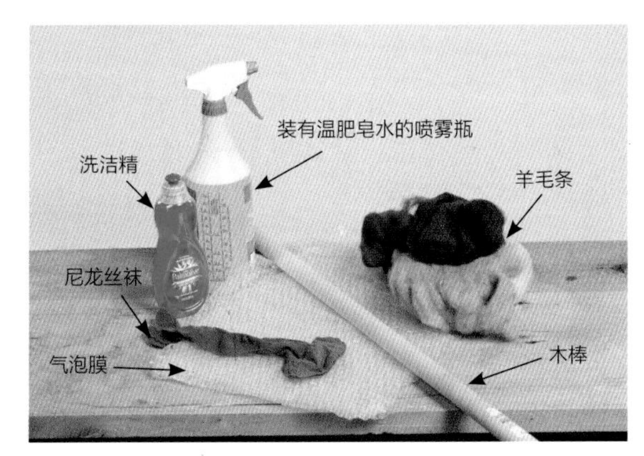

4.62 湿毡操作所需的工具与材料

操作空间

- 用塑料布覆盖工作台的表面
- 使用温水
- 用旧毛巾吸收多余的水分

湿毡操作指导

1.首先拆分羊毛纤维。两只手握住羊毛条，从羊毛条中拉出一小束羊毛纤维。手要握在所需纤维长度更远的位置，否则不能分开羊毛条。

如何从羊毛条中分离羊毛纤维

千万不要剪断羊毛条，因为边缘整齐的纤维很难毡化。

4.63 通过拉拽羊毛条分离羊毛纤维，不要剪断羊毛条

2.将羊毛纤维沿同一方向依次平铺，使羊毛纤维略有重叠。

4.64 沿同一方向平铺羊毛，使纤维略有重叠

3. 继续平铺羊毛，使每一行的羊毛纤维总是与前一行的羊毛纤维有部分重叠。

4.65 继续平铺羊毛，每行之间的纤维略有重叠

4.在添加第二层羊毛之前进行检查，确保第一层已铺好的羊毛纤维没有缝隙。

5.将第二层羊毛垂直平铺于第一层羊毛上面。

4.66 将第二层羊毛垂直平铺于第一层羊毛上面

6.继续添加羊毛，保持每一层羊毛纤维都与下面一层垂直，直到达到所需的厚度。

7.用装有微温肥皂水的喷雾瓶或潮湿的海绵打湿羊毛。如果水过热，羊毛将不会均匀毡化。从中心开始向四周操作，按压羊毛使其充分吸收水分。

4.67 使用装有温肥皂水的喷雾瓶完全打湿羊毛

8.在两层气泡膜（有气泡的一面接触羊毛）或竹席（如果使用竹席，需在竹席与羊毛之间放置一块薄纱，避免羊毛纤维缠绕到竹席上）之间夹入湿羊毛，这将有助于对羊毛纤维产生摩擦，使其缠结得更快。

4.68 将湿羊毛放在两层气泡膜之间，使有气泡的一面接触羊毛以帮助摩擦

9.从一端开始，在木棒上向另一端缠卷气泡膜。

4.69 围绕木棒缠卷气泡膜

10.用尼龙丝袜把缠卷好的气泡膜系在木棒上。

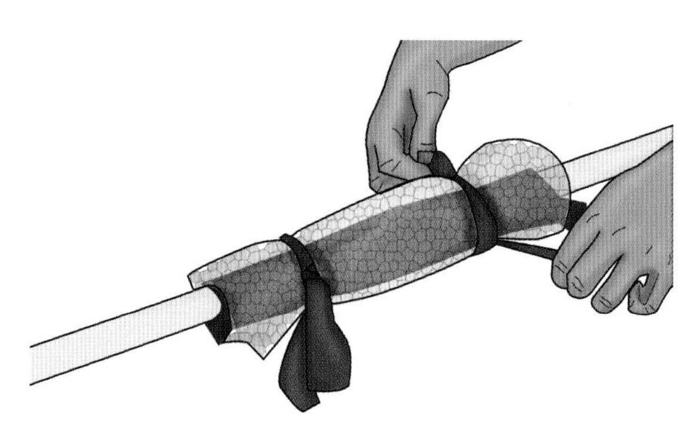

4.70 用尼龙丝袜将气泡膜绑在木棒上

11.在桌面上平铺一条毛巾，在上面反复滚动木棒，从手腕开始滚动到肘部，也可以在地板上用脚来回滚动木棒。

12.来回滚搓大约50次，根据气泡膜的卷包厚度适度增加滚动的次数。

13.展开气泡膜并转动90°：理顺毛毡，消除褶皱。

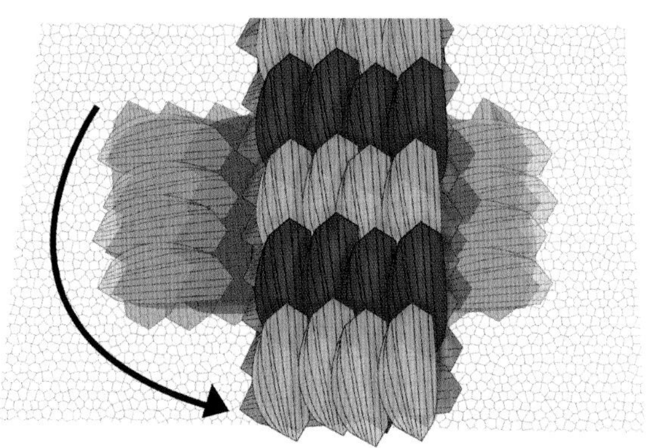

4.71 至少滚搓50次后，打开气泡膜，从原来的位置转动90°

14.再次绑好气泡膜，重复步骤11到13。每一次将气泡膜绑在木棒上之前总是将其转动90°，以使毛毡均匀毡化。

15.对毛毡进行掐捏测试。掐捏一点点羊毛纤维，如果它很容易离开毛毡表面，说明还没有完成毡化；如果纤维很难从毛毡表面掐捏出来，则说明毛毡的毡化过程已经完成了。

16.晾干毛毡。

4.72 晾干后的羊毛毡样片

案例

图4.73和图4.74展示了按照不同湿毡技巧制作的毛毡样片。

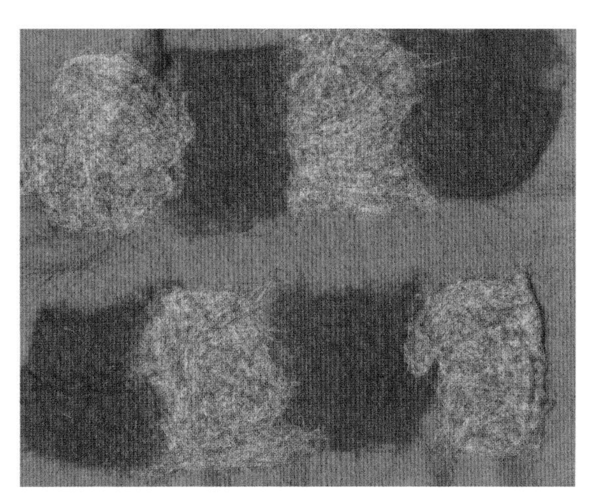

4.74 通过湿毡操作使毛毡产生图案

4.73 将羊毛线混进羊毛纤维中进行湿毡操作的例子

针毡工艺只使用羊毛纤维和一根带有倒刺的针进行毡化操作，让制毡针在泡沫板上持续穿透羊毛，直到羊毛纤维开始纠合缠结，整个操作过程不需要使用肥皂和水。针毡工艺可以用来制作立体的作品，也可以用来创作出美丽而整齐的镂空图案（图4.75）。

当单片毛毡需要连在一起时，可以将针毡与湿毡方法结合使用。用制毡针刺穿两层毛毡，使之结合在一起，这也是毛毡接缝的方法（参见立体制毡，第132页）。

4.75 吉尔·斯图尔特2013年秋季成衣

工业针毡操作是使用一种类似于传统缝纫机的机器，与家用缝纫机不同，这种机器没有面线和底线。机针只是简单地穿过羊毛上下运动，直到使羊毛纤维开始缠结。一些家用缝纫机安装适当的配件后，可以被转化为针毡机。

工具与材料

图4.76展示了针毡工艺操作所需的工具与材料。

- 制毡针：单针和多针（见附录B，图B.43）
- 用于针毡的泡沫板（见附录B，B.44）
- 羊毛面料
- 羊毛条
- 羊毛线

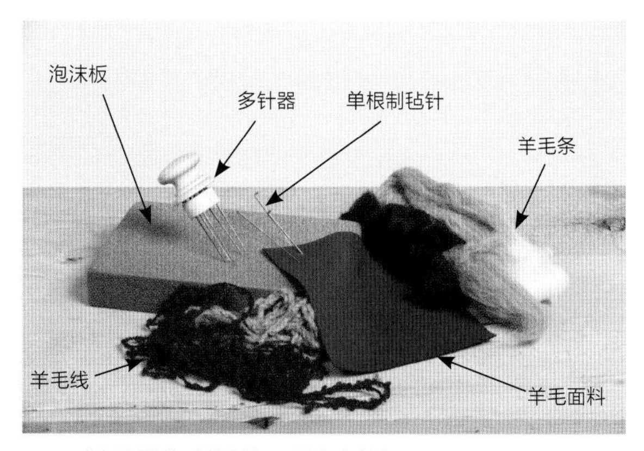

4.76 针毡操作所需的工具与材料

操作空间

- 任何工作区域都是适合的，要确保泡沫板足够大与厚，能够适合作品的尺寸和制毡针的戳针深度

安全提示：制毡针非常锋利，操作时要非常小心，避免受伤。

针毡操作指导

1.将羊毛面料、毛线和羊毛纤维分别逐层铺在泡沫板上。

2.使用单根制毡针或多针器在泡沫板上反复戳刺，从中心开始刺向边缘，直到羊毛纤维与羊毛面料开始毡合。

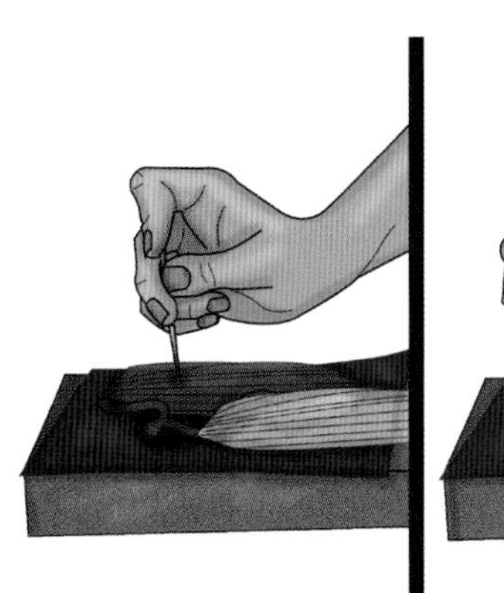

4.77 让制毡针上的倒刺勾到羊毛纤维，刺穿各层材料，使用多针器可以加快速度

3.不时把针毡样片从泡沫板上拉起来查看。注意观察，羊毛纤维会穿透羊毛面料，在面料的反面缠结。

4.78 不时从泡沫板上拉起针毡样片，羊毛纤维会穿透面料并在其反面缠结

4.操作完成后，羊毛纤维会与羊毛面料毡合在一起。

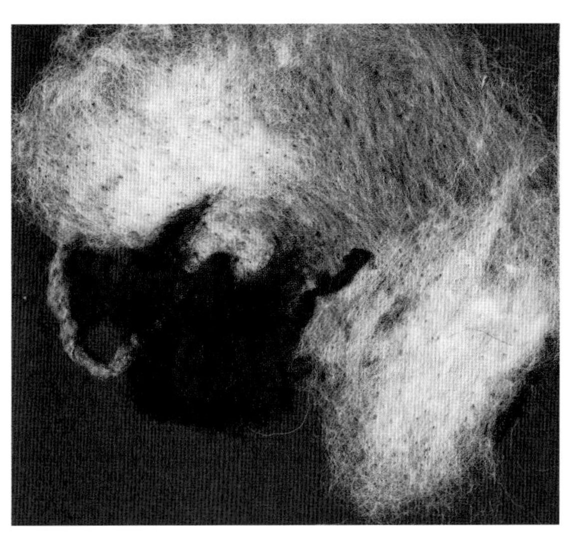

4.79 完成的针毡样片

案例

图4.80~图4.82展示了各种针毡效果。

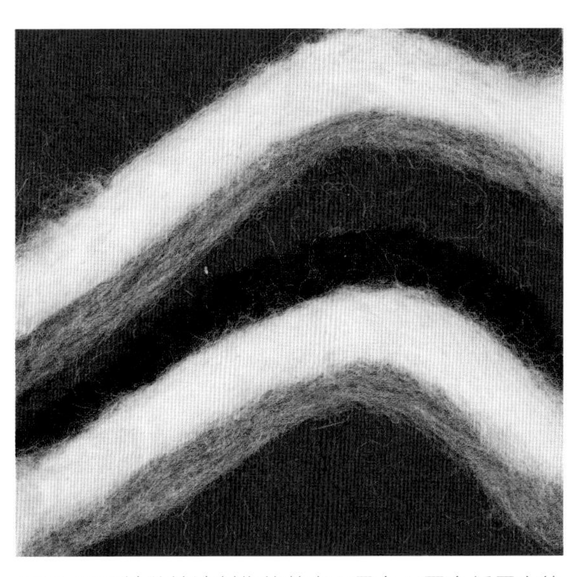

4.80 运用针毡技法制作的整齐而具有不同高低层次的羊毛“线条”

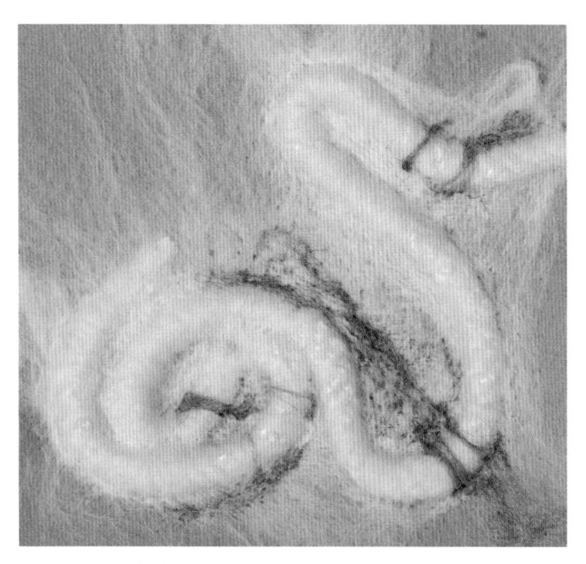

4.81 加入其他材料如绳子，用针毡技法操作，避免用针去刺坚固的材料，否则针容易折断

4.82 对细薄的羊毛纤维进行针刺处理后的效果

用天然纤维面料制毡的方法也称为努诺制毡法，是由波莉·斯特琳和萨其可·科特卡在1994年命名的。当时她们在寻找方法制作更轻的毛毡以适应澳大利亚温暖的气候，她们把质地松散的羊毛面料与一层羊毛纤维混合在一起毡化。羊毛纤维穿透了羊毛面料，在其反面缠结，往往会造成面料收缩，而产生不均匀的褶皱。这种方法既可以使面料产生精致的褶皱，也可以为超轻超薄的面料塑型（图4.83）。

4.83 科妮·格罗奈维根2013年秋季成衣发布会，将白色羊毛纤维毡化到真丝硬纱上创作的上衣：展现出毡化形成的自然皱褶

工具与材料

图4.84展示了用天然纤维面料制作毛毡所需的工具与材料。

- 木棒
- 液体肥皂
- 天然纤维面料
- 尼龙丝袜
- 喷雾瓶
- 羊毛条

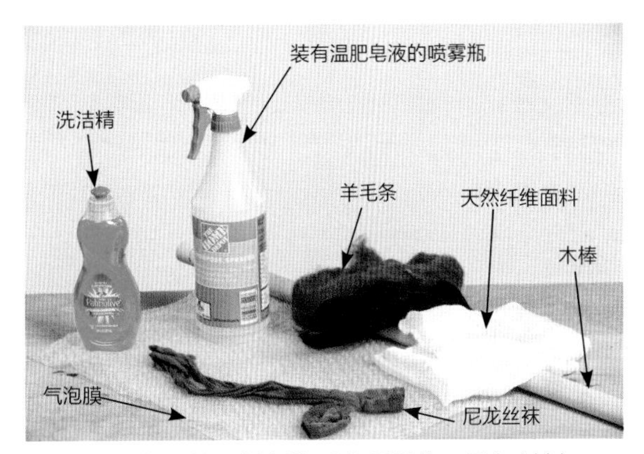

4.84 用天然纤维面料制作毛毡所需的工具与材料

操作空间

- 用塑料布覆盖工作台的表面
- 使用温水
- 准备旧毛巾吸收多余水分

用天然纤维面料制毡的操作指导

1.用塑料布覆盖工作台表面。

2.在工作台上放一块天然纤维面料，并用温肥皂水润湿。

3.将羊毛纤维从毛条中分离（参见第122页湿毡操作指导步骤1）。

4.按照需要的图案样式，在面料上平铺羊毛纤维，让羊毛纤维之间略有重叠。

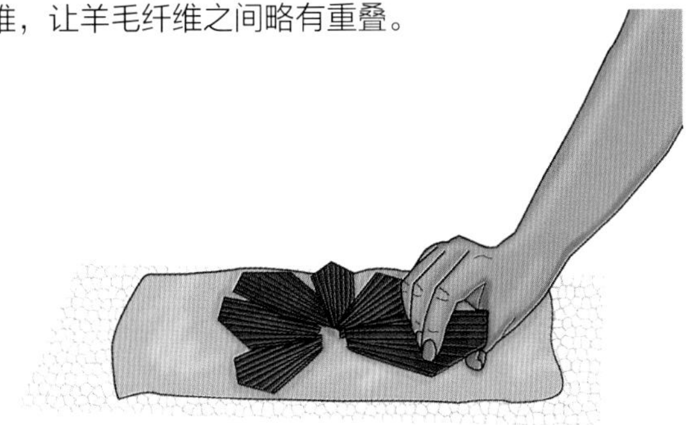

4.85 根据预先设计好的图案把羊毛纤维平铺在面料上，确保羊毛纤维略有重叠

5.借助喷雾瓶或海绵，用温肥皂水润湿羊毛纤维（参见第123页图4.67以获得详细说明）。

6.挤压面料以确保排除掉所有气泡。

7.把面料翻到另一面，在同样的位置，按照垂直角度铺上羊毛纤维。在这个操作过程中，羊毛纤维会穿过天然纤维面料与另一面的羊毛纤维相互缠绕打结。

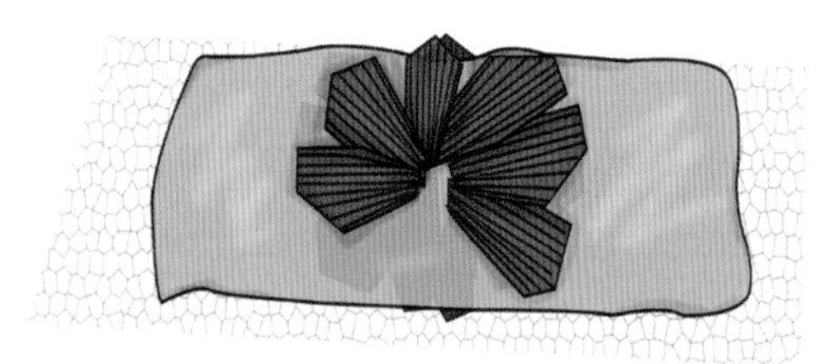

4.86 把面料翻面，在面料反面铺上羊毛纤维，与正面的羊毛纤维互相垂直。在这个过程中，正反两面的羊毛纤维会穿过天然纤维面料并相互缠结

8.用喷雾瓶向面料喷温肥皂水。

9.用两块气泡膜夹住面料，一起卷绕在木棒上（参见第123~124页，图4.68和图4.69，以获得更详细的说明）。

10.用尼龙丝袜或布条系住气泡膜（参见第124页图4.70）。

11.来回搓滚气泡膜至少50次。

12.打开气泡膜，转动90° 后重新绑在木棒上再次搓滚。

13.继续来回搓滚气泡膜50次，重复这个操作，直到羊毛纤维紧紧地附着在面料上，待实现了预期效果，这块毛毡面料就应该能通过掐捏测试了。

14.将面料冲洗干净并晾干。当羊毛收缩并缠结时面料褶皱就产生了。

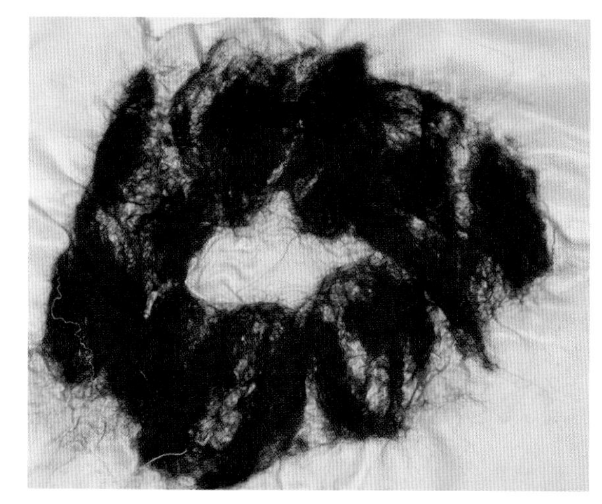

4.87 已完成的样片。注意观察，当羊毛纤维互相缠结毡合时，就会产生收缩而使面料形成褶皱

案例

图4.88~图4.90展示了用天然纤维面料制作毛毡的三个样片

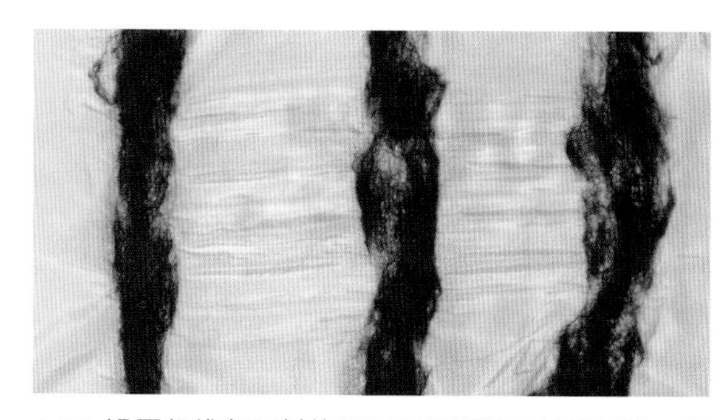

4.88 沿平行线在面料的正面和反面戳刺羊毛纤维，就会产生平行缩褶的效果

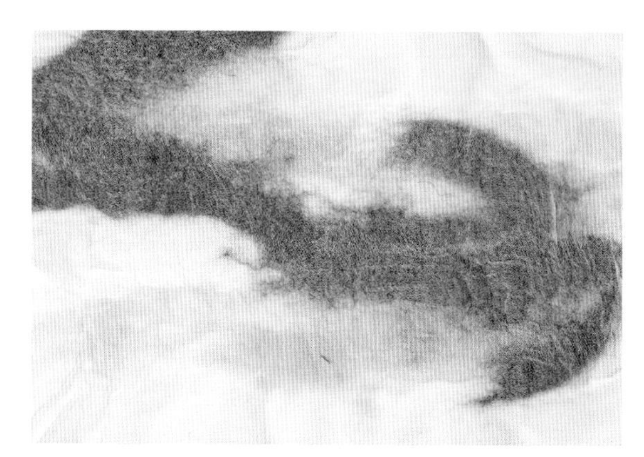

4.89 在真丝绡的一面戳刺羊毛纤维，再将真丝绡翻过来，可见另一面出现了颜色柔和的精致褶皱

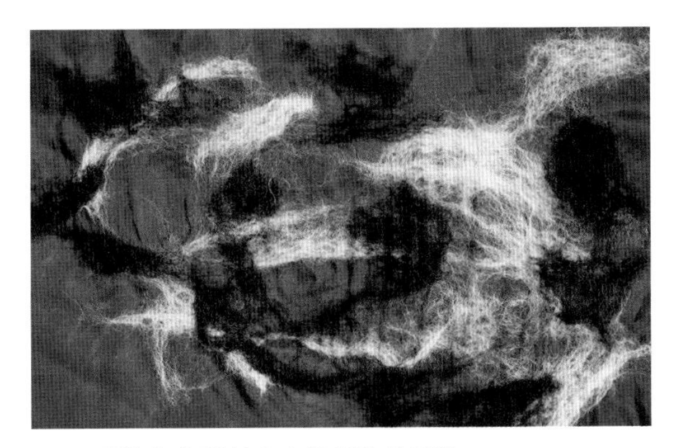

4.90 用染色的真丝电力纺制作的毛毡

秀场作品赏析：宝缇嘉2013年秋冬成衣作品

宝缇嘉2013年秋冬发布会上的这件服装是应用努诺制毡法进行创作的完美范例，将铺有羊毛纤维的一面作为正面，有褶皱的一面作为反面，在法兰绒面料上呈现出一个大胆的绘画效果，在其间添加的点缀给画面增加了更多的层次，形成了独特的外观。

4.91a 宝缇嘉2013年秋冬成衣

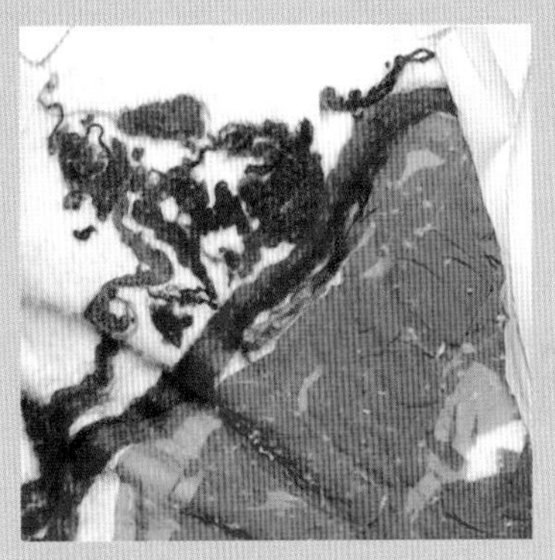

4.91b 图4.91a的面料细节，由宝缇嘉的设计师托马斯·迈尔设计，在法兰绒底布上毡化丝绸和羊毛

立体制毡方法，也称为含毡技法，是使毛毡表面出现立体效果的操作。通过针毡操作可以使毛毡球“含”入毛毡，也可以额外加入少许羊毛纤维以更好地固定毛毡球或其他附着材料。

进行含毡技法操作时可能会产生意想不到的收缩效果，因此试验是很重要的，通过做试验能够预先估计羊毛的收缩量。这种技法能够创造出面料的高浮雕肌理、独特的颜色和光泽，这取决于对附着材料的选择和使用。使用毛毡球是形成立体效果的好方法，因为他们很容易附着在毛毡表面，既轻便又牢固（图4.92）。

4.92 科妮·格罗奈维根2013年秋季时装发布会上的服装，使用毛毡球为这件光滑的羊毛外套添加纹理

制作毛毡球所需的工具与材料

图4.93展示了制作毛毡球所需的工具与材料。

- 制毡针（见附录B，图B.43）
- 泡沫板（见附录B，图B.44）
- 羊毛条

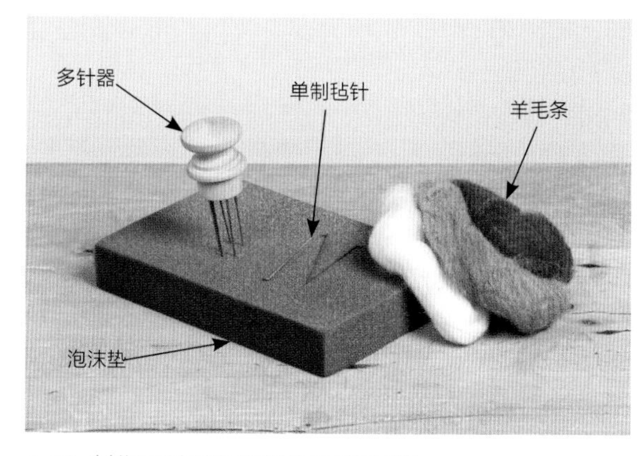

4.93 制作毛毡球所需的工具与材料

含毡操作所需的工具与材料

图4.94展示了进行含毡技法操作所需的工具与材料。

- 木棒
- 肥皂液
- 天然纤维面料
- 喷雾瓶
- 羊毛条
- 尼龙丝袜

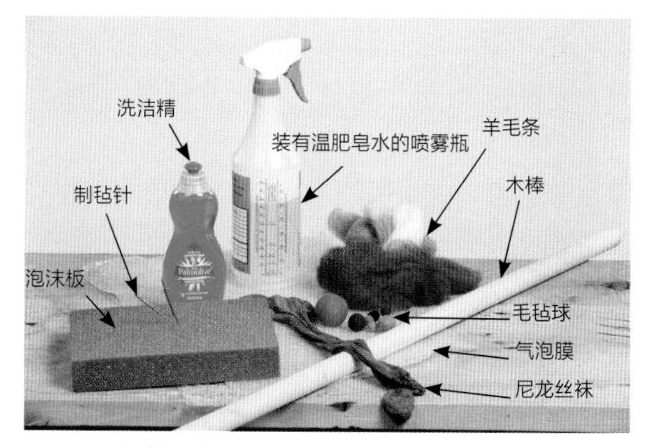

4.94 添加羊毛纤维进行含毡技法操作所需的工具与材料

操作空间

- 用塑料布覆盖工作台的表面
- 温水
- 准备旧毛巾吸收多余的水分

安全提示：制毡针非常锋利，操作中视线不要离开它。

毛毡球制作指导

1.首先拉出一小片羊毛条(参见第122页图4.63)，放置于一个泡沫板上。

2.将羊毛条卷成一个小球，用制毡针戳刺小球若干次，直到羊毛纤维互相缠结。

4.95 将羊毛条卷成一个小球，用制毡针持续戳刺小球，使羊毛纤维缠结

3.在小球上卷入更多的羊毛纤维，持续戳刺，直到小球变得坚固。

4.如果需要更多的羊毛纤维，则拉出另一片羊毛条，添加到小球上的羊毛纤维末端，用制毡针戳刺几次，使纤维缠结。

4.96 要创造一个更大的球，需要把另一片羊毛条接在小球的羊毛纤维尾端上，用制毡针持续刺入使羊毛条连接上去

5.继续这个过程，直到毛毡球达到所需的大小和密度。

4.97 通过这个操作可以制作出任何大小或密度的毛毡球

含毡技法操作指导

1.把羊毛纤维铺在气泡面朝上的气泡膜上，在平铺操作时一定要使羊毛纤维有所重叠，根据需要的图案样式在羊毛上放置毛毡球。

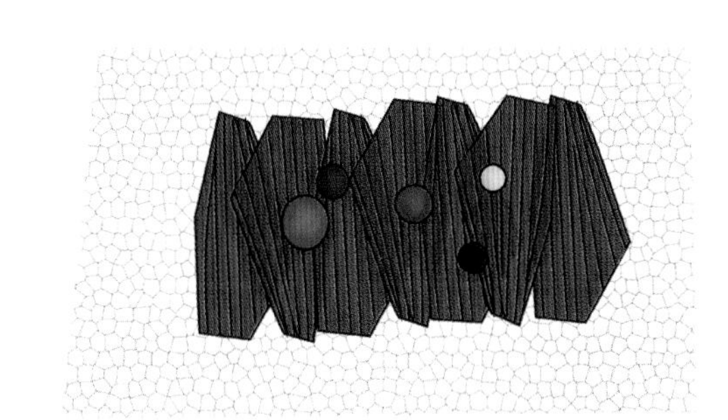

4.98 将羊毛条铺在气泡膜上（气泡面朝上），确保羊毛纤维略有重叠并按照设计构思添加毛毡球

2.添加更多的羊毛纤维，以90° 方向垂直覆盖在第一层羊毛纤维和毛毡球上。

4.99 在毛毡球和第一层羊毛纤维上垂直铺设另一层羊毛纤维

3.喷温肥皂水，从毛毡中心开始向边缘喷雾（参见第123页，图4.67）。

4.在打湿羊毛的同时按压毛毡，以去除气泡。

5.在毛毡上覆盖另一片气泡膜，气泡面朝下，然后一起卷绕到木棒上。带着毛毡球卷绕可能会有些困难，要尽量包紧（参见第123~124页，图4.68和4.69）。

6.用尼龙丝袜绑扎气泡膜，并来回搓滚（参见第124页，图4.70）。

7.搓滚50次后，展开气泡膜，转动90°后再次绑扎、搓滚。

8.继续操作，直到毛毡紧密到能够通过掐捏测试，即在毛毡表面不能轻易地捏出羊毛纤维。

9.让毛毡干燥。

10.接下来，使用一根制毡针在泡沫板上修整凸起部位的边缘。

4.100 使用泡沫板和制毡针修整毛毡上凸起部位的边缘

11.完成操作后，毛毡球会在毛毡表面形成凸起，而产生立体肌理。

4.101 完成的作品展示了运用含毡技巧所创造的立体表面

案例

图4.102~图4.104展示了不同的毛毡样片。

4.102 将盘扣包裹在毛毡中，这种效果很容易通过使用制毡针和泡沫板制作出来

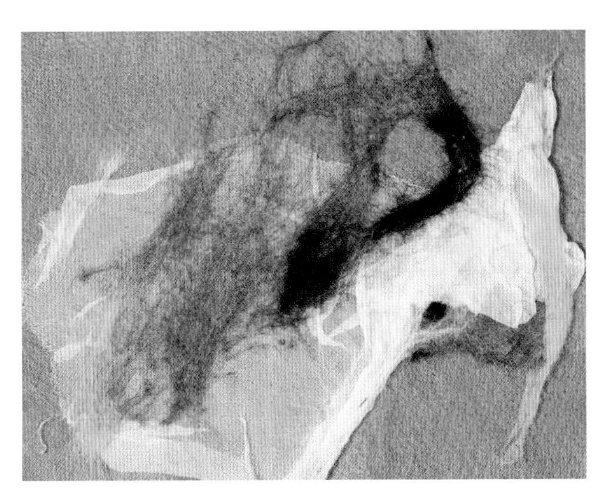

4.103 任何面料都可以被包含在两层羊毛之间，只要两层羊毛能够透过面料互相缠结，使用制毡针和泡沫板的效果最好，因为用针毡技法操作更容易控制作品的效果

4.104 毛毡球很容易与天然纤维面料连接，使用制毡针反复戳刺，使羊毛纤维与下面的面料纤维互相缠结

学生实践计划

1.制毡操作：即使采用相同的材料，运用不同制毡技巧创造出来的作品还是有显著的差异。选择三种制毡技巧创作出一些样片，使每一个样片在厚度、质地、颜色和纤维组织上都相互协调。记录创作结果，并讨论这些样片在纯艺术范畴、纤维艺术、纺织品、室内空间或时装设计中的至少两种具体应用。

2.纤维蚀刻样本册：纤维蚀刻操作成功与否与面料的选择直接相关。选择至少10块不同的纤维素纤维面料或者混合纤维面料；可通过燃烧测试检验面料的材质。遵循本章的操作指导用各种技法使用纤维蚀刻剂，如拓印、丝网印、手绘。将每个完成的样片贴在一张纸板上，用文字进行简要的过程描述：使用了什么面料？纤维蚀刻剂在每块面料上是如何反应的？可以做些什么来达到更好的/不同的结果？样片如何应用于服装、配饰、室内装饰或纯艺术领域？

3.热熔：热熔是一种增加面料表面纹理或颜色的非传统方法。对单片面料的操作结果就足以令人吃惊，多片面料层叠的效果就更加引人注目了。选择至少5块面料并层叠起来，在使用大头针或通过粗缝将它们固定在一起之前，预估每层面料的热熔结果，以确定叠放的次序。使用热风枪熔化或燃烧各层面料，在面料的不同区域尝试不同的处理方法。例如手持热风枪靠近或远离面料，轻轻移动热风枪掠过面料表面，一次燃烧多层面料。记录结果，并考虑样片的实际应用情况。

关键术语

- 水溶花边
- 雕绣
- 蚀刻
- 立体制毡
- 抽纱
- 针毡机
- 毡化处理
- 皮革压花
- 皮革模塑
- 皮革塑形
- 马德拉刺绣
- 针毡
- 努诺制毡法
- 黎塞留雕绣
- 羊毛条
- 威尼斯雕绣
- 经纱
- 纬纱
- 湿毡

第五章　面料处理

目标：

- 在面料上缝缀丝带、缎带或织带
- 使用缝纫机拼布
- 运用绗棉工艺创作立体感强烈的面料外观
- 运用绗绳工艺在面料上形成图案
- 操作基本平行缩褶工艺
- 使用松紧带制作面料褶皱
- 操作叠褶工艺
- 操作缝褶工艺
- 运用捏褶工艺在面料上形成复杂的图形
- 运用刺绣针法手工缝制褶裥而产生精致的褶皱面料
- 手工缝制网格上的标记点并将线拉紧而形成立体布纹

面料处理是通过对面料进行缝纫、填充、刺绣或折叠等技法操作，创作出富有立体感外观的方法。尽管面料处理对环境的影响很小，但仍然需要重视（参见第150页方框中的内容获得更多的了解）。

贴花工艺

贴花工艺包括拼布和带饰。拼接小块面料或在面料表面贴缝其他小块布的工艺称为拼布，在面料表面贴缝缎带或织带的技法称为带饰。贴花工艺至今已经在许多不同的文化中得到应用，以各种不同的方式取得了独特的装饰效果。在维多利亚时代，丝绸缎带的流行促进了带饰技法的广泛运用，图案的主题通常为花卉、佩兹利和涡卷纹样。这种技法传承至今天，仍然被运用于现代的服装（图5.1）。

在工业革命时期之前，人们还无法大批量生产面料，在面料稀缺的时代，拼布技法得以广泛运用。将小块丝绸或者天鹅绒面料拼接在一起，能够产生大幅的、更方便使用的面料。英式拼布非常著名，由小块的六角形面料拼合缝制出的几何形图案，既复杂又富于特色（图5.2）。

5.1 华伦天奴2013春季时装发布会上的服装，是将细带子贴缝在透明硬纱上创作出的美丽而现代的贴花服装作品

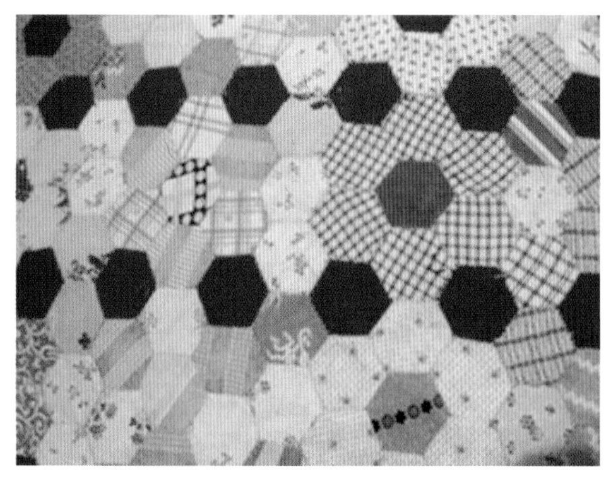

5.2 用六角形小块面料创作的复杂几何图案拼布作品，图例为典型的英式拼布

带饰是用丝带、织带或滚条等材料装饰面料表面而产生类似于编织或者刺绣风格的工艺技法。用于装饰的绳带可以用在任何材质的面料上，往往表现为环状、曲线和涡卷状造型（图5.3）。

5.3 Rue Du Mail在2013年秋季成衣发布会上展示的一件漂亮而时尚的上装，由不同宽度的绳带贴缝出装饰图案

几乎任何绳带都可用于在面料表面上的贴缝操作，最好的方法是进行试验，在面料上按照一定的图形样式将绳带弯曲，观察效果，注意绳带是否平整？ 产生了怎样的图案造型、肌理空间感？ 绳带并不需要全部缝住，所以很容易创作出立体的环状造型。

工具与材料

图5.4展示了进行带饰工艺操作所需的工具与材料。

- 用于固定绳带的面料
- 缎带、丝带、织带
- 剪刀
- 粘合衬
- 线

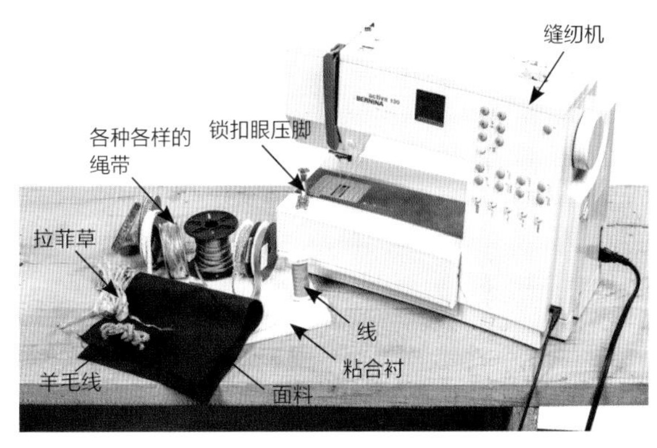

5.4 带饰工艺所需的工具与材料

操作空间

- 装有标准压脚的缝纫机，使用直线线迹把绳带组缝在面料表面

5.5 标准缝纫压脚

带饰工艺操作指导

1.用大头针将带子固定在面料上，面料反面加一层可撕型纸衬。

2.确定带子在面料上的图形布局。

3.确定缝纫针距和缝纫线的颜色。对比色的线在带子的反衬下会显得醒目，与带子颜色相近的缝纫线则会掩饰缝制的纰漏。

4.首先，将带子的反面朝上，在距离带子顶端0.6cm的位置横向缉缝直线。之后将带子翻折过来，使正面朝上，接下来将沿着带子的竖向边缘缉缝。

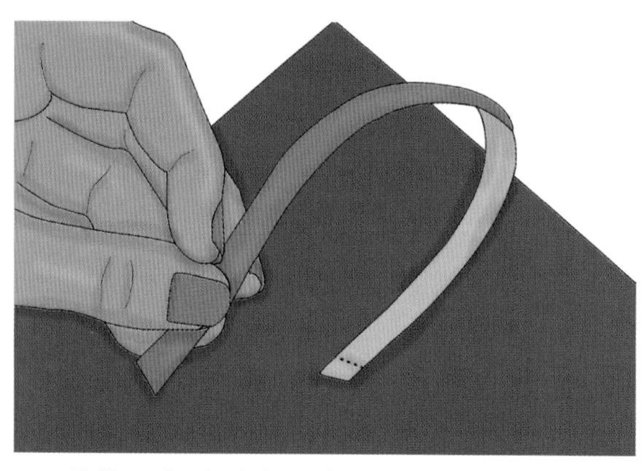

5.6 将带子反面朝上在顶端横向缉缝，再将带子翻折过来，准备沿着带子的竖向边缘缉缝

5.调整缝纫机的机针位置，使它对准带子的一条纵向边缘。

5.7 调整机针位置，使它对准带子的一条纵向边缘

6.缉缝带子边缘，到距离带子另一端0.6~1.2cm的位置停止，将带子末端向内折进少许，继续缉缝到底部，并在带子末端横向缉缝直线，如图5.8所示。

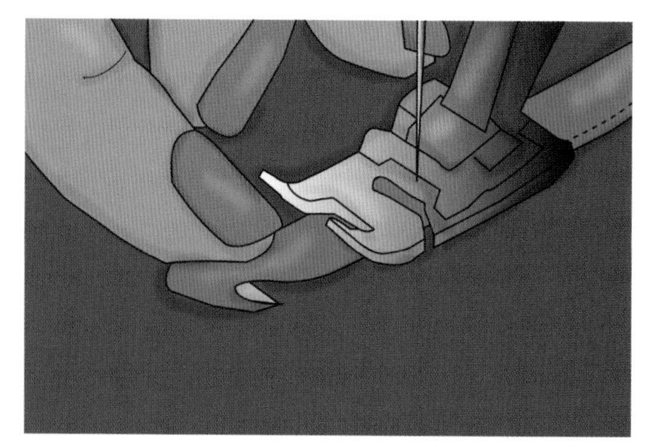

5.8 在缉缝到带子末端时，向内折进少许并继续缉缝到底部

7.回到带子的顶部，调整机针对准带子的另一个纵向边缘。

8.沿着带子的另一个纵向边缘向下缉缝。

9.继续添加带子并缉缝固定，直到按照图形的布局样式完成操作。

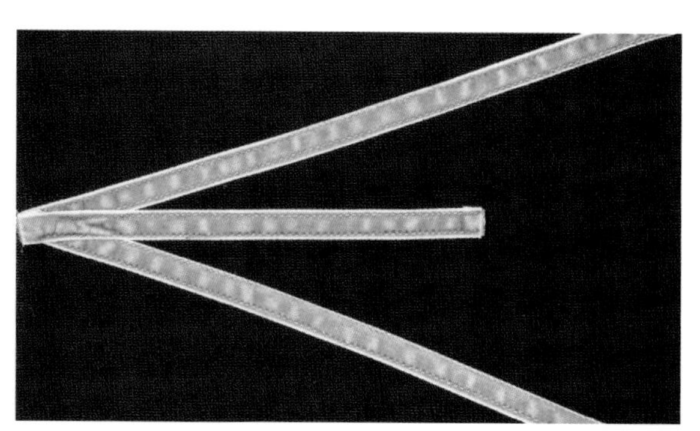

5.9 用直线线迹缉缝带子

案例

图5.10和图5.11展示了不同的绳带样式。

5.11 几乎任何平整的绳带都可以使用。从左到右依次为平整的金色带子、纱线、扁平的编织带、拉菲草、金色荷叶边带子、皮革细带、闪光的带子

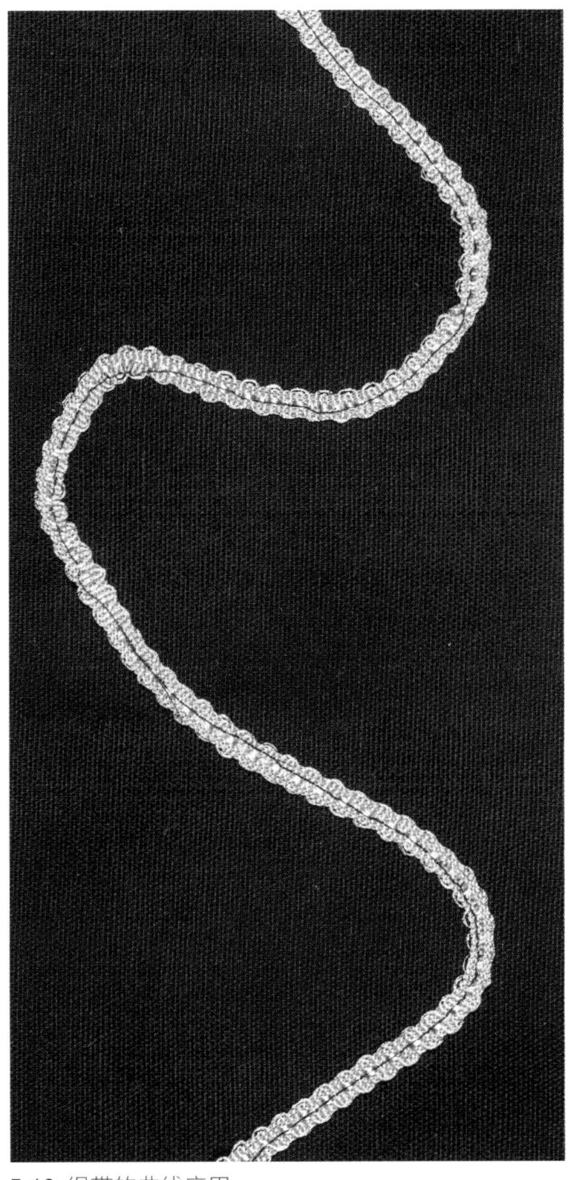

5.10 绳带的曲线应用

拼布

传统的拼布工艺是将小的布片缝合在一起，通过小块面料的交错搭配形成一大块面料，见图5.12，为罗贝托·卡普奇的代表性杰作之一。然而，现代拼布工艺还包括将小块面料直接贴缝于服装成衣上。拼布材料并非仅限于纺织面料，很多非常规的材料都可以使用（图5.13）。

缝合任何两种面料之前，要确保它们能够在一起缝制。一些轻薄的面料可能需要黏贴底衬，才能使接缝经受一定的拉力（参见附录A，衬料，第253页）。在制作成品前，需要制作样片并通过拉拽面料来测试接缝的牢固度。

5.12 罗贝托·卡普奇创作的这件美丽的晚礼服是由多彩的塔夫绸条带拼合而成的

5.13 梅森·马丁·马吉拉在2012年秋季发布会上展示了使用非常规材料制作的拼布服装，这是用平展开的棒球手套拼接而成的服装

工具与材料

图5.14展示了进行拼布工艺操作所需的工具与材料。

- 面料
- 电熨纸（见附录B，图B.54）
- 剪刀
- 纸衬
- 缝纫线，对比色的缝合线迹会从底布上凸显出所拼合面料的形状，同色的缝合线迹会让人感觉它是所拼合面料的一部分

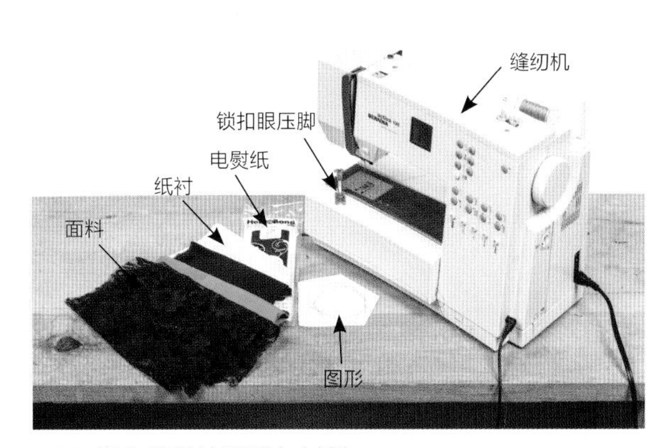

5.14 拼布所需的工具与材料

操作空间

- 使用装有标准压脚或锁扣眼压脚的缝纫机（参见图5.5，第141页）

拼布工艺操作指导

1.设计图形样式并沿外轮廓剪出纸样。

2.将纸样放在面料上。在面料的反面黏贴电熨纸，可使面料质地更加紧密，以免绢缝时面料变形。用电熨斗熨烫电熨纸并黏贴于面料的反面（图5.15，青蓝色面料反面附着电熨纸）。

5.15 在面料上放置纸样，并用电熨斗将电熨纸熨烫于面料的反面

3.按纸样剪出面料的形状。

4.揭去电熨纸的备纸，将剪好的面料按照事先设计好的位置摆放并黏贴在底布上。

5.用大头针将纸衬固定在底布的反面。

6.调整缝纫机的线迹类型，用非常紧密的锯齿形线迹将小块面料绢缝到底布上。线迹长度应该小于缝纫机上的设置值1，而线迹宽度可以根据图形样式来设定，这个案例的绢线宽度为缝纫机上的设置值4。

7.从图形的一角开始，沿着图形边缘绢缝，确保小块面料的边缘完全被线覆盖。绢缝时小块面料的布边恰好对着压脚的中心位置。

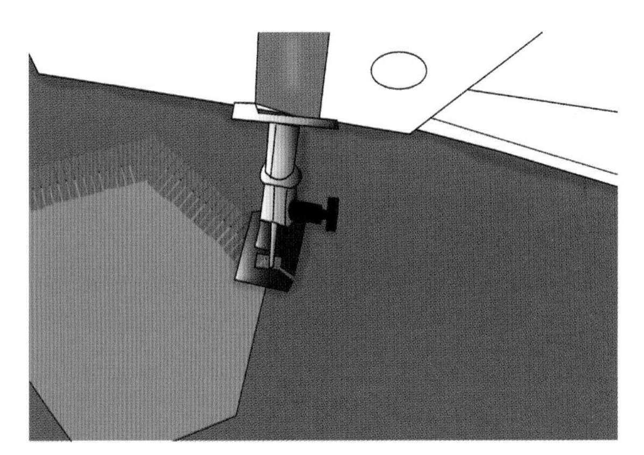
5.16 用非常紧密的锯齿形线迹从小块面料的一角开始，将小块面料绢缝到底布上

8.缉缝到转角处，需使机针留在面料上，抬高压脚，并转动面料。

9.对于不能使用电熨纸的面料，如蕾丝或薄纱，需要将面料按图形剪切后，先用直线线迹缉缝于底布上，再用锯齿形线迹缉缝边缘。

10.使用锯齿形线迹缉缝蕾丝的边缘，保持蕾丝的布边对着压脚的中心，确保蕾丝的边缘都能够被线缉缝上。

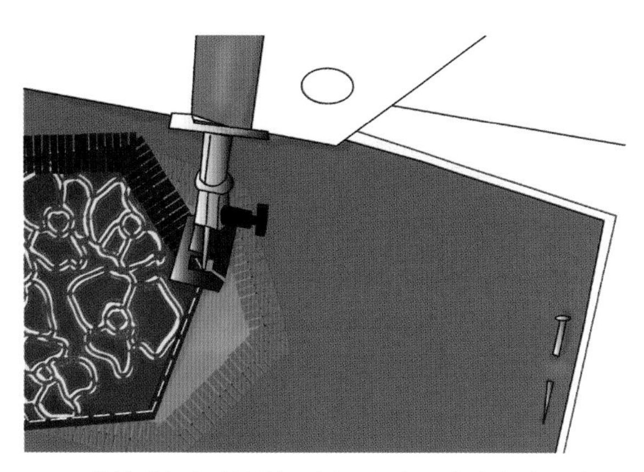

5.17 薄纱或组织稀松的面料需要先用直线线迹缉缝到底布上，之后再用锯齿形线迹缉缝边缘

11.缉缝完成后，去掉底布的纸衬。

5.18 一个完成的拼布例子

案例

图5.19和5.20展示了贴花的例子。

5.19 使用锯齿形线迹缉缝粗麻布的边缘内侧，让粗麻布的边缘自然散开

5.20 在皮革上使用对比色的缝纫线缉缝仿麂皮绒面料

秀场作品赏析：罗意威2013年秋冬成衣作品

罗意威2013年秋季成衣发布会展示的羊皮夹克，上面的装饰图案使用传统的拼布工艺制作，通过对比鲜明的配色体现出时尚性。这种处理皮革材料的拼布方式，创造出了强烈的视觉效应（图5.21a和b）。若要产生相类似的效果，首先要设计好图形，留出各图形边缘的缝份，并依图形轮廓分别剪出面料，将各块面料拼接缝合后完成服装的制作。图形中细窄的带状部分无需拼缝，而是可以使用贴缝的方法，例如在图5.21b中，可将粉红色这部分的图形剪的稍大一些，以便于其他面料贴缝在上面，因为大块面料的缝制相对容易一些。

5.21a 罗意威2013年秋冬时装发布会。若要创作出相似效果的作品，首先要设计好图形，留出各个图形的边缘缝份，将面料或皮革沿各个图形轮廓剪切下来，按照设计样式进行拼缝

5.21b 罗意威2013年秋冬时装发布会上的一款拼布服装

绗缝

绗缝工艺是将三层面料缝合在一起：表层、棉絮填充层、衬里，通过在表层显示的线迹图案产生装饰效果。绗缝是一种应用广泛的工艺，通过各种形式应用于服装和家居纺织品（图5.22和图5.23）。

手工绗缝具有古老的起源，这种工艺最初用来保护动物免于受到盔甲的磨损，后来用于帮助士兵们在长途跋涉中保持温暖。这种工艺源于亚洲，通过贸易路线传到欧洲的部分地区。在中世纪的欧洲，它被应用于装饰墙壁和被罩，到了17世纪它被应用于礼服和裙撑。19世纪绗缝开始在乡村流行，之后遍布到城市，形成一门传统工艺。这种填充棉花的绗缝工艺也可以称为绗棉。

另一种绗缝形式，是将棉绳或纱线代替棉絮放置在两块面料之间并缝制，这种绗缝工艺可以称为绗绳，在印度、波斯和土耳其具有悠久的历史。这种工艺的流行在13至14世纪的意大利、法国和英格兰达到了顶峰，主要应用在具有高度装饰性的床罩和壁饰上。绗绳通常与凸纹布工艺搭配运用，凸纹布工艺通过在分割后的图形中填充棉絮，或在图案细节中填充棉絮，使面料产生生动的浮雕效果。在17和18世纪，绗绳工艺用来装饰亚麻帽子、短上衣和裙撑。

现代绗缝通常包括凸纹布工艺和绗绳，主要操作方式是通过缝纫机将两种技法结合使用，缝纫机有助于缝制出直而平整的线迹，甚至是布满整个面料的连续线迹。通常，缝纫机绗缝只在两层面料之间使用一层薄薄的棉絮，以免让面料变得又厚又硬。

5.22 查尔斯·詹姆斯的填棉绗缝缎面夹克创作于1937年，和羽绒被的制作方式类似，某些区域被棉花完全填充，而某些区域则不需填充，以便身体自由活动

5.23 产品设计师吉冈德仁从一种用于在运输途中保护机器的绗缝面料中获得了灵感，从而创作了这些椅子

相对于手工绗缝，缝纫机可以加快绗缝的速度，并使操作更加便捷，尤其适用于直线形的图案（图5.24）。

5.24 Fleamadonna2013年秋季时装发布会上的绗缝服装

进行缝纫机绗缝时需要使用三层面料：表层面料、棉絮层（厚度取决于应用情况）和衬里。几乎所有的面料都可以用来绗缝，只要确保这三层面料在质感和重量上相对匹配，如果衬里的面料太薄，就容易在组缝中损坏。

选择合适的机针

根据面料和棉絮的厚度选择合适的机针，针尖需要足够尖锐以穿透所有的面料，缝纫线需要足够结实以缝合所有的面料。

工具与材料

图5.25展示了使用缝纫机绗缝所需的工具与材料。

- 衬里
- 用来转印图案的复写纸
- 喷胶棉（见附录B，图B.56）
- 表布
- 缝纫线
- 大头针

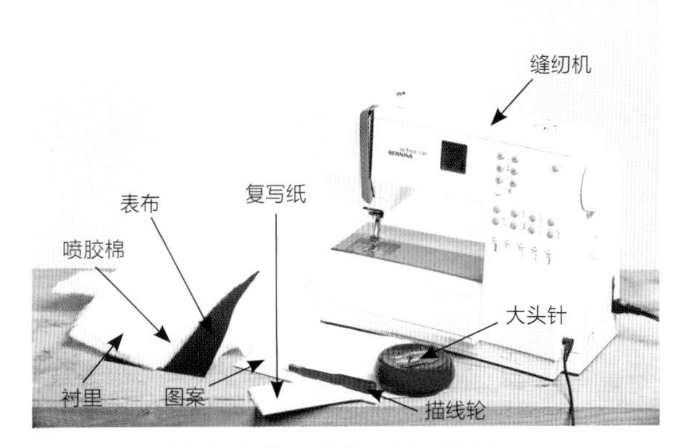

5.25 使用缝纫机绗缝所需的工具与材料

操作空间

- 用一台带有标准压脚的缝纫机，就能够进行快速而持续的绗缝；也可以按照下面的操作指导进行手工绗缝

对环境的影响：面料处理

面料处理本身对环境的影响非常小，只是在使用缝纫机以及在制造缝纫线的过程中会耗费能源。任何面料的生产对环境都有重大影响，从植物的种植，如棉花，到使用化学药剂给面料染色，所有面料的生产均会排放温室气体。

围绕这个话题，本章中要解决的一个重要问题是面料使用的数量。本章中介绍的大多数技巧，即便是应用于紧身服装或者家纺产品中的局部装饰，都需要使用两倍至三倍的面料，这就是为什么制作面料样片是如此重要，因为以样片为依据能够比较准确地判断成品所需要的面料大小。作为设计师，需要留心如何减少对面料的使用，拆卸二手服装或配件，将二手面料进行二次设计和再加工是有益于环境保护的。这样不仅会节省钱，也会减少大量的面料被当成垃圾处理的现象。

绗缝操作指导

1.设计图案并转印到面料上（参见附录A，转移图案的方法，第253页）。

2.用大头针将已转印好图案的面料、喷胶棉、衬里固定在一起。

3.从一个方向开始在面料上绢缝，小心地绕过中心的“盒子”图形。在每一段线迹开始和结束时都要回针。

5.26 将转印好图案的表布、喷胶棉和衬里分层放置

5.27 按照转印到面料上的图案线迹绢缝，线迹需穿透表布、喷胶棉和衬里

4.绗缝出另一个方向上的线迹，在每一段线迹的两端回针。可以看到由喷胶棉产生的面料起伏效果是非常明显的。

5.继续按照图案绗缝线迹，直到完成。

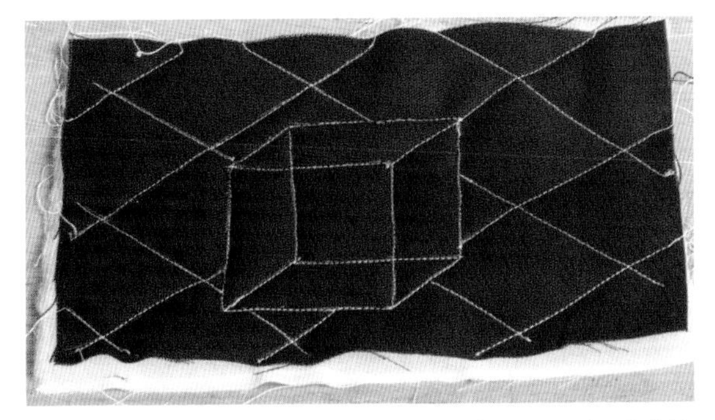

5.28 当完成所有的绗缝线迹时，就会出现具有浮雕效果的图案

案例

图5.29~5.31展示了运用绗缝技法产生的不同面料效果。

5.29 用薄喷胶棉创造出的具有现代风格的、直线几何图案的绗缝面料

5.30 用厚喷胶棉创造出的曲线浮雕图案的绗缝面料

5.31 边框图案的绗缝面料

凸纹布工艺，也称为意大利绗缝，传统的工艺操作是先将表布和底布两层面料按照图形轮廓缝合，之后在底布的背面剪出一个小切口，将棉絮由此塞入，通过填充产生凸起的形状。

在实际操作中，凸纹布工艺可以结合其他的绗缝技巧，从而产生更加生动的效果。它的应用方式很广泛，既可以使用轻薄的棉絮以产生轻微的凸纹效果，也可以使用厚实的棉絮填充出更加饱满的凸纹形状，如埃尔莎·夏帕瑞丽的标志性骨架服装，如图5.32所示。凸纹布工艺使用缝纫机操作比较容易，可以用于任何图案。凸纹效果往往在单色面料上最醒目，也可以在作品中添加一部分印花面料以增加画面层次。

5.32 埃尔莎·帕瑞丽在1938年创作的骨架服装，在真丝绉面料的修身裙上运用凸纹布工艺创造的立体骨架图案

工具与材料

图5.33展示了运用凸纹布工艺操作所需的工具与材料。

- 锥子或筷子
- 表布和底布
- 化纤棉絮（见附录B，B.55）
- 复写纸
- 线

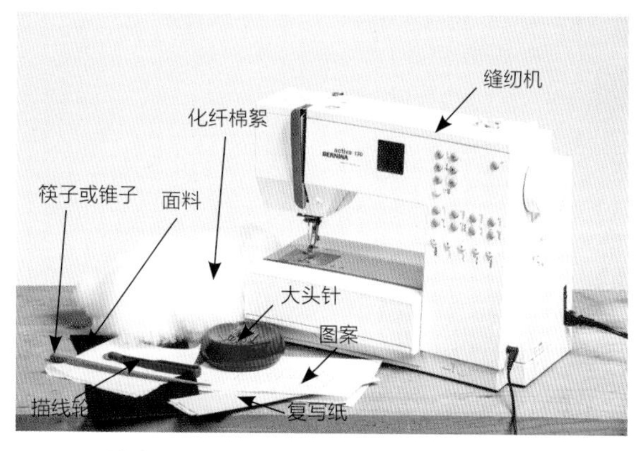

5.33 凸纹布工艺操作所需的工具材料

操作空间

- 装有拉链压脚的缝纫机是必需的（图5.34）

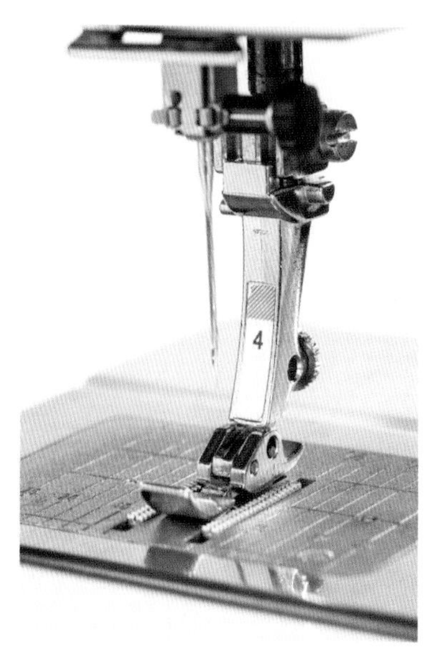

5.34 拉链压脚

凸纹布工艺操作指导

1.设计图形，确定缝合的顺序。使图形产生交叠，以增加作品的层次变化。

2.将表层面料覆盖在底布上，任何面料都可以用于凸纹布制作，尝试使用质地相似的面料，不要将针织面料和梭织面料一起使用。

3.将设计好的图形转印到面料上（参见附录A，转移图案的方法，第253页）。

4.用拉链压脚车缝出第一个形状，留出一小段空隙用于填塞棉絮，在缺口处的两端回针。

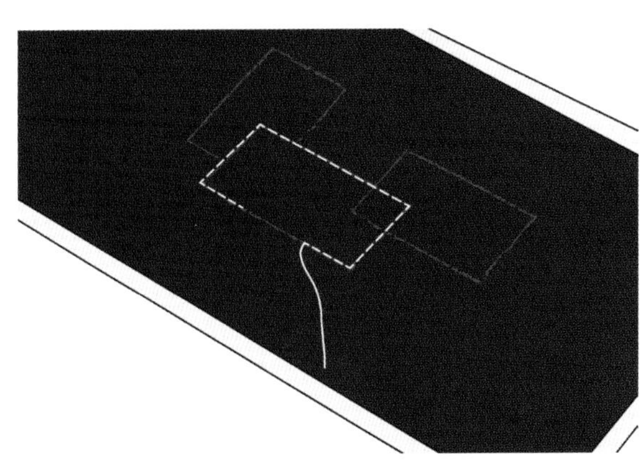

5.35 车缝出第一个形状，留下一小段空隙用于填塞棉絮

5.使用锥子或筷子向两层面料之间的空隙内塞入棉絮，填充出凸起的形状。

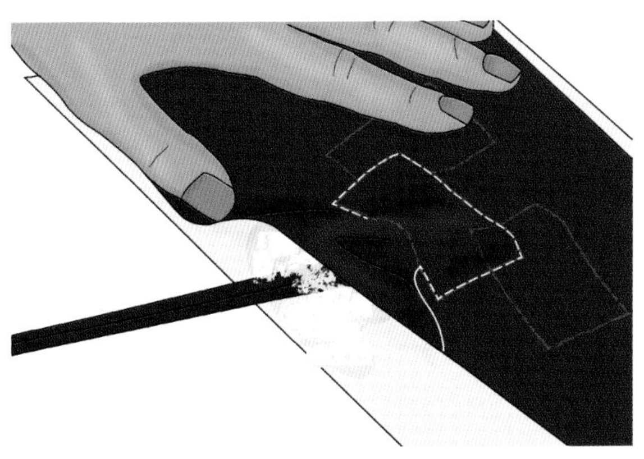

5.36 使用锥子或筷子向两层面料之间的空隙内塞入棉絮，填充出凸起的形状

6.用线迹封闭空隙，在缺口处的两端回针。

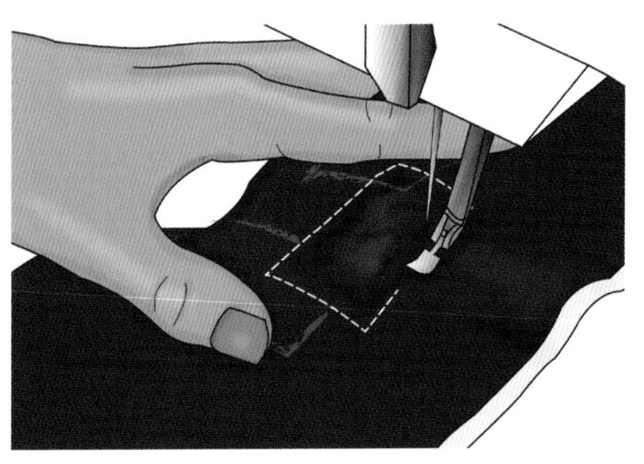

5.37 向空隙中塞入棉絮后，立即使用拉链压脚缉缝住空隙部分

7.继续对其他图形部分进行操作，均留出小空隙用于塞入棉絮。

8.可以在填充好棉絮的图形上缉缝线迹，以增加图形的层次感。

9.作品完成后，出现凸起的图案。

5.38 作品完成后，出现凸起的图案

案例

图5.39~图5.41展示了不同的凸纹布效果。

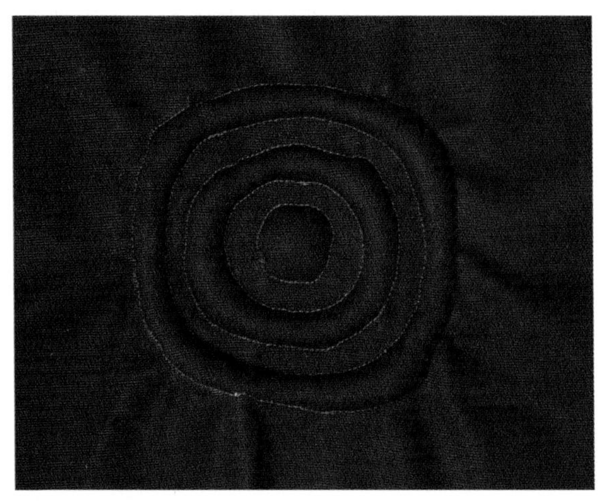

5.39 从中心开始操作的同心圆形状的凸纹布

5.41 自然有机形状的凸纹布

5.40 直线几何形状的凸纹布

绗绳是在两层面料上缉缝出用纱线或绳子填充的起伏形状，像传统的绗缝工艺一样，将绳子（棉絮）放置在两层面料之间，通过缝合绳子两边的面料固定形状。绳子的材质没有限制，从鞋带到橡胶管，只要能够满足创作的功能要求就可以。如果用又粗又硬的绳子装饰沙发垫子不仅谈不上舒适也是不切实际的，所以要根据作品的应用目的选择绳子。

绗绳会涉及到几个问题。首先，绳子不像喷胶棉那样能够提供保暖的功能，它会塑造出坚硬、沉重、缺乏弹性的面料，所以几乎仅仅具备装饰功能。它通常用来平行排列或产生弯曲的圆脊，形成的造型与所使用的绳子直接相关，使用粗圆而结实的绳子能够产生十分醒目突出的外观效果（图5.42），而又细又平的绳子会产生平行的、连续的面料纹理（图5.43）。

5.42 川久保玲2013年秋季时装发布会上的绗绳装饰服装，使用了粗圆而结实的绳子

5.43 大卫·科马2013年秋季时装发布会上的绗绳装饰皮革服装，使用了又细又平的绳子

工具与材料

图5.44展示了运用纤绳工艺操作所需的工具与材料。

- 底布
- 绳子（参见附录B，图B.53）
- 大头针
- 线
- 表布

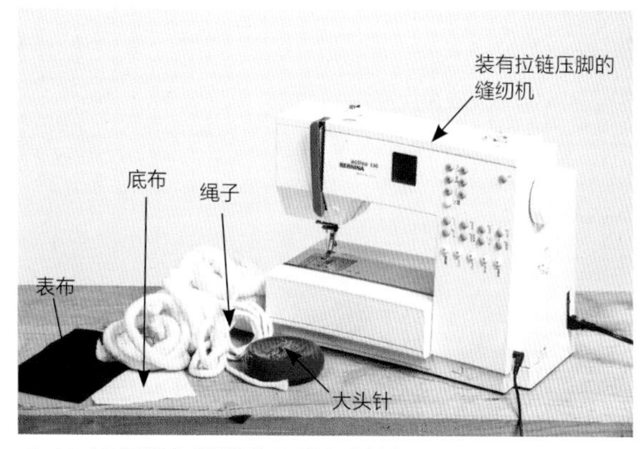

5.44 纤绳操作所需的工具与材料

操作空间

• 装有拉链压脚的缝纫机是必需的（参见第152页图5.34）

纤绳工艺操作指导

1.选择两层面料——表布和底布，这两层面料在重量和质感上应该是类似的。

2.确定绳子的大小和走向，直线和曲线造型都很容易实现。

3.用一个拉链压脚缉缝直线，以确定绳子的一侧位置，在线迹两端回针。

4.在两层面料之间放入绳子并往里推，使绳子靠紧之前的缝线。

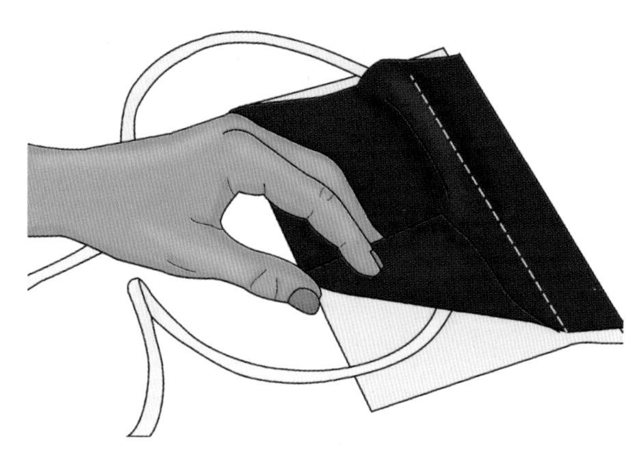

5.45 在两层面料之间放入绳子，使之紧靠已经缉缝好的线迹

5.使用拉链压脚，沿着绳子的另一侧缉缝。压脚尽可能的靠近绳子，否则空隙过多，将影响绳子的凸起效果。

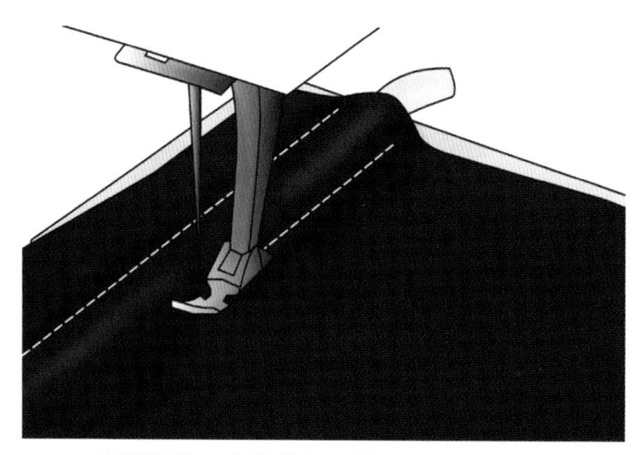

5.46 使用拉链压脚缉缝绳子的另一侧，压脚尽可能紧密地靠近绳子，以减少空隙，确保绳子不会移动

6.继续重复步骤3到5，直到作品完成。

案例

图5.47和图5.48是按照不同方式运用绗绳工艺的例子。

5.47 任何规格的绳子都可以使用，绳子的粗细不同会使面料产生不同的外观效果

5.48 绳子很容易实现曲线造型

平行缩褶

平行缩褶是将面料缝出多行平行直线并抽缩缝线而产生褶皱的技法，操作完成后面料会缩小尺寸，也可以在平行线迹之间填充绳子（图5.49）。缉缝平行线迹既可用手工操作也能用缝纫机操作，除了绳子之外，也可以使用松紧带，以产生有弹性的褶皱。

平行缩褶最初是将大幅的面料抽缩后，使面料产生弹性。因能够符合人体体型，所以有助于修身而且保暖，后来逐渐开始应用于服装领围和袖口的位置。我们不太清楚平行缩褶的历史，它可能是由其他褶皱形式发展而来的，在19世纪晚期十分流行。

5.49 Miu Miu 2014春季时装发布会上的一件礼服，运用平行缩褶工艺创造出礼服的体量感和肌理感

基本平行缩褶技法是通过在面料上平行地缝线并抽缩线头，从而产生面料褶皱的方法。操作时可将缝纫线的一端线头固定住，然后拽住缝纫线的另一端线头慢慢地抽缩面料，直到沿着缝纫线产生的褶皱达到理想状态。将多余的线头剪断，注意保持褶皱的完整性。为了加强褶皱的稳定性，有时候需要在面料反面缝上垫布用以辅助固定。

灵活运用基本平行缩褶的操作原理，能够塑造出各种各样的褶皱形态。通常来说，较短的缝线针脚会产生小而浅的褶皱，而较长的缝线针脚则产生大而深的褶皱。

工具与材料

图5.50展示了制作基本平行缩褶所需的工具与材料。

- 消色笔
- 面料

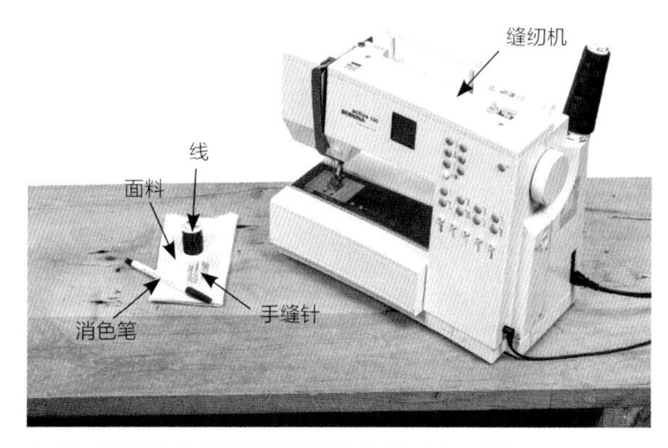

5.50 制作基本平行缩褶所需的工具与材料

操作空间

- 装有标准压脚的缝纫机或手缝针线

基本平行缩褶技法操作指导

1.确定成品褶皱的大小，对于浅而疏的褶皱，准备成品尺寸1.5倍的面料；对于中等起伏程度的褶皱，准备成品尺寸2倍的面料；对于深而密的褶皱，准备成品尺寸3倍的面料。在开始制作成品前要先制作样片。

2.确定成品褶皱的长度，如果有必要，留出面料边缘的缝份。

3.设计平行线，使用消色笔在面料的反面做出平行线标记。

4.沿着平行线标记进行手工缝制，也可使用缝纫机在面料上绢缝出直线，或在一根带子或绳子上绢缝出锯齿形线迹（针脚设置横向4、纵向2.5）。不要回针。

准备绳子或带子

使用绳子或带子操作时，务必要在两端各留出一定的绳头。要使锯齿形针脚的横向宽度足够大，能够适合绳子的宽度而不会让针刺穿它。如果绳带被机针勾住，将无法产生合乎要求的褶皱。

5.51 使用不同线迹制作的褶皱。上：手工缝线迹；中：缝纫机长针距绢缝的线迹　下：用来固定绳子的锯齿形线迹（针脚设置横向4、纵向2.5）

5.在面料的一侧边缘，把若干根线头打个结系起来。使用缝纫机操作时，要将底线和面线系在一起；如果是手工缝线，则将留出的多行线头系在一起打结。

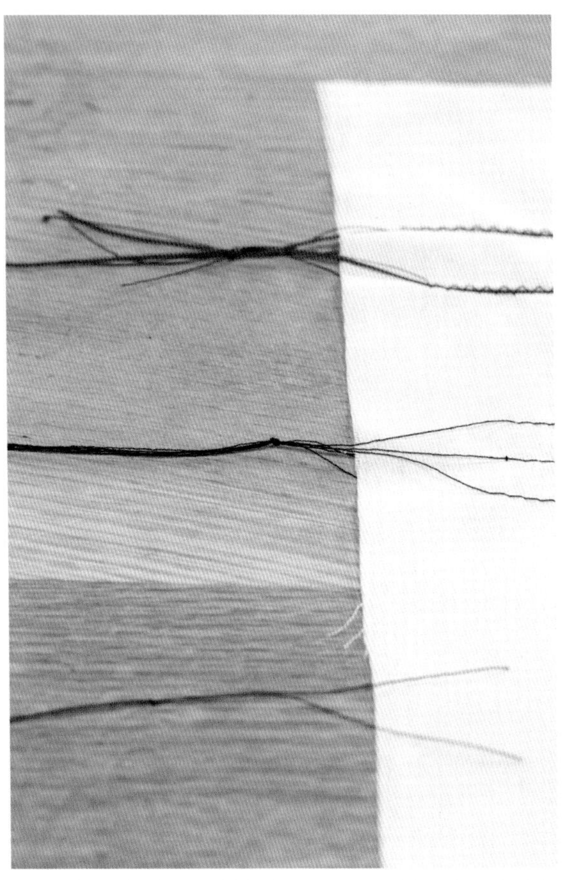

5.52 将手缝线留出的线头打结系在一起，将机缝的面线和底线系在一起

6.一只手握住面料另一侧边缘的线头或绳头，另一只手慢慢地抽缩面料。

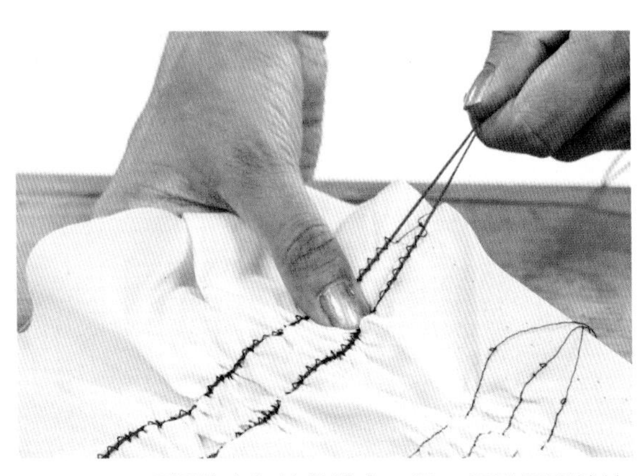

5.53 一只手握住未打结的线束，另一只手逐渐地抽缩面料，直到获得理想的褶皱形态

7.通过将机缝的面线和底线系在一起获得一定的褶皱后（图5.52），用小号机针沿着面料的两侧边缘缉缝，以固定褶皱形态。

8.整理褶皱至满意的效果，用电熨斗蒸汽熨烫固定。

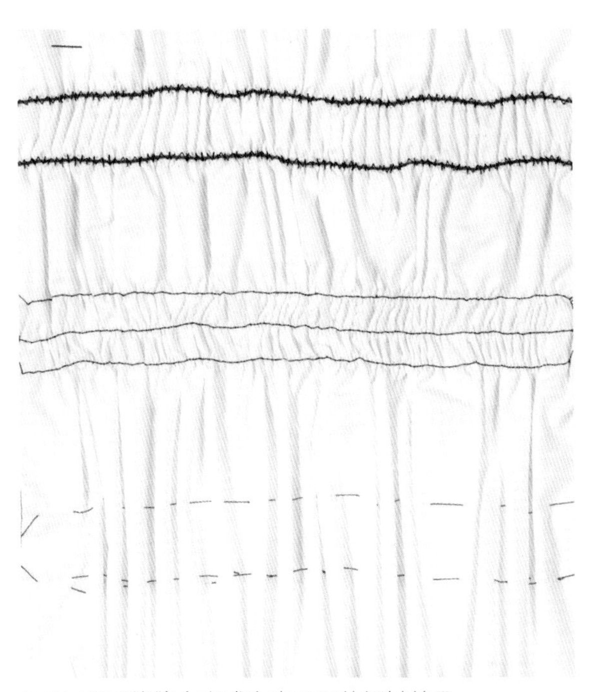

5.54 不同的缝合方式产生不同的褶皱效果

9.如果需要进一步固定褶皱，可以在面料的反面，在褶皱的第一行和最后一行线迹上手工缝上加固布条，注意布条不要与面料上没有褶皱的部分重叠。

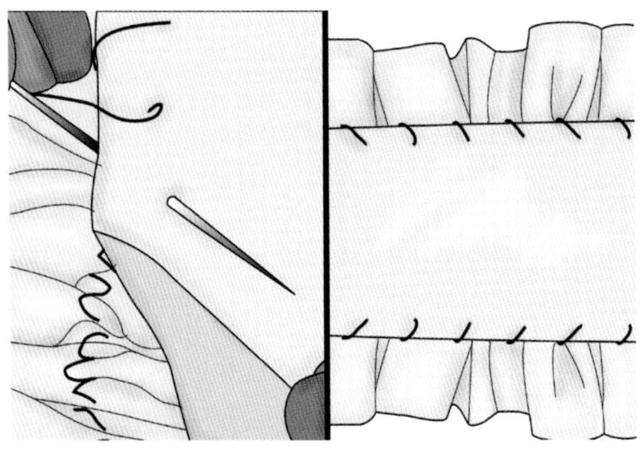

5.55 左：在褶皱反面的线迹上，手工缝上一块布条用来固定褶皱，布条不要与没有褶皱的部分重叠；右：手工缝上布条以固定褶皱

案例

图5.56~图5.59展示了各种各样的褶皱形态。

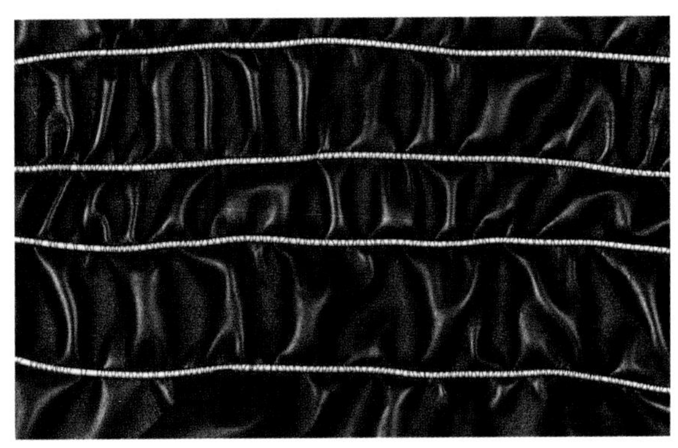

5.56 用锯齿形线迹绢缝橡皮筋产生的皮革褶皱形态

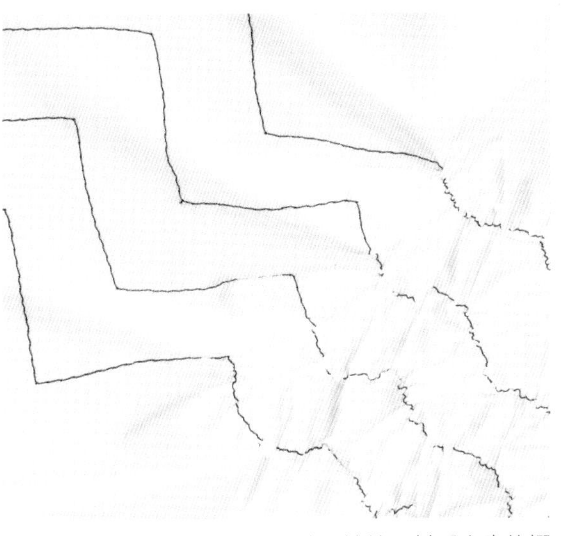

5.58 在面料上绢缝出折线线迹，抽缩面料后产生的褶皱形态

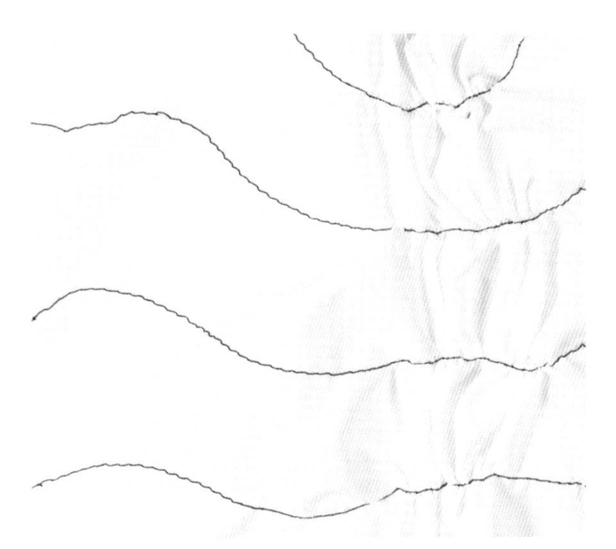

5.57 平行的波浪形线迹，在面料一侧将余线打结系住，并抽缩面料，直到实现预期效果

5.59 面料上产生了泡状凸起，首先绢缝出圆圈线迹并留出首尾线头，将一端线头打结，然后拉拽另一端的线头来皱缩圆圈，直到获得满意的褶皱形态

使用松紧带制作褶皱是一种快速而简单的方法。在具体操作中可将松紧带放入面料之间，固定其中一端，拉住松紧带的另一端抽缩面料，直到产生所需的褶皱形态并固定，从而产生弹性缩褶（图5.60）。

5.60 布鲁诺·皮特斯2004年春季时装发布会上的修身衬衫，用松紧带制作出后背镂空部位的弹性缩褶，使衬衫紧密地贴合人体

沿着衣服开口处的边缘制作弹性缩褶会产生良好的功能性，因为它使服装开口部位能够被拉伸和扩大。相对于基本平行缩褶技法，弹性缩褶的制作方法更加简单省力，褶皱效果也更加匀称，而且不需要再使用布条在面料反面加固。

工具与材料

图5.61展示了使用松紧带制作弹性缩褶所需的工具与材料。

- 任何宽度的松紧带
- 几乎任何面料都可以制作弹性缩褶，但厚重的面料抽褶后往往过于饱满臃肿
- 缝纫线

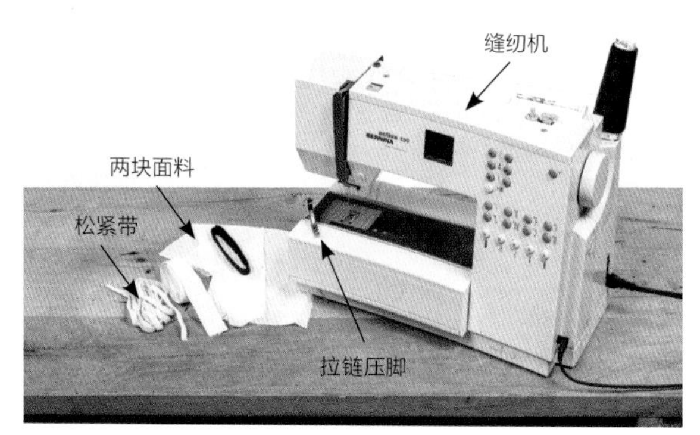

5.61 制作弹性缩褶所需的工具与材料

操作空间

- 装有拉链压脚的缝纫机是必需的（见图5.34，第152页）

弹性缩褶技法操作指导

1.确定成品的大小，准备两块3倍于成品尺寸的面料（参见159页基本平行缩褶的第一步，以获得更深入的了解）。

2.确定成品的长度，包括在面料边缘保留的缝份。计算好尺寸，裁切出两块面料。

3.以松紧带的宽度为标准，在面料上画出平行线。

4.把两块面料叠合在一起。

5.使用拉链压脚在面料上缉缝出一条直线，线迹两端需要回针。

6.在两块面料之间放入松紧带，将松紧带的一侧靠紧已经缝合的线迹。

7.拉链压脚紧挨着松紧带的另一侧边缘，缉缝出另一条平行线，在线迹两端回针。

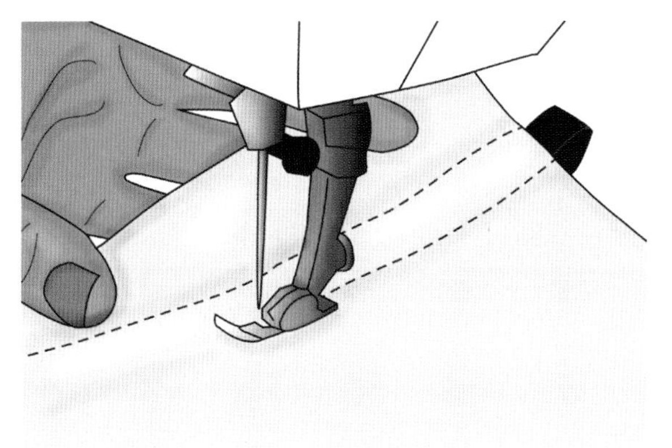

5.62 贴紧松紧带，使用拉链压脚缉缝出另一条直线。缉缝时应使这条缝线尽可能地紧靠松紧带，但不要缝在松紧带上面

8.当所有的松紧带都被放置在两层面料之间的既定位置时，在面料的一侧边缘将它们缉缝固定。

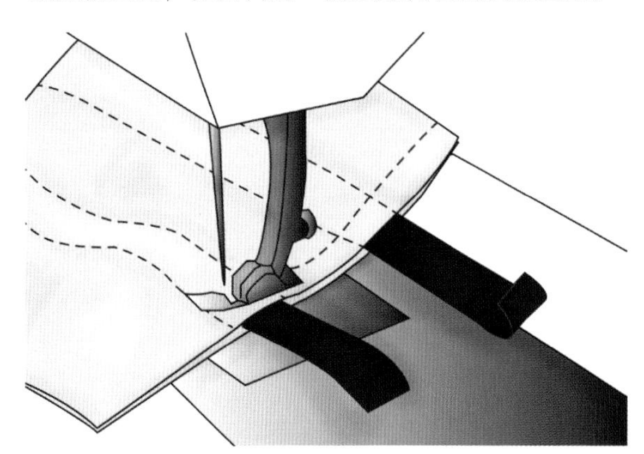

5.63 将面料一侧的松紧带留出一定余量后，缉缝固定

9.一只手握住松紧带，另一只手慢慢地抽缩面料。

5.64 慢慢地抽缩面料直到形成理想的褶皱形态

10.一旦达到了理想的成品褶皱宽度和密度，就沿着另一侧的面料边缘缉缝以固定褶皱形态。

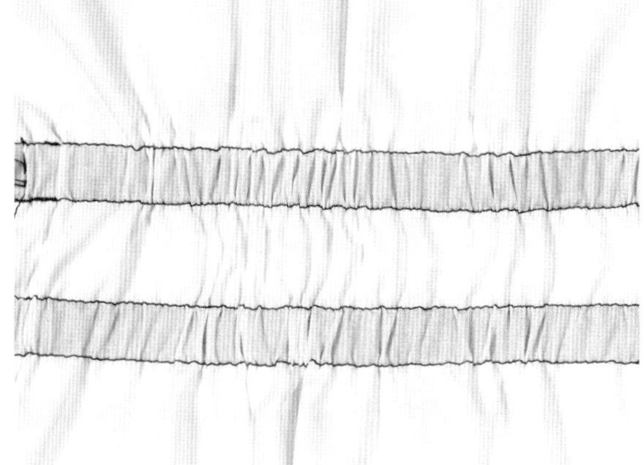

5.65 将另一侧的面料和松紧带缉缝在一起，固定褶皱形态

案例

图5.66展示了使用不同宽度的松紧带制作的弹性缩褶形态。

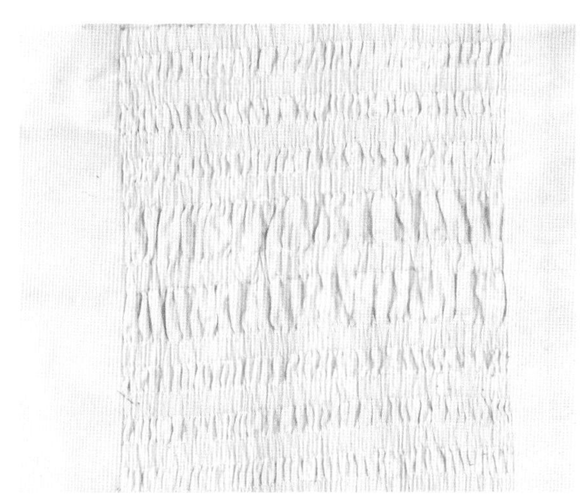

5.66 由不同宽度的松紧带形成的弹性缩褶，可应用于服装

叠褶和缝褶

叠褶和缝褶在构成形式上非常相似，褶裥都是在面料的正面形成并用缝线固定的。缝褶是从面料的一端向另一端按照剪口的标记连线缉缝而形成褶裥，叠褶往往只缉缝固定住面料一端的褶裥，并不缉缝另一端，从而产生活褶。

早在希腊人将大块的方形面料折叠成优美舒展的服装时，叠褶和缝褶就应用在服饰创作中了。在20世纪早期，马瑞阿诺 · 佛坦尼作为一位叠褶工艺的实践者，创作出了很多精美的褶皱服装（参见设计师简介，第168页）。第二次世界大战后，意大利开始发展自己的时尚业，敦促其公民振兴纺织工业。罗贝特 · 卡普奇，一位年轻的意大利设计师创作的舞会礼服令人惊叹不已，这些精美的褶皱服装甚至帮助意大利成为时尚界的领头羊。当制褶工艺过程实现了机械化，合成纤维面料得到广泛使用时（在大多数情况下，合成纤维面料能够一直保持褶皱的形态），因为成本的显著减少，褶皱开始广泛应用于家居纺织品和服装。时至今日，我们能够发现不同价格的褶皱服装和家居装饰面料。

叠褶和缝褶的变化十分丰富，设计师只要对形成褶裥的基本原理有所了解，就可以设计出各种各样的褶裥。基本叠褶是最基本的褶裥形式，只需要持续折叠面料而产生褶裥；基本缝褶是通过缝线的方式固定面料的褶裥形态，比叠褶更加稳定；捏褶，通常被称为针纹褶饰，是通过逐个捏缝出面料表面的形状而产生整体的面料褶皱形态。因为捏褶使用的面料更少并且更容易控制效果，其形态往往比传统的叠褶和缝褶更为精致和复杂。

基本叠褶可通过折叠面料产生压平的褶裥或活褶，它能够按照一定的程序来操作，格蕾夫人的作品即由此而闻名于世（图5.67）；也可以留出未压平的褶裥使服装产生体量感（图5.68）。本节将探讨基本叠褶的操作技巧，它有许多创造性的应用方式。

5.67 格蕾夫人于1944年使用一大块白色丝绸面料创作的服装

5.68 马科·德·文森佐2013年秋季时装发布会上的服装

工具与材料

图5.69展示了运用基本叠褶技法操作所需的工具与材料。

- 消色笔
- 面料
- 电熨斗
- 金属直尺
- 纸
- 铅笔
- 大头针
- 剪刀

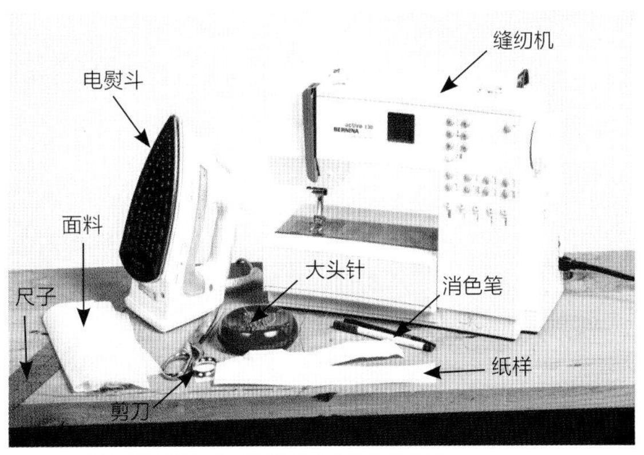

5.69 基本叠褶操作所需的工具与材料

操作空间

- 需要一台缝纫机制作面料褶裥
- 需要电熨斗固定褶裥

基本叠褶技法操作指导

1.确定面料成品褶裥的宽度。

2.设计纸样，根据纸样的宽度可明确面料成品褶裥的宽度。

3.若要产生1.5cm宽的褶裥，就在纸上每隔1.5cm做标记点；若要产生2.5cm宽的褶裥，就在纸上每隔2.5cm做标记点，以此类推。

4.按照标记点折叠出所需的褶裥形态。刀形褶是按照纸上的平行标记线，总是朝着相同的方向进行折叠；箱形褶是像刀形褶那样折叠纸，但要按照朝向相对的方向进行折叠。

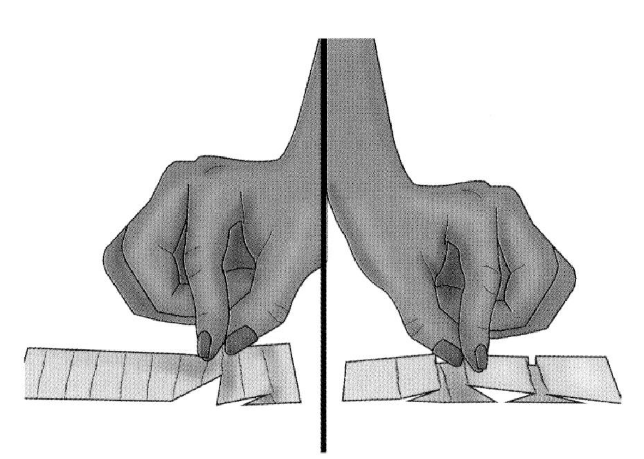

5.70 刀形褶的折叠方向总是相同的（左图），箱形褶的折叠方向总是相对的（右图）

5.继续折叠褶裥，直到达到所需的成品褶裥宽度。

6.通过在纸的边缘打剪口定位折线的位置。

7.按照所需成品褶裥的宽度剪出面料（包括褶边或缝份）。如果需要将面料缝合起来才能得到适当的成品褶裥宽度，则需尽量将缝合线隐藏在褶裥内。

8.如有必要，完成对褶边的处理。

9.按照纸上的剪口标记，使用消色笔或用小剪刀在面料的顶部和底部打剪口作出标记，标明折叠的位置。

10.参照纸样的褶裥样式，以同样的方式开始折叠面料。可以用一把金属直尺帮助保持褶裥排列整齐。

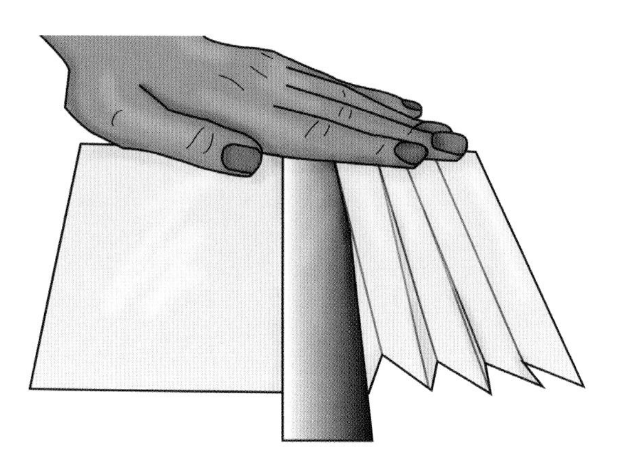

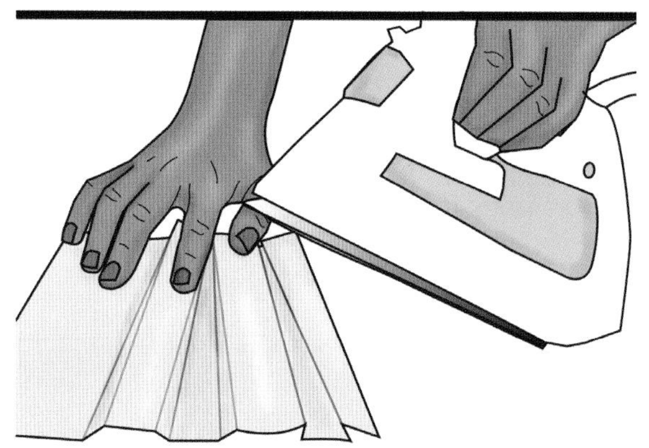

5.71 上：金属直尺可以用来保持褶裥排列整齐 下：箱型褶由两个方向相对的褶裥组成

11.继续操作直到完成对面料的折叠。

12.用长而疏的线迹绢缝面料褶裥的边缘（长针距的绢线容易拆掉）。如果需要褶裥自由悬垂，就只在褶裥顶部的边缘粗缝；对于需要形状固定的褶裥，则分别在其顶部和底部边缘进行粗缝固定。

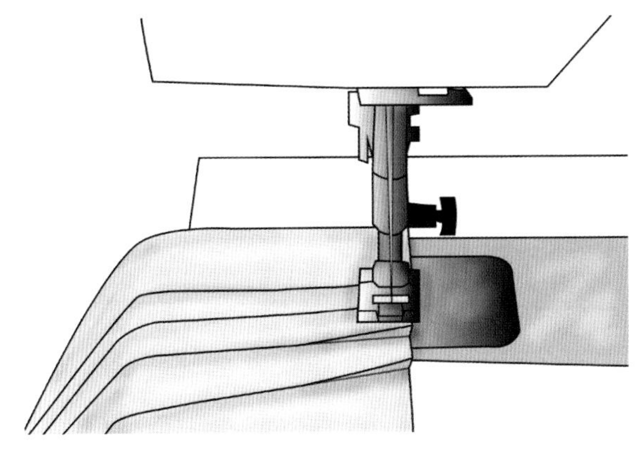

5.72 在面料的边缘粗缝以固定褶裥

案例

图5.73~图5.75展示了褶裥的变化样式。

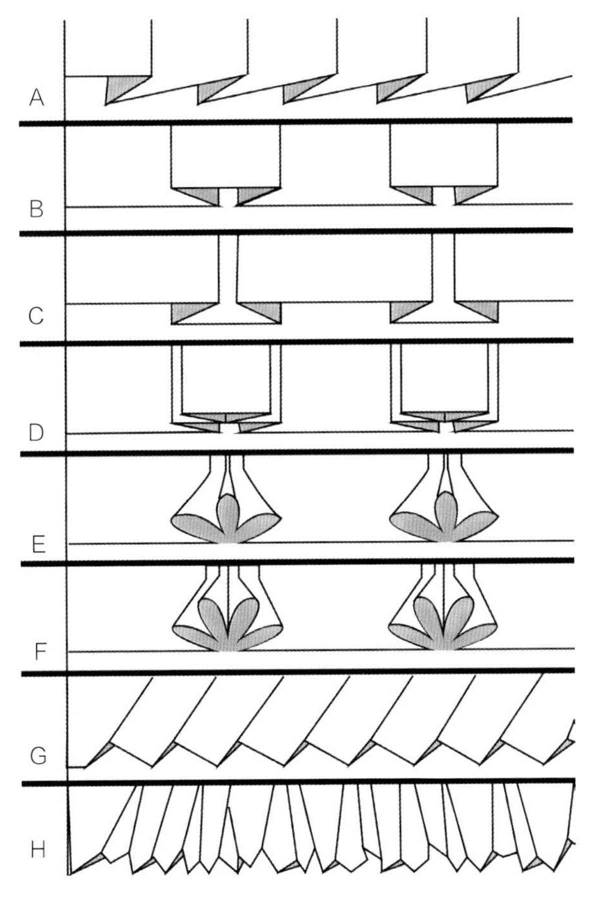

5.73 褶裥的变化样式。A：刀形褶；B：箱形褶；C：倒箱形褶；D：双箱形褶；E：三次刀形褶；F： 四次刀形褶；G：手风琴褶；H：扫帚形褶，可将潮湿的面料缠绕在木杆上，待面料干燥后产生不规则的褶皱形态

5.74 刀形褶的变化。左：在顶部和底部的边缘粗缝固定；右：底部边缘未粗缝固定

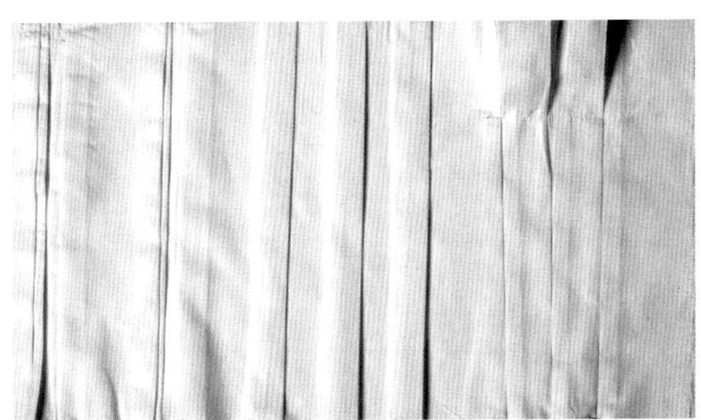

5.75 箱形褶的变化。左：双倒褶；中：间隔均匀的箱形褶；右：在箱形褶三分之一的位置开始缉缝，产生部分开放式的褶裥

设计师简介：马瑞阿诺·佛坦尼

马瑞阿诺·佛坦尼出生于西班牙，在意大利从事设计工作。他最初接触的面料来自于父母广泛收集的古着面料，佛坦尼继承了父母的爱好，终其一生不断收集各种面料。他的设计受到历史风格的强烈影响，常常从古希腊、文艺复兴时期的意大利、南美地区获得灵感，甚至从中国画中得到借鉴。佛坦尼对古希腊服装上的精细褶皱非常感兴趣，这促使他创作出了最具标志性的服装——迪佛斯晚装（参见图5.76a和b）。佛坦尼用他发明的热褶技术处理面料，摆脱了以往面料褶皱的不稳定性，他将热褶技术形成的细密而永久定型的褶皱应用于服装，展现了他那令人惊异的创作才华。在1910年，热褶技术被授予专利权，这使他能够在没有竞争的情况下自由地运用这项技术进行服装创作。佛坦尼的业务蒸蒸日上，至今仍被时尚界所关注。

5.76a 迪佛斯晚装是佛坦尼的标志性礼服，在20世纪20年代和30年代很受前卫女性的欢迎。这件礼服是细密褶皱面料的纵向应用，面料的长度可长可短。具体过程不详，不过最有可能的操作方法是先将面料染成红色，再进行手工叠褶并经过热定型处理

5.76b 迪佛斯晚装的细节

基本缝褶是将面料沿每两条平行线的中间线折叠以产生褶裥，并按照一定的图形样式进行缉缝的工艺技法。缝褶的表现形式是变化多样的，相对于叠褶，它所产生的褶裥结构性更强，外观更富有美感，因为它的操控性更好，也使得褶裥的形态更加精确。运用缝褶技法必须注意，面料的接缝很困难，因此最好在创作成品前先制作一个样片，以此预判可能会出现的问题。

工具与材料

图5.77展示了进行基本缝褶操作所需的工具与材料。

- 消色笔
- 面料
- 纸
- 铅笔
- 大头针
- 尺子
- 剪刀
- 缝纫线

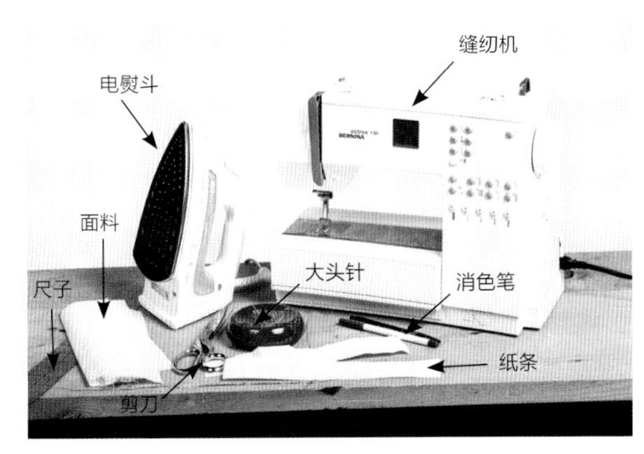

5.77 基本缝褶所需的工具与材料

操作空间

- 装有标准压脚的缝纫机

基本缝褶技法操作指导

1.确定每个褶裥的高度（折叠边脊与缉缝线迹之间的距离）以及每个褶裥之间的距离。

2.使用纸、尺子和铅笔，在纸上标记出每个褶裥的高度、间距，以确定成品尺寸。请记住，每个褶裥都应该有两条标记线。

3.在纸面上绘制出每条线，根据纸上的剪口或用铅笔画出的标记线折叠出每个褶裥。

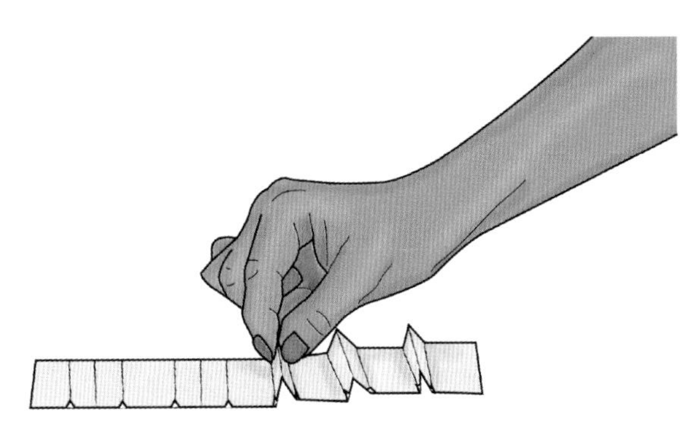

5.78 按照标记线折叠纸样，使每两条平行线重合，从而产生褶裥

4.必要时增加纸样长度，以达到成品所需的宽度。

5.根据展开后的纸样裁剪面料，包括缝份或预留的边缘部分。

6.如有必要，完成对褶边的处理。

7.根据纸样在面料上使用消色笔或打剪口（在面料上剪出小切口）来定位标记点。画出标记点之间的连线，以标明折叠的位置并帮助缉缝。

8.沿着剪口的连线折叠面料，并用电熨斗熨烫以固定形状，剪口的连线将成为缝线的位置。

5.79 折叠面料产生褶裥，对齐每个褶裥两端的剪口标记

9.用大头针别住每个褶裥的上端和下端，以保持褶裥的形状。

10.使用缝纫机沿着剪口连线进行直线缉缝，注意在折叠后的双层面料上缉缝，以产生每个褶裥。

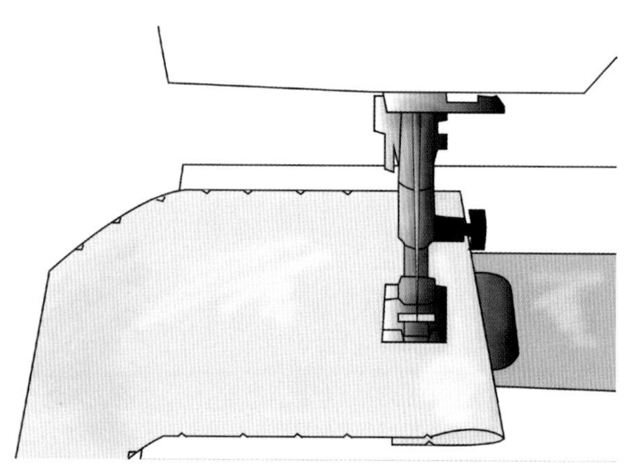

5.80 沿着剪口的连线缉缝以产生褶裥

11.可使用电熨斗熨平褶裥，或者让褶裥保持竖立。如果面料有接缝，要熨烫接缝周围的面料，并可以在适当的位置粗缝。

案例

图5.81~图5.83展示了各种基本缝褶的褶裥变化。

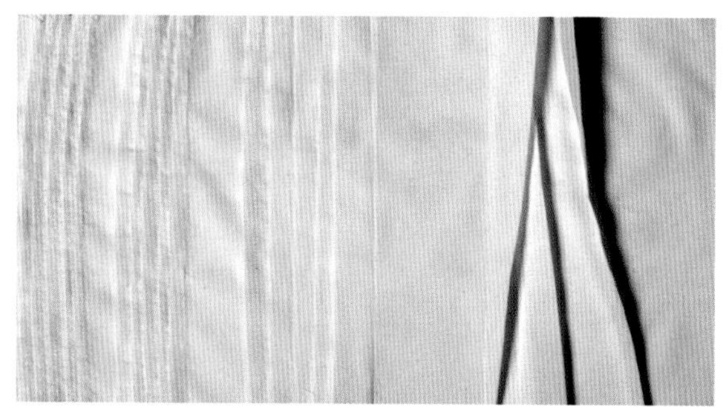

5.81 从左到右依次为：用大头针固定住的褶裥、间隔均匀的褶裥、渐变形式的褶裥、锥形褶裥

5.82 对于造型夸张的褶裥，可在面料背面加上粘合衬

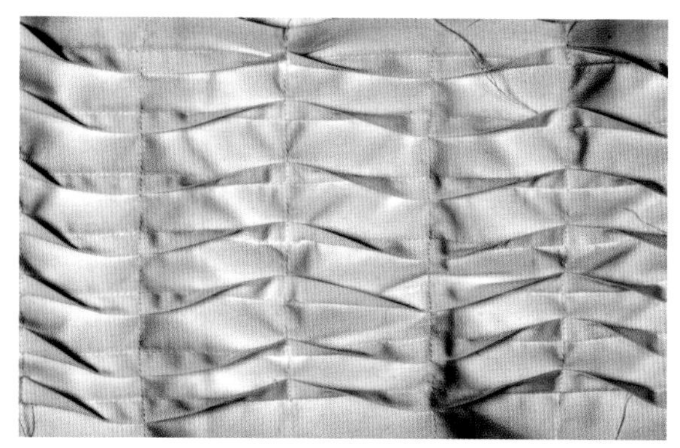

5.83 交替改变每一排褶裥的方向，并缝线固定

秀场作品赏析：维克托和罗尔夫2011年秋冬成衣作品

维克托和罗尔夫2011年秋冬时装发布会上展示了采用基本缝褶工艺创作的服装，造型夸张。在图5.84a中，透明硬纱上的褶裥在模特身上形成一个透明的外壳，看上去是用条状面料采用连续的缝褶工艺创造出来的。当完成每条面料的缝褶操作后，就按照服装的结构造型将每条褶裥面料穿插连接起来。在图5.84b中，维克托和罗尔夫运用基本缝褶工艺创造出一件富有立体构成感的羊毛外套。肩部的圆片（运用圆形基本缝褶工艺）是单独制作完成后，再附加到服装上的。

5.84a 维克托和罗尔夫2011年秋季时装发布会上的基本缝褶工艺服装

5.84b 维克托和罗尔夫2011年秋季时装发布会上的基本缝褶工艺服装

捏褶是在面料表面手工缝制出曲线、尖角或直线的线迹，从而形成一定面料起伏形态的缝褶方法。它富于变化，可以按照任何线迹缝出褶皱：实现线迹的汇聚、交叉，并可以从面料上的任何位置开始和结束（图5.85）。

5.85 明特设计的一款2013年秋季女装成衣

弹力面料或斜裁面料的捏褶效果往往最好，因为能够轻微拉伸的面料会给缝制提供一些便利，使弯曲的图形操作更容易实现。

工具与材料

图5.86展示了进行捏褶操作所需的工具与材料。

- 消色笔
- 面料
- 针
- 剪刀
- 缝纫线

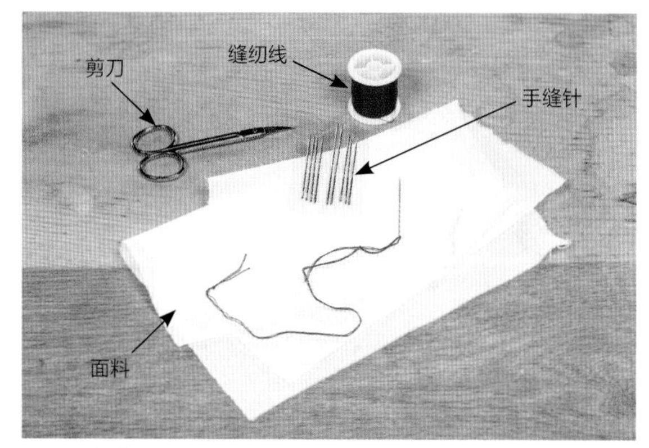

5.86 捏褶所需的工具与材料

操作空间

- 任何操作空间都适合于捏褶操作

捏褶工艺操作指导

1.确定所需面料的大小。需要事先做一个样片，因为所需面料的大小取决于褶皱的数量、大小和形状。

2.使用消色笔（预先在面料上测试，以确保笔迹能够完全消失）将图形转移到面料上。

3.选择合乎设计要求的手缝针及线色。当线色与面料的颜色相匹配时，会产生很好的褶皱效果。不过，出于演示的目的，在以下示例中线的颜色都具有明显的对比性。

4.将线打结，从面料的反面穿出，保持褶皱的高度始终一致。

怎样捏缝出更宽或更大的褶皱

要捏缝出更宽或更大的褶皱，效果往往难以控制，容易使面料产生多余的褶皱。虽然这些褶皱的形态在某些情况下是令人满意的，但如果需要创造出平顺的线形，就要考虑使用斜裁或具有轻微弹力的面料。

5.按照画好的标记线捏起面料，用针穿过捏起的两层面料，使缝出的线迹与标记线始终保持平行。

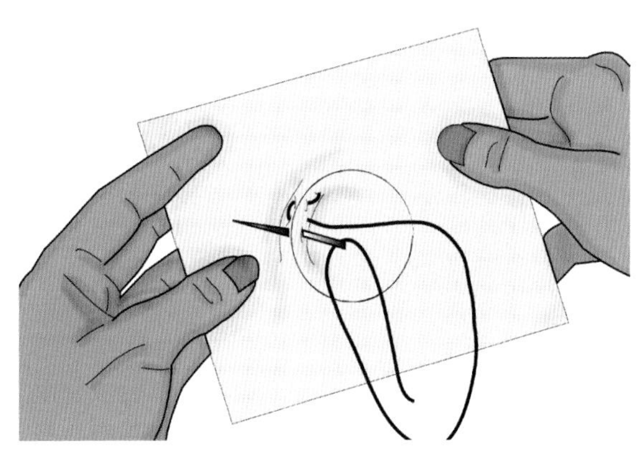

5.87 按照标记线捏起面料进行手工缝制，使缝线与标记线始终保持平行

6.继续缝制，针距大小取决于面料材质以及所期望的褶皱效果，更长的针距会产生更多的褶皱。

7.确保在缝制过程中拉紧缝线，但不要拉得过紧以免产生多余的褶皱。

8.完成对标记线的捏褶操作后，将线穿到面料反面打结。

5.88 继续缝制直到完成对图形的捏褶操作，注意线不要拉得过紧以免产生多余的褶皱，在面料反面将线打结

9.几乎任何图形都可以通过捏褶工艺实现，对于复杂图形，用针织面料和斜裁面料的效果更好。

案例

图5.89~5.91展示了捏褶的不同效果。

5.89 运用捏褶技法能够轻易地缝制出弯曲的线形

5.90 在缝制成品褶皱前，可以像这样缝线，以观察捏褶的形态

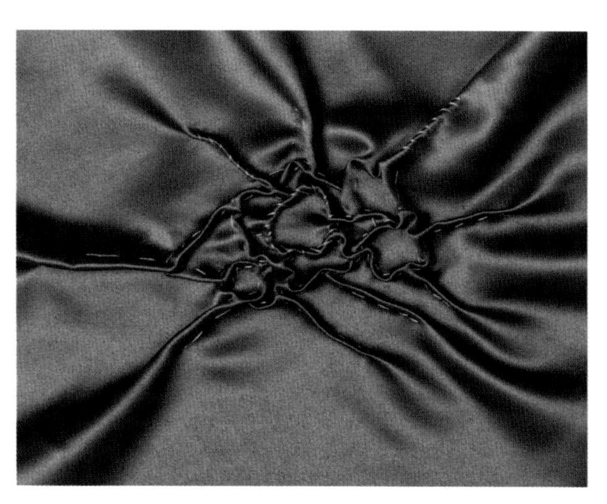

5.91 对真丝缎进行捏褶操作的例子

设计师简介：玛德琳·薇欧奈

玛德琳·薇欧奈是一位法国设计师，在20世纪30年代因为斜裁服装而著名。斜裁是按照45°裁剪面料，使面料具有一定的拉伸性，从而使服装的裁剪结构更精确。尽管薇欧奈是一位极简主义者，她设计的衣服却具有精美的细节，捏褶的应用就体现了她的感性设计：精美的手工捏褶在面料上创造出复杂的几何图形，使服装更加贴体，参见图5.92。捏褶技法在斜裁服装面料上的运用效果最好，因为轻微的拉伸力能够帮助捏褶实现更复杂的图形变化。当面料具有轻微的弹力时，褶皱会更加整齐和均匀，即便在梭织面料上进行曲线造型的捏褶操作也往往不会产生皱纹。

5.92 玛德琳·薇欧奈于1926年创作的红色真丝绉服装，展示了她由此闻名的复杂捏褶

褶饰

运用褶饰工艺操作能够产生精细的褶皱形态。英式褶饰类似于平行缩褶，只是增加了一个步骤，即用刺绣装饰针法固定褶裥。格子状褶饰是通过手缝技巧在面料反面将线抽紧使面料皱缩，形成立体布纹。有时格子状褶饰的缝线线迹比较明显，这有助于对褶皱进行造型与结构上的安排。

褶饰工艺因为本身具有弹性，在18、19世纪得到普遍应用。在松紧带被发明之前，褶饰工艺是唯一能够缚住面料并仍然允许身体运动的方法。最初，它应用于劳动者的工作服上，使身体活动自由而灵活。但是，随着工业革命开始的机械化生产，劳动者不必再穿着这样的工作服，这时褶饰工艺的装饰功能开始取代实用功能，主要应用于女性服装上的胸口、袖子或领口部位（图5.93）。

5.93 19世纪70年代的一件日常服装，展示了工作服如何影响了时尚。褶饰工艺最初是在乡村地区使用，由劳动者穿着，由于都市人向往乡村生活的纯朴，褶饰工艺便逐渐成为流行服装的装饰工艺

英式褶饰的制作过程分为两步，首先使用直线线迹使面料产生狭长的褶裥（类似于平行缩褶）。然后运用刺绣工艺缝制固定褶皱的形态（参见第6章以获取对各种刺绣针法的详细说明）。英式褶饰经常出现在童装上，应用在女装上则会产生童稚的甜美风格（图5.94）。它也可以应用于家居纺织品，尤其是窗帘和床单上；或者应用在配饰上，如手提包（图5.95）。大多数面料都适合运用英式褶饰工艺，通常面料越厚，褶皱的起伏越明显。

5.95 宝格丽在2013年春季手袋发布会上应用英式褶饰的手提袋

5.94 Miu Miu在2012年春季时装发布会上的服装运用了英式褶饰，让面料完全贴合身体

工具与材料

图5.96展示了进行英式褶饰工艺操作所需的工具与材料。

- 消色笔
- 绣花绒线
- 面料
- 手缝针
- 剪刀
- 手缝线

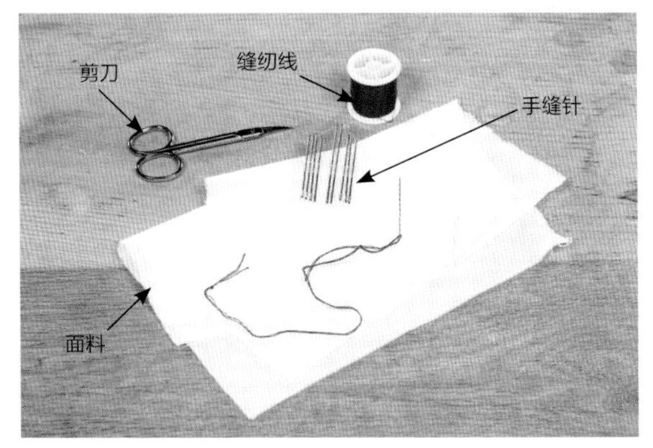

5.96 英式褶饰工艺所需的工具与材料

操作空间

- 任何操作空间都适合褶饰工艺

英式褶饰工艺操作指导

1.预估所需的面料尺寸，大约三倍于成品的宽度，做一个样片帮助确定尺寸。

2.在面料上设计出平行线，使用消色笔在平行线上作出标记点，这些标记点表明了缝合位置。

3.沿着面料标记点手工缝线，针线从前一个点穿出，在下一个点穿入。

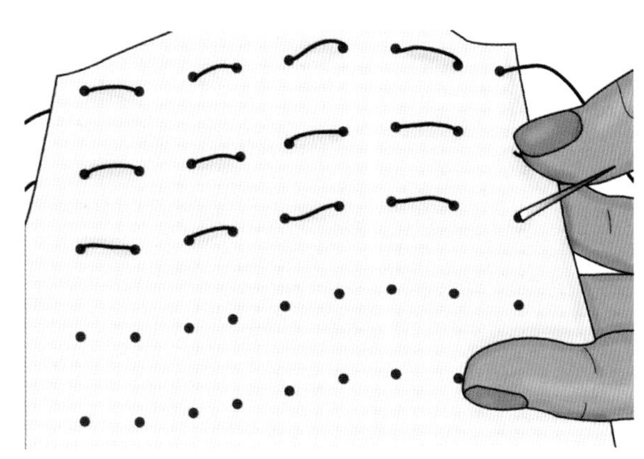

5.97 手工缝制面料，使针线从前一个点穿出，在下一个点穿入

4.按照标记点缝制结束后，把面料一侧的所有线头打结系在一起。

5.按住一侧线结，慢慢地沿着这些缝线抽缩面料（参见本章关于平行缩褶的相关内容介绍以获取更多信息）。

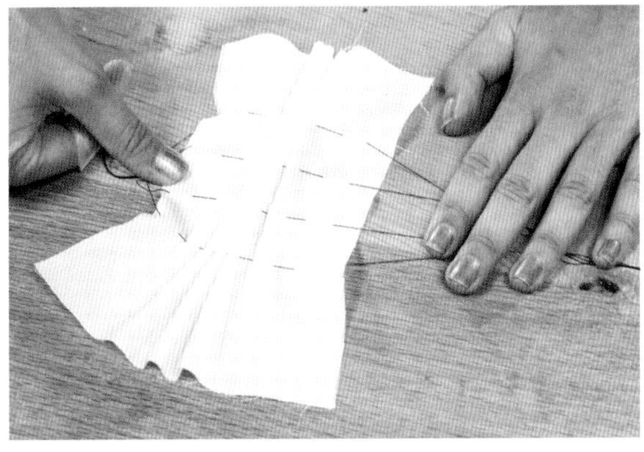

5.98 将面料一侧的所有线头打结系在一起，慢慢地沿着这些线抽缩面料直到产生整齐的褶裥

6.在面料被抽缩后，分别系住面料两侧的线头，仔细地调整褶裥形态，使它们均匀整齐，并用电熨斗蒸汽熨烫固定形状。

7.将刺绣针穿上绒线，在线尾打结。

8.针线穿过两个或两个以上的褶裥，向回绕一圈后进针，穿过这组褶裥后出针。缝制时要注意使针缝线迹与折叠边脊保持同样的距离。

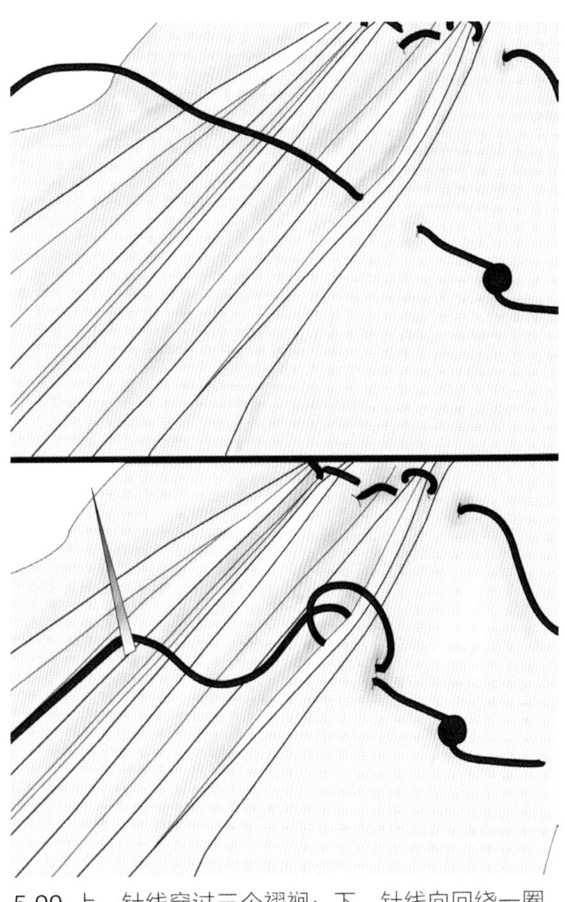

5.99 上：针线穿过三个褶裥；下：针线向回绕一圈后进针，再次穿过这三个褶裥后出针

9.针线继续穿过下一组褶裥，按同样的方式绣缝，直到完成这一行的缝线操作。

10.下一行不要在同一组褶裥上绣缝，将褶裥错开，以产生蜂巢状的褶皱形态。

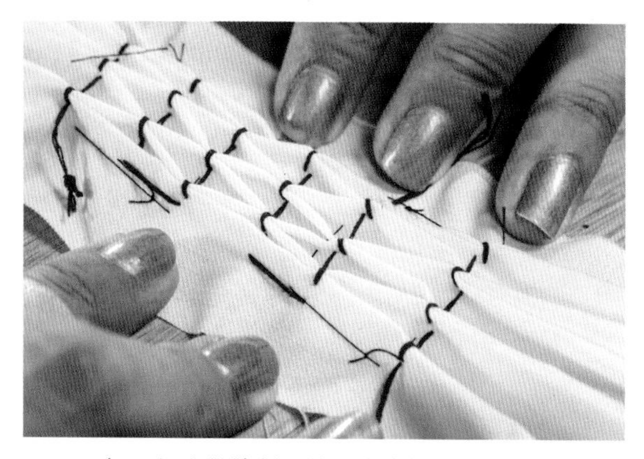

5.100 每一行交替缝制，从而产生蜂巢状褶皱形态

案例

图5.101展示了英式褶饰的各种线迹，图5.102展示了英式褶饰的刺绣线迹。

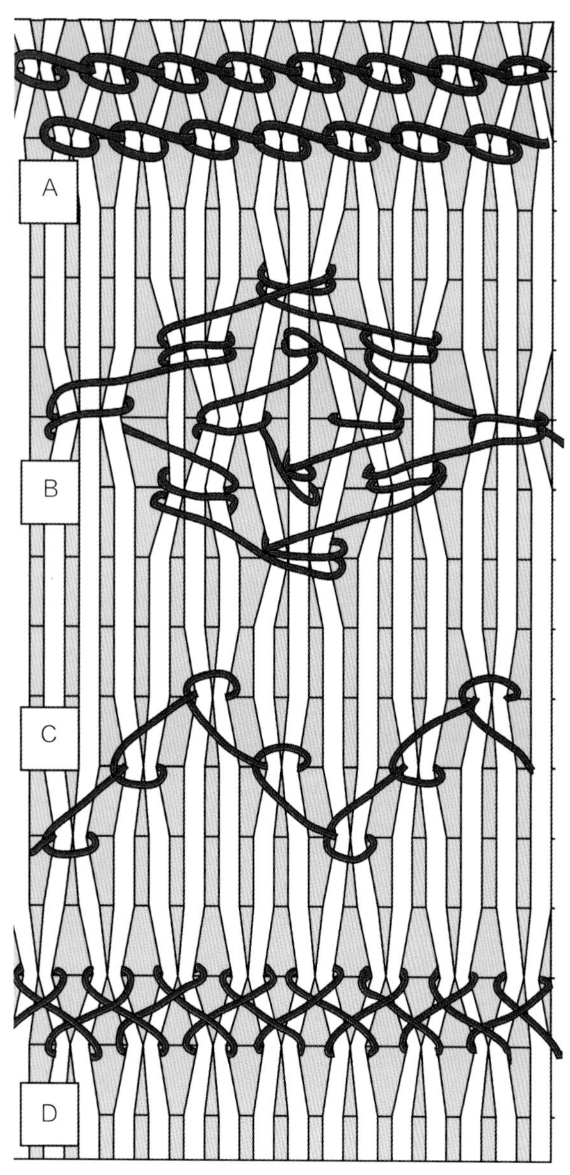

5.101 英式褶饰的各种线迹。A：锁链式线迹；B：菱形线迹；C：羽状线迹；D：交叉线迹

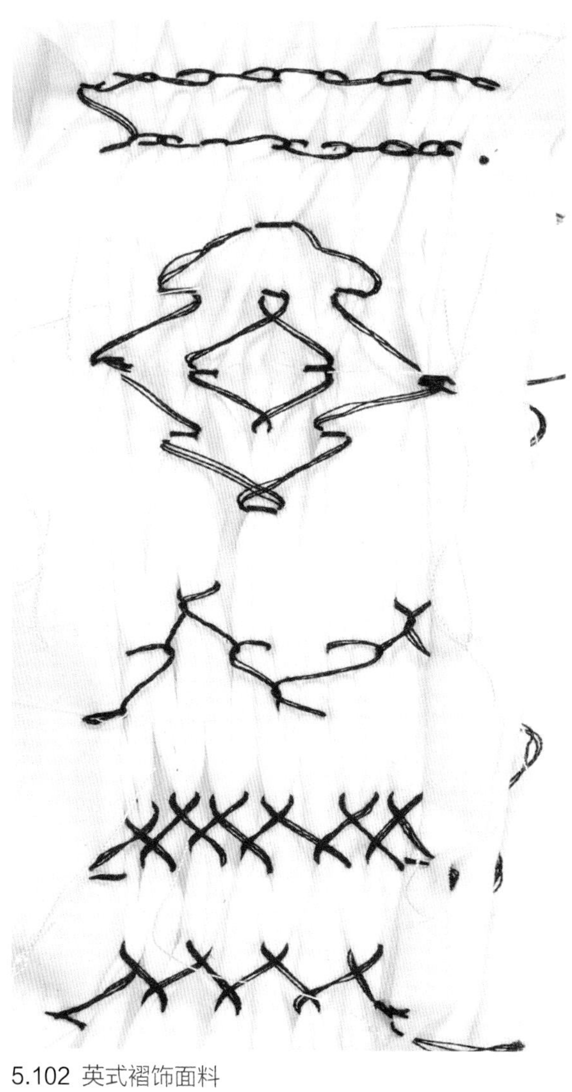

5.102 英式褶饰面料

格子状褶饰操作可按照富有逻辑的、精确的方式用线连接网格上的标记点，当线被拉紧时，某种褶皱形态便会出现。格子状褶饰本身不产生弹性，除非使用橡皮筋代替传统的缝线。格子状褶饰可以应用在服装上的任何部位，但最适合的地方是紧密贴合身体的位置（图5.103a和b）。

5.103b 宝缇嘉2007年春季时装发布会上的服装细节

5.103a 宝缇嘉2007年春季发布会上的服装，在素色裙装上运用菱形褶饰收掉了腰部多余的松量

工具与材料

图5.104展示了进行格子状褶饰操作所需的工具与材料。

- 消色笔
- 面料
- 手缝针
- 剪刀
- 手缝线

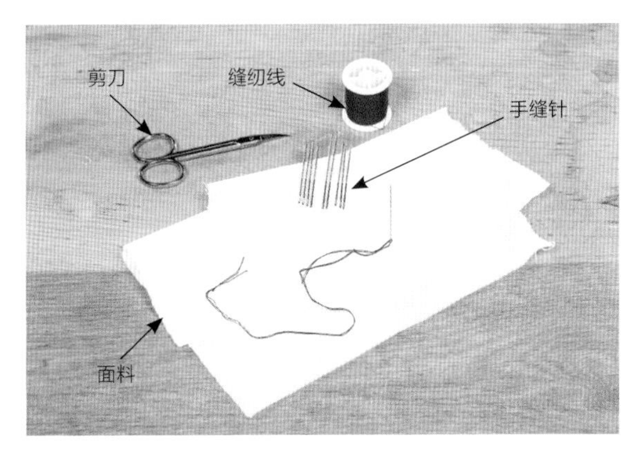

5.104 格子状褶饰所需的工具与材料

操作空间

- 任何操作空间都适合格子状褶饰技法

格子状褶饰操作指导

1.从图5.105中选择一个网格图形。

A

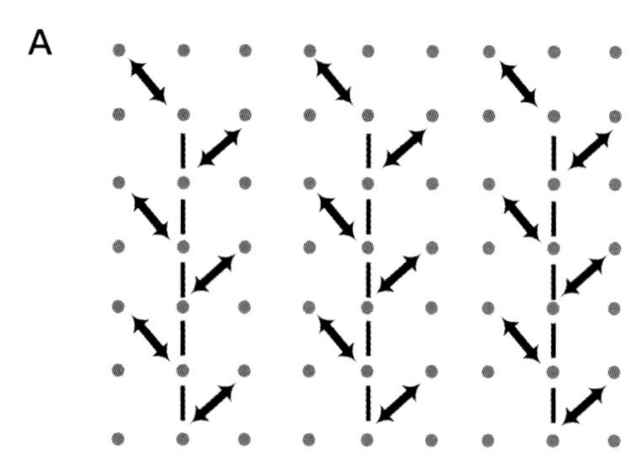

B

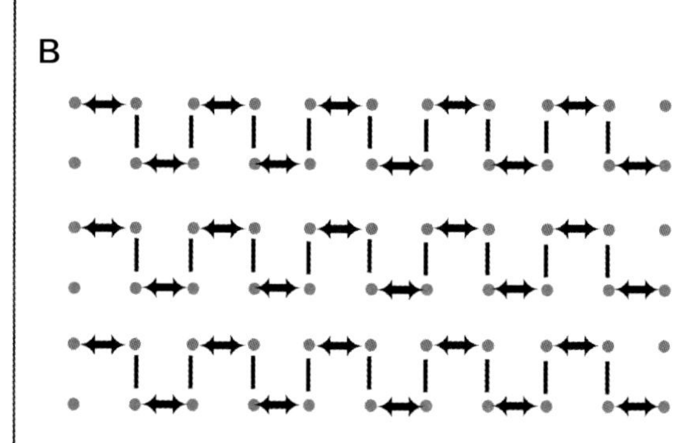

C

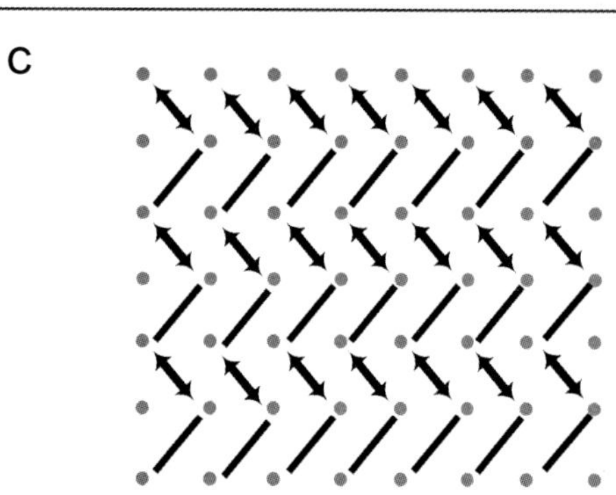

D

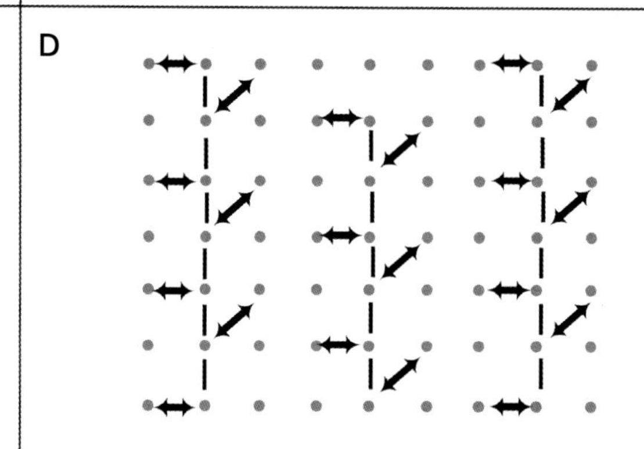

5.105 网格图形

2.确定所需的面料尺寸，约为最终成品的1.5~3倍大小。

3.在面料的反面使用消色笔作标记点，下面的例子是按照网格图形A操作的褶饰。

4.遵循图形的操作路径，从点1开始施缝，将线打结，用针从起始位置的点1挑缝少量面料后穿出。

5.106 将线打结，用针在点1位置挑缝少量面料后穿出

5.针线移动到点2，在针上挑缝少量面料后穿出，回到点1挑缝少量面料。保持将针尖指向拉线的方向。

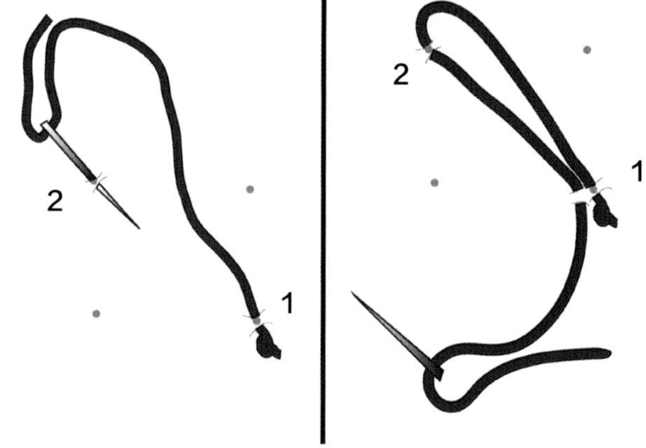

5.107 针在点1挑缝少量面料后穿出，在点2挑缝后回到点1，再次在点1挑缝少量面料

6.用针线将点1和点2拉在一起，以小针脚线迹缝一针固定。按照图5.105A的指示箭头操作。

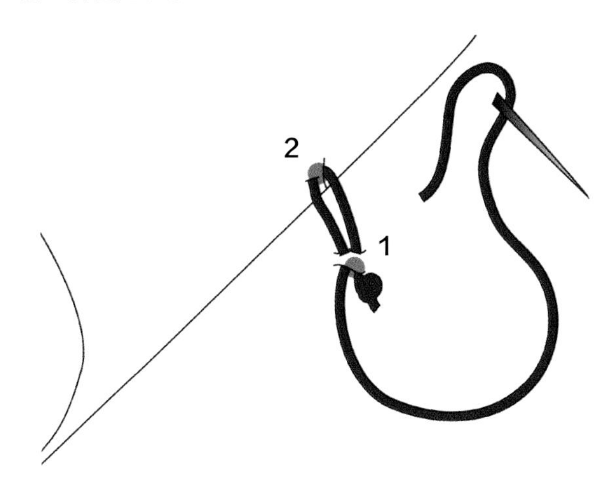

5.108 将点1和点2拉在一起，用小针脚固缝一针

7.将针移动到点3，挑缝少量面料，不要把线拉紧。再将针移动到点4，挑缝少量面料后回到点3，再次在点3挑缝少量面料。

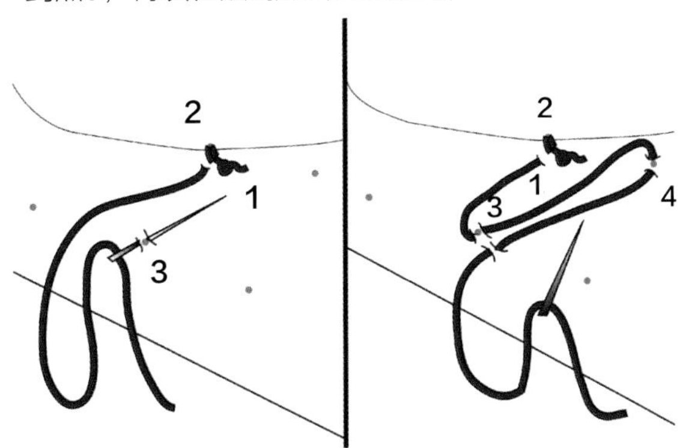

5.109 将针移动到点3，挑缝少量面料，然后移到点4，挑缝少量面料后回到点3，再次挑缝少量面料

8.用针线将点3、点4拉到一起，以小针脚线迹缝一针固定。

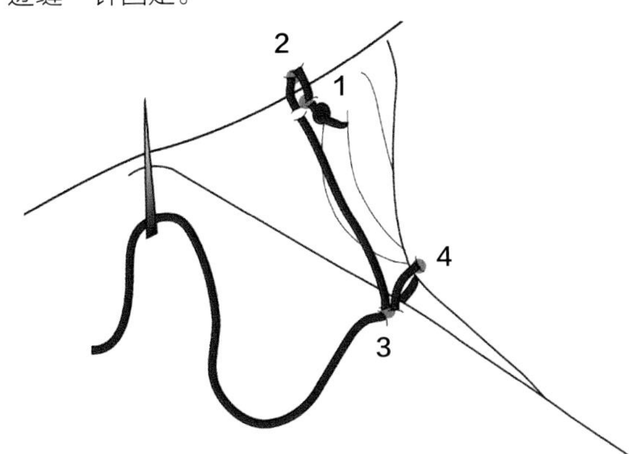

5.110 将点3和点4拉在一起，用小针脚固缝一针

9.按照图示继续操作直到完成。面料正面将会出现辫子形纹理，被称为辫子纹褶饰（见图5.113和5.114）。

花瓣形纹理制作指导

1.使用消色笔在面料正面绘制方格。

2.从面料正面出针，在方格的四个点上分别挑缝少量的面料。

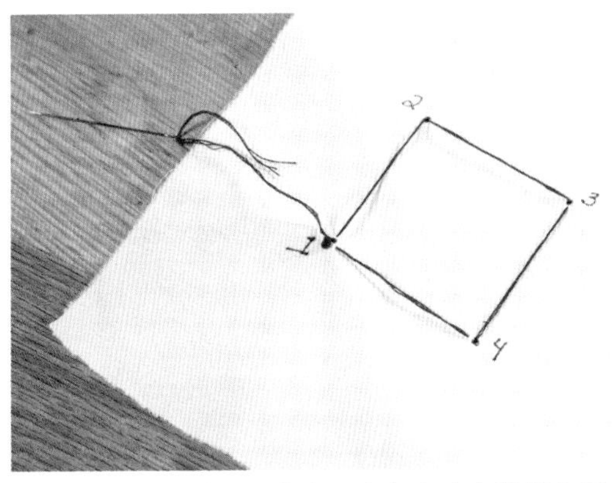

5.111 针从面料正面穿出，在每个点上挑缝分别少量面料

3.当形成一个正方形线迹时，用针线将四个点拉在一起。

5.112 当形成一个正方形线迹时，将线拉紧

案例

图5.113和图5.114展示了格子状褶饰的变化形态。

5.113 辫子纹褶饰

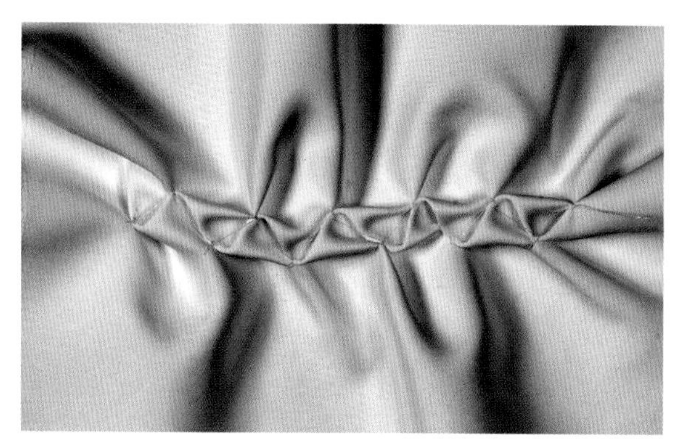

5.114 菱形纹褶饰

学生实践计划

1.样本册：制作6个面料样片，从本章介绍的内容中选择6种面料处理工艺制作样片。因为褶皱操作需要更多的面料，所以需要预先确定好所选面料的尺寸。选择不同材质的面料和线进行操作来创造有趣的面料效果。将每个样片单独展示在一张纸板上，用文字概括出简要的操作过程，并思考下列问题：

- 如何取得更好的/不同的效果呢？
- 什么样的面料操作效果最好/最差？
- 完成的样片如何应用于服装、配饰或艺术作品中？

2.工艺组合：制作两个面料样片，每一个样片需从本章中选择两种工艺技法进行组合操作。例如，样片1可以在面料上进行捏褶操作后再叠褶；样片2可以将面料进行褶饰处理后再使用绗绳工艺。要跳出固有的思维模式，就需要多实践。一些组合相对来说更难操作，所以要记录你的操作结果，并准备好讨论如何改进每个样片，还要考虑样片的实际应用问题。经过组合工艺操作完成的样片，其应用功能如何？在服装或家居纺织品中的运用效果好吗？还是最适合纯艺术领域？

3.成为薇欧奈：玛德琳·薇欧奈因其斜裁服装上的复杂细褶而著名。选择任意灵感，创作出代表你自己设计意图的三个捏褶样片。例如，也许灵感来自于萨尔瓦多·达利，研究他的艺术，观察他那些将观众带到超现实意境中的线条和图形的运用方式，思考如何使用非常简单的线条和形状唤起同样的情绪。勾勒出一些设想的草图，从中选择三幅做成样片。在进行面料样片制作前，可以用面料和线进行试验练习，考虑颜色与造型设计上的互相配合。记录结果，思考完成后的面料样片在你的研究领域里如何应用。

关键术语

- 贴花
- 基本平行缩褶
- 喷胶棉
- 斜裁法
- 绗绳
- 格子状褶饰
- 弹性缩褶
- 英式褶饰
- 面料处理
- 缝纫机绗缝
- 带饰
- 拼布
- 捏褶
- 叠褶
- 绗缝
- 平行缩褶
- 褶饰
- 基本叠褶
- 基本缝褶
- 纸衬
- 凸纹布
- 缝褶

第六章　刺绣

目标：

- 掌握基本的刺绣针法
- 使用金属线刺绣
- 制作具有浮雕感的、有垫料填充的刺绣
- 从面料上抽出纱线并刺绣
- 使用缝纫机制作网状花边面料
- 使用缝纫机在面料上绣制粗线

刺绣是使用绣花线、纱线、缎带、金属线、稻草（图6.1）、青草或任何可以通过针眼的细长的“线”缝在面料表面或穿过面料的操作工艺。

与本书中介绍的其他技法不同，刺绣对环境的影响相对较小，因为通常使用的材料较少，请参考第216页的说明。

刺绣针法

早期的人类用针和线缝制兽皮制成简单的衣服以遮蔽身体，最终用针线缝制演变成了一种装饰工艺。早在青铜时代（公元前4 500—100年）和中国的周朝（公元前1 100—256年），刺绣工艺已经遍及西伯利亚和中东，并于12世纪传到了欧洲，用在宗教旗帜与宗教服装手臂部位的飘带上。没有接受文化教育的民众用刺绣来交流信息，如爱、信仰、希望。在男性主导的社会里，女性经常用刺绣来表达自己。16世纪由著名画家们绘制的刺绣蓝本被印刷出来销往世界各地。1834年，出生于法国城市米卢斯的约书亚·埃尔曼发明了绣花机，使刺绣从手工艺转变为商业化产业。

在现代，刺绣是服装和纺织品装饰的重要组成部分，虽然传统的基本针法保持不变，但使用的材料已经逐渐多样化，图案也日益复杂。当运用综合针法并结合珠饰技法进行刺绣时，使用丰富的线材和珠子可以创造出非凡的艺术作品。

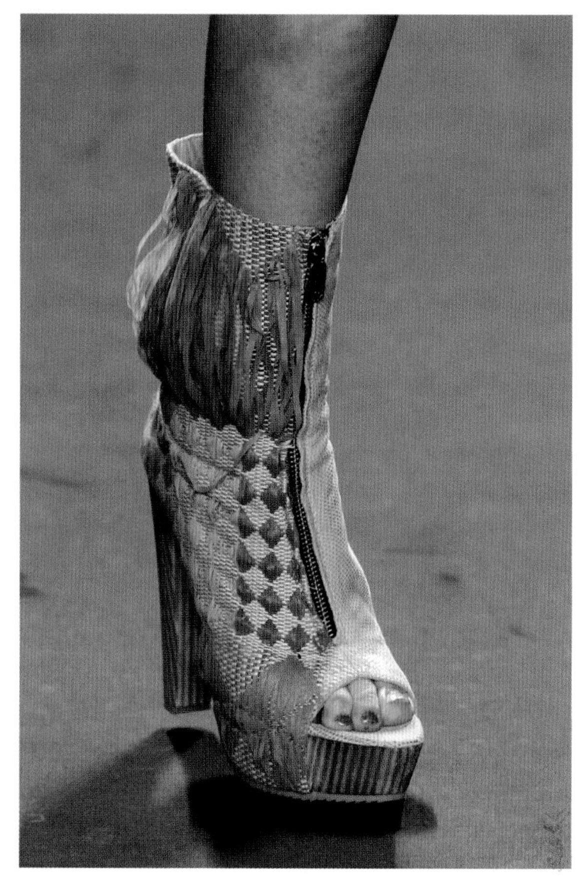

6.1 库斯托·巴塞罗那在2012年春季创造了这些以部落风格为灵感的高跟鞋，在鞋子侧面使用非传统材料——稻草刺绣出菱形缎纹线迹。为了增加更多的层次，他在鞋帮的上部用长而宽的稻草刺绣，在靠近鞋底的地方也添加了相对紧密的稻草线迹

工具与材料

图6.2展示了用于刺绣的工具与材料。

- 刺绣绷子
- 针。市场上的刺绣针有很多选择，但基本分为两类：第一类刺绣针也被称为长眼绣花针，针的长度中等，但针孔很长，所以很容易穿入松捻的绣花线；第二类为挂毯针或绒线针，这类针的针尖是钝的，针比较短，但针孔大，可以穿入羊毛线和丝带。
- 用于刺绣的面料
- 小绣花剪刀
- 纸衬
- 用于刺绣的绣线、纱线或丝带

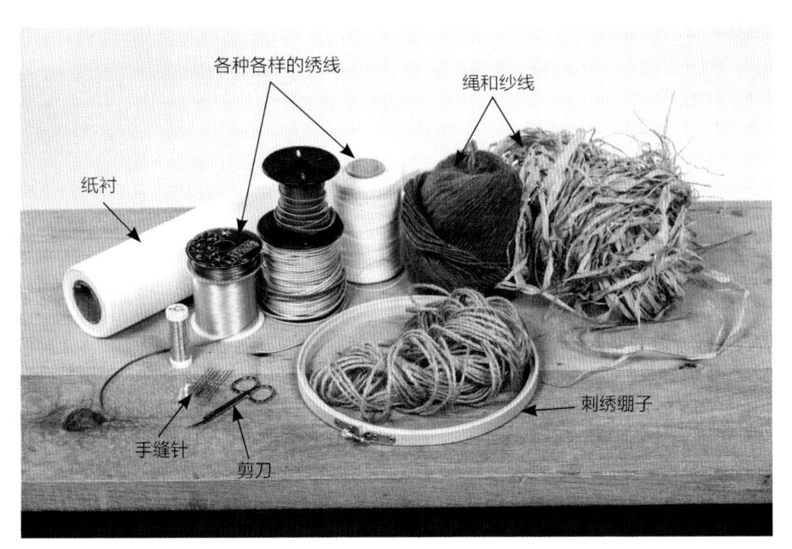

6.2 刺绣所需的工具与材料

对所有针法的操作指导

1.使用消色笔在面料上作出图形标记。

2.将线的一端打结，另一端穿过针孔，针孔大小应与面料、线相适合。

毯边锁缝针法常用于沿着毯子边缘进行缝制；也可以用于缝合若干面料，从而拼接成一幅更大的面料；或者用于装饰面料的任何部分。紧密的毯边锁缝针法通常被称为锁扣眼针法。毯边锁缝针法通常从左向右缝制。

毯边锁缝针法缝制指导

1.从点1出针，从点2进针，再从点3穿出，将线绕在针下从面料上抽针。均匀拉紧每一个线环。

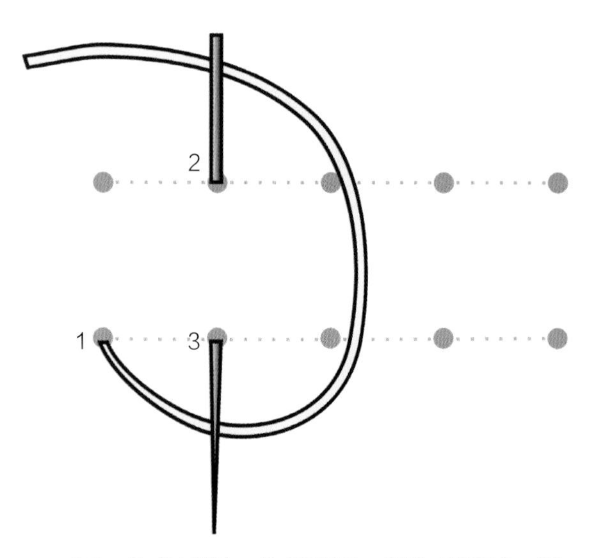

6.3a 从点1出针，从点2进针，再从点3穿出，将线绕在针的下方后从面料上抽出针线

2.继续向右缝制，直到获得所需的长度。结束缝制时从点4进针，在面料反面将线打结。

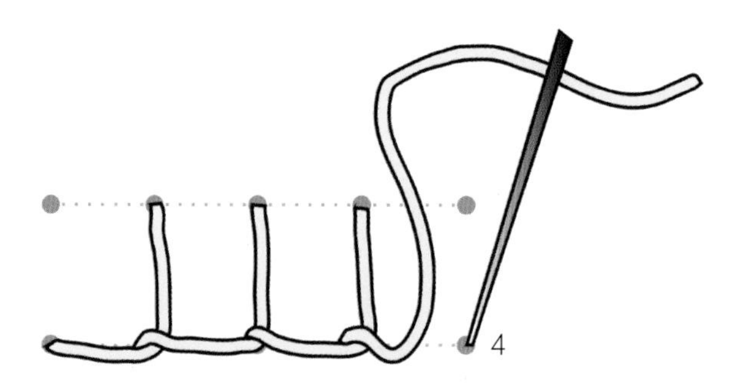

6.3b 继续向右缝制，直到获得所需的长度，在点4进针，结束缝制

案例

图6.4展示了各种各样的线材和不同线迹。

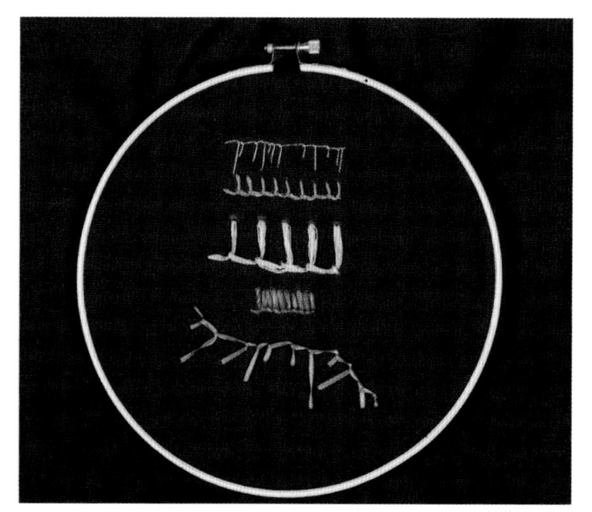

6.4 毯边锁缝针法。从上到下依次为：金属线、扁平的纱线、拉菲草、绒线、缎带

链式针法由一系列的线环组成，可以产生直的或弯曲的线迹，完成后形似一串锁链。针法运用通常可以从上到下进行。

链式针法缝制指导

1.针从点1穿出，在非常接近点1的位置（点2）穿入。针从点 3穿出时，从点1穿出的线在针的下方绕出一个圆环。

6.5a 针从点1穿出，从点2穿进，从点3穿出时，在针下方绕线，在点3位置将针线从绕出的圆环中拉出

2.在之前产生的线环内，在非常接近点3的位置插入针，再从点4穿出，按照前面的操作方法，在针的下方绕线。

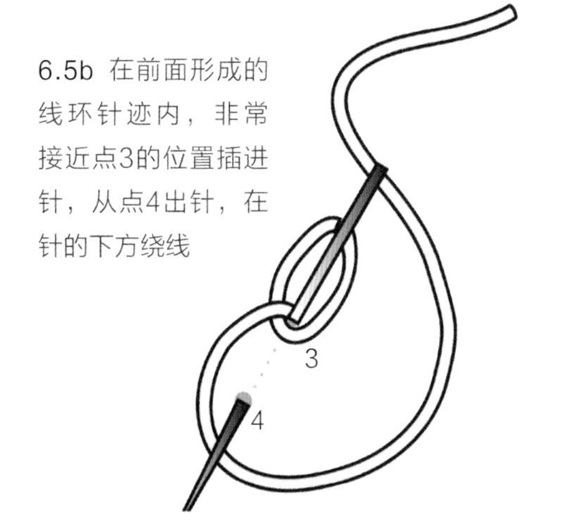

6.5b 在前面形成的线环针迹内，非常接近点3的位置插进针，从点4出针，在针的下方绕线

3.重复操作直到达到所需的线迹长度，每个线环的长度保持一致。

4.完成所需线迹，缝制结束时用小针脚固缝最后一个线环。

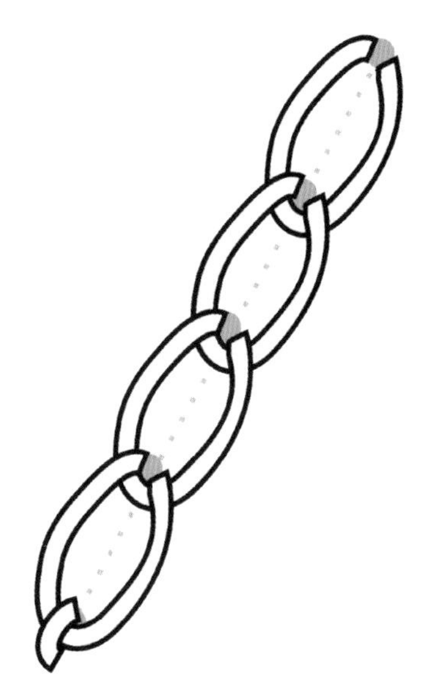

6.5c 继续缝制链式线迹，直到达到所需的长度，保持所有的线环均匀，在结束时用小针脚固缝最后一个线环

案例

图6.6展示了各种各样的线材和不同线迹。

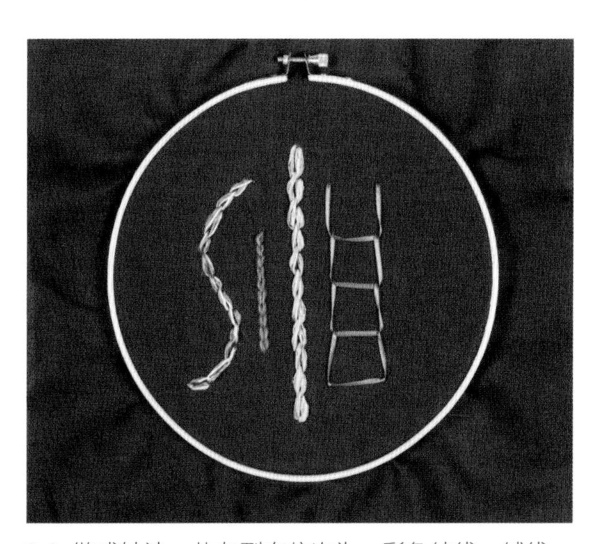

6.6 链式针法。从左到右依次为：彩色纱线、绒线、拉菲草和缎带

盘线绣针法，是将粗线或细绳放置于面料表面，用细线在上面以小而匀的针脚绣缝固定，通常可按照从左向右的顺序操作。

盘线绣针法缝制指导

1.将粗线或细绳放在面料表面。从点1穿入细线，注意要紧靠粗线的边缘，再从点2穿出。按照相同的间隔重复操作，直到粗线被完全固定住。

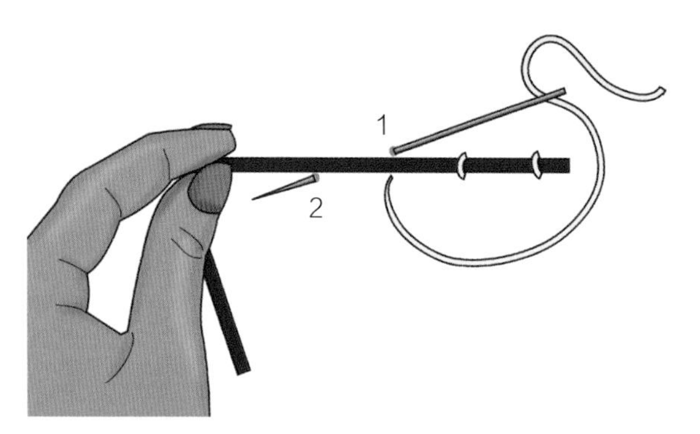

6.7 将粗线或细绳放在面料表面，用细线以小而匀的针脚缝制固定

2.在粗线转角的地方，用细线在转折点上以小针脚施缝一针。

案例

图6.8展示了用不同纱线和针脚大小绣制的盘线绣线迹。

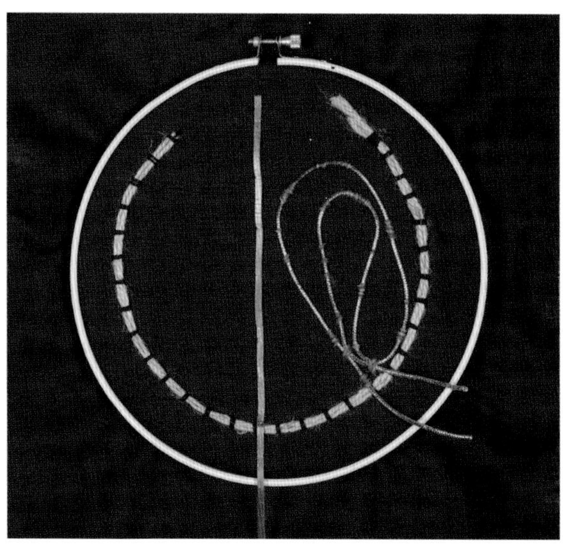

6.8 盘线绣针法。从左到右依次为：用绣花线固定的拉菲草，用鱼线固定的皮条，用绒线固定的金属绳

交叉针法形成X形交叉针迹，可以单独或成行缝制。

单独交叉针法缝制指导

从点1出针，点2进针，再从点3穿出，从点4穿入。

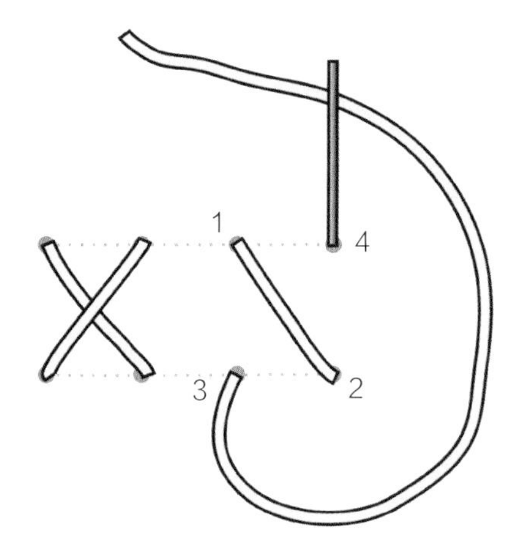

6.9 单独交叉针法：从点1出针，点2进针，再从点3穿出，从点4穿入，产生一个X形交叉针迹

连续交叉针法缝制指导

1.从点1出针，点2进针，再从点3穿出。继续操作，直到产生一排平行斜线。

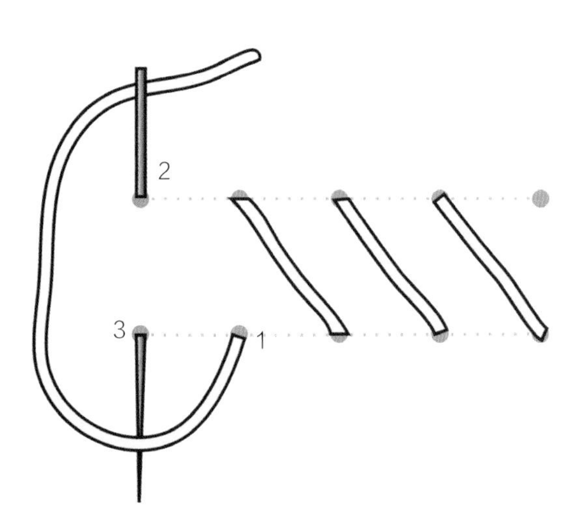

6.10a 连续交叉针法：从点1出针，点2进针，再从点3穿出，重复进行，直到产生一排平行斜线

2.在缝好一行斜线后，再反向进行操作，从点4进针，点5出针，重复进行，直到产生一排X 形线迹。

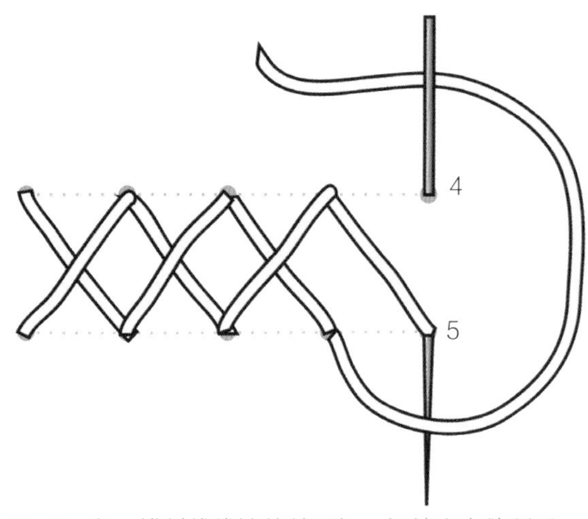

6.10b 在一排斜线线迹的结尾处，扭转方向缝制另一排斜线，从而产生一排X形线迹

案例

图6.11展示了用不同线材和针脚大小绣制的交叉线迹。

6.11 交叉针法。中：拉菲草交叉线迹；其他按顺时针方向依次为：用蓝缎带绣制的十字形交叉线迹，用浅粉色纱线绣制的紧密连排交叉线迹，用金属线绣制的星状交叉线迹，用绿绒线绣制的锯齿状交叉线迹

用法式线结针法能够在面料表面缝制出凸起的、点状的线结，常用于在画面局部添加装饰。

法式线结针法缝制指导

1.针线从点1穿出，将线在针上绕两到三圈。

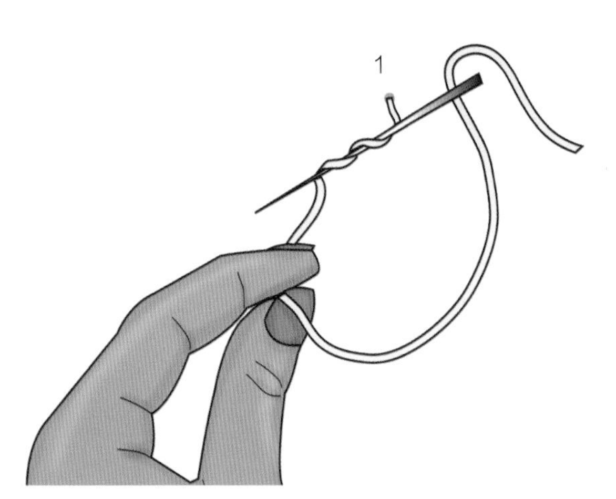

6.12a 从点1出针，将线在针上绕两到三圈

2.拉紧线尾，将针插入紧靠点1的位置，从面料反面将针线拉出，在面料正面形成饱满整齐的线结。

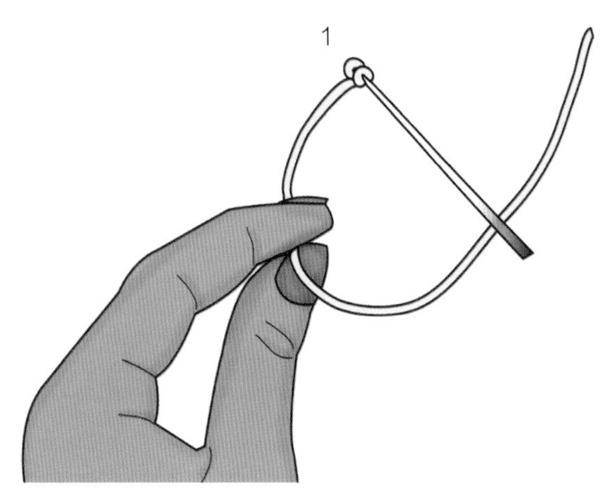

6.12b 拉紧线尾，在点1旁边插入针，再从面料反面拉出针线

3.制作较大的线结时，可以使用更粗的线。

案例

图6.13展示了使用各种线材绣制的不同大小的法式线结。

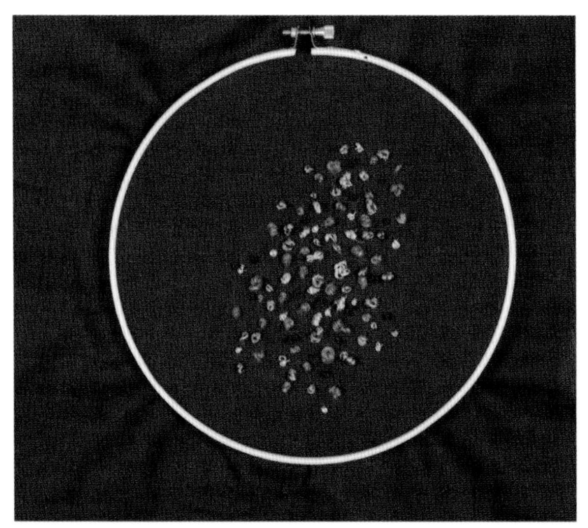

6.13 使用各种线材绣制的法国线结

使用缎绣针法缝制会产生牢固的线迹，常用于填充画面的空白区域，形成平行的竖直或倾斜排列线迹。

直线缎绣针法缝制指导

针从点1穿出，点2穿入，再从点3穿出。重复这个过程直到形成紧密的直线排列线迹。

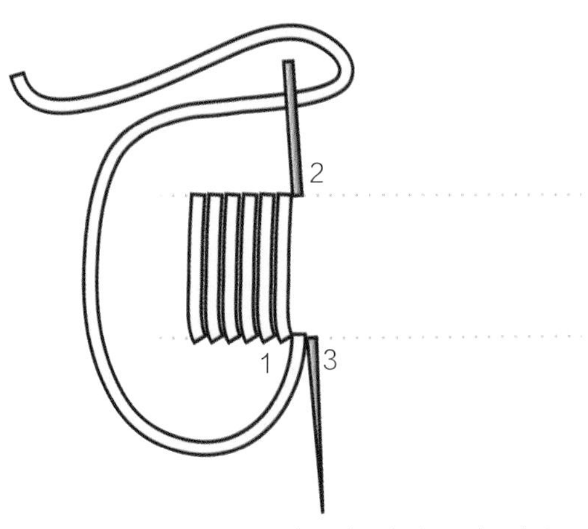

6.14 制作直线缎绣：针从点1穿出，点2穿入，再从点3穿出。重复进行，直到用线迹完成对图形的填充

斜线缎绣针法缝制指导

确定线迹倾斜的方向。从图形的中心开始，针从点1穿出，点2穿入，再从点3穿出。从中心向右缝制出平行的斜向排列线迹，再返回到中心向左缝制。

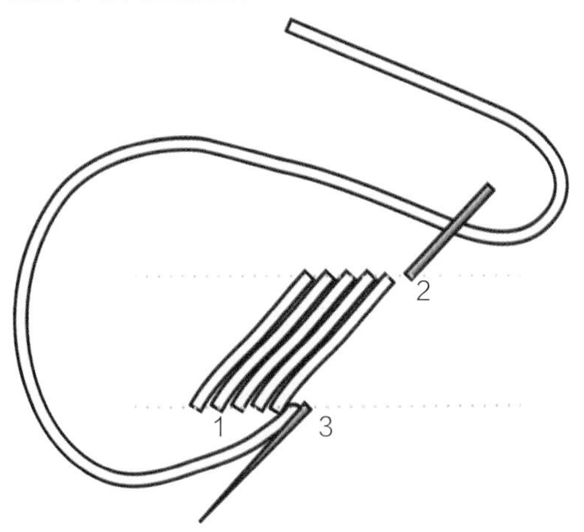

6.15 制作斜线缎绣：从中心开始向右绣缝。针从点1穿出，点2穿入，再从点3穿出

案例

图6.16展示了使用各种线材绣制的不同形态的缎绣线迹。

6.16 缎绣针法。从上按顺时针方向依次为：用绒线绣制的圆形直线排列缎纹线迹，用绿色绒线绣制的倾斜缎纹线迹，用蓝缎带绣制的参差变化的缎纹线迹，用拉菲草绣制的斜线对称缎绣线迹

皮革刺绣是指在皮革上操作上述任何针法。因为针不容易穿透皮革，所以在开始刺绣之前需要在皮革上穿出孔洞。

工具与材料

图6.17展示了在皮革上刺绣所需的工具与材料。

- 锥子或皮革打孔器
- 厚软木塞或切割板
- 绣线、纱线或丝带
- 橡胶锤
- 针

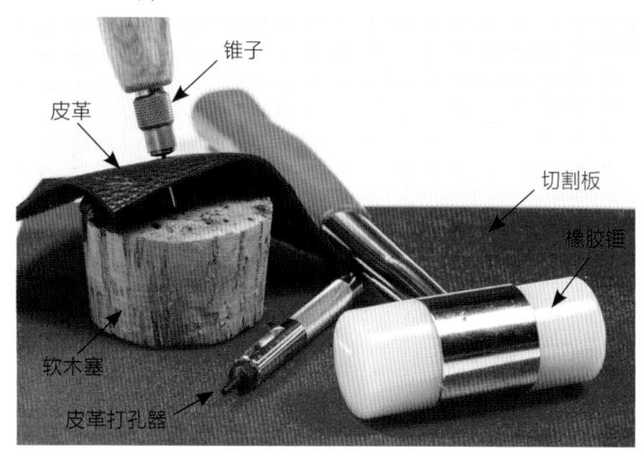

6.17 皮革刺绣所需的工具与材料

皮革刺绣缝制指导

1.在开始刺绣之前，需在皮革上按照一定的尺寸开孔，使线可以轻易地通过这些孔眼。用锥子和软木塞在皮革上钻出小孔，或使用皮革打孔器钻出更大的孔眼。

2.根据所选择的刺绣针法酌情确定开孔的位置，按照之前的针法缝制指导进行皮革刺绣创作。

案例

图6.18展示了在皮革上使用各种线材以及不同针法的刺绣例子。

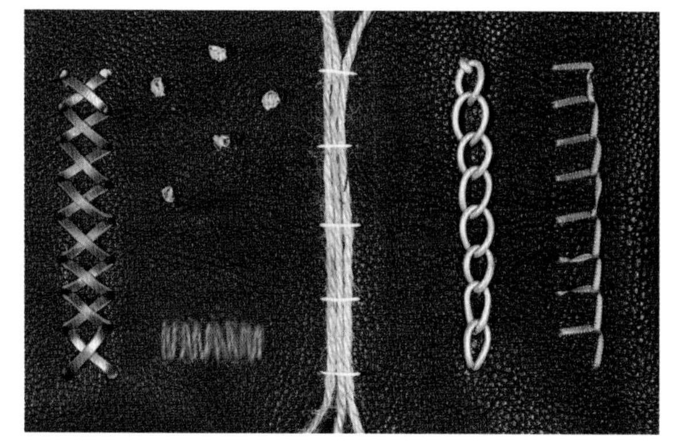

6.18 从左到右依次为：用皮条绣制的交叉线迹，用拉菲草绣制的法式线结，用绿色绒线绣制的缎绣线迹，用刺绣线通过盘线绣针法固定的黄麻绳，用皮条绣制的链式线迹，用蓝缎带绣制的锁绣线迹

设计师简介：梅森·莱萨基

阿尔伯特·莱萨基在1924年收购了Michonet刺绣工作室后创立了梅森·莱萨基刺绣工坊。莱萨基以其珠宝镶嵌刺绣闻名遐迩，在其职业生涯中，他创作了近25 000件作品。在20世纪30年代，阿尔伯特·莱萨基与埃尔莎·夏帕瑞丽一起创作服装和配饰上的刺绣（图6.19），作品体现了夏帕瑞丽的超现实主义风格。在阿尔伯特突然离世以后，他的儿子弗朗索瓦于1949年接管了工作。20世纪50年代，迪奥带来了新风貌：没有奢华刺绣的精致而低调的服装。尽管迪奥选择了与莱萨基的竞争对手合作，但一些设计师像巴尔曼和纪梵希仍然坚持与莱萨基合作，从而基本上保持了工坊的业务。20世纪60年代以来，在面料表面绣缝贝壳、皮革、木材和羽毛等非传统材料，产生了非常生动的立体效果。在20世纪80年代，手工刺绣与拼布、带饰以及缝纫机刺绣等工艺结合，综合工艺的刺绣从而变得非常流行。莱萨基创造出三维立体的刺绣效果，再一次满足了纺织和服饰行业的需求。

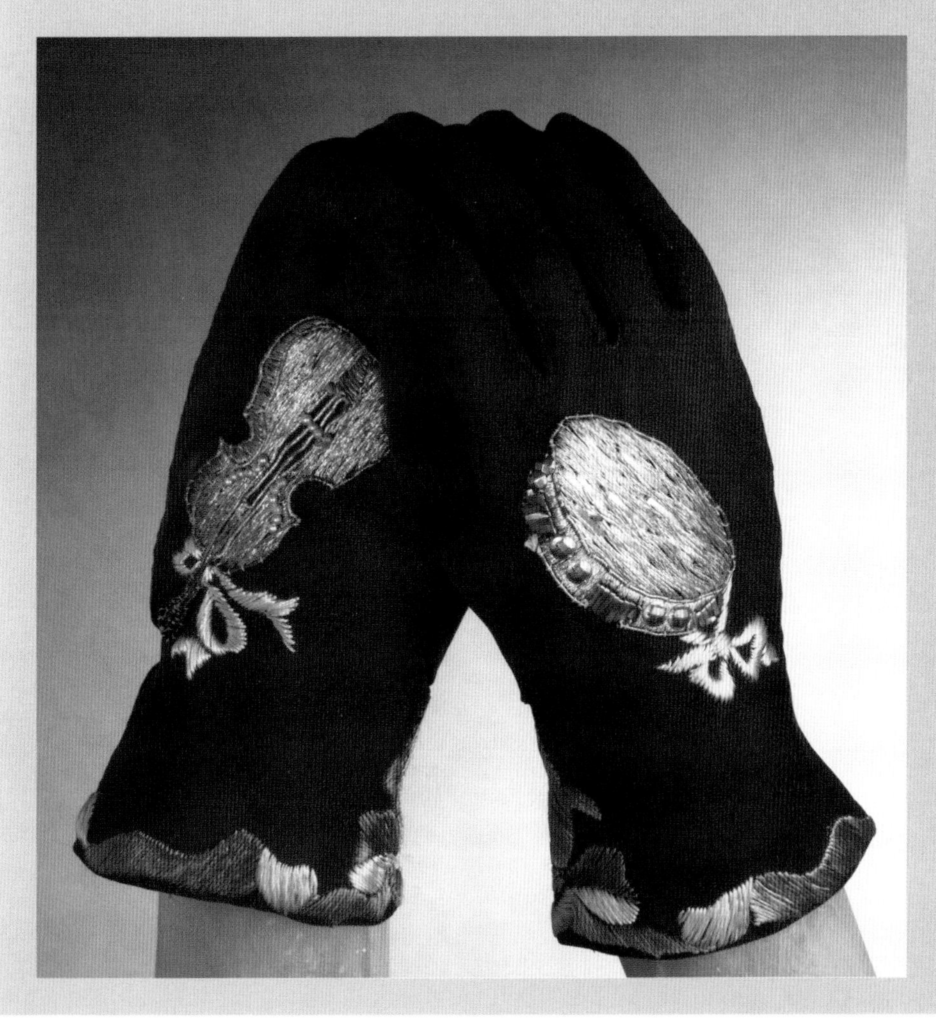

6.19 莱萨基创作的真丝绉手套，用金属线和丝线刺绣并用珍珠镶嵌装饰，用于埃尔莎·夏帕瑞丽1939年秋季作品展

秀场作品赏析：梅森·马丁·马吉拉2013年秋冬成衣作品

图为梅森·马丁·马吉拉2013年秋冬服装发布会上的刺绣服装。在图6.20a中，用粗纱线以随意的方式分层次刺绣，使粗犷的线迹在轻薄的面料上产生了绘画般的效果。面料上的长针脚线迹是用盘线绣针法缝制出来的，是用细线在一定位置固定粗纱线形成的。由参差变化的刺绣线迹创造出一片精致的“盔甲”，在非常轻薄的面料上用粗纱线刺绣，给轻薄的面料增加了重量，为了保持或稳固服装的款式结构，需要在面料反面添加粘合衬或其他衬料。图6.20b所展示的服装上采用粗纱线和其他线材，以一种更加可控的方式布置，主要使用了不同大小的链式线迹、缎纹线迹和毯边锁缝线迹。图案看似比较随意，实际上却经过仔细设计与安排。在图案上的某些区域，使用了混色线进行刺绣，有助于在同一种线迹下产生颜色的变化。

6.20a 梅森·马丁·马吉拉2013年秋冬作品发布会上的刺绣服装

6.20b 梅森·马丁·马吉拉2013年秋冬作品发布会上的刺绣服装

刺绣技法

与刺绣历史文化的发展有着密切关系的因素有：可用的材料、劳动者的技能和信息的传递。在这一节中将重点介绍几种刺绣技法，包括金属线刺绣、凸纹刺绣和抽纱绣。每种技法都非常独特，它们可以互相结合运用，以形成非常生动的刺绣效果。

金属线刺绣的效果也许是这三种技法中最引人注目的，历史上这种工艺制作的作品非常昂贵，只有非常富有的人才能使用。主要应用于教会服装、军装和贵族的纺织品上，在15世纪的西班牙、德国和匈牙利广为流行，既因为它的内在价值，也因为它的艺术价值，金属线刺绣所产生的浮雕形态给普通面料增添了立体效果。

凸纹刺绣，凸起或有衬垫的刺绣。始于15世纪，经常与金属线刺绣结合，应用于教会神职人员的外观奢华的服装上。在17世纪末期的英格兰，它非常流行，在服装、手袋、装帧和针垫上的凸纹刺绣是以花卉植物图案为主题，用珍珠和玻璃珠绣制的。

抽纱绣是利用面料自身的纱线进行刺绣操作。最早的抽纱绣起源于地中海周围的国家，传统上使用白色天然亚麻面料，因为亚麻面料的经纬分明。根据图案样式精心抽取面料上的纱线，松散的边缘则用白色的线进行缝制固定。在16世纪，英国人将蕾丝制作技术与抽纱绣相结合，通过线迹创造出复杂的图案。

每一种刺绣技法都需要经过实践操作才能掌握，实现一个设计往往需要进行大量的绣制工作。在使用任何刺绣技法创作成品之前，一定要做一些样片试验和观察效果。

金属线刺绣

金属线刺绣是使用中空或扁平的金银线进行图案绣制的刺绣工艺，也称为金银丝绣或盘金绣。

为什么要将金属线盘绕在面料表面

通常用盘线绣针法将金属线应用于面料的表面，以免破坏面料。

金属线刺绣的效果依赖于绣面的光线反射，可使用多样不同的金属线绣制以形成绣面丰富的层次感，以及不同起伏程度的浮雕效果。高浮雕的金属线刺绣通常要在一块单独的面料上绣制后，再应用到实际作品中，它可以与凸纹刺绣技法结合运用以产生更加生动的效果（图6.21）。

6.21 莱萨基为埃尔莎·夏帕瑞丽1936年冬季作品系列设计制作的这款服装采用了金属线刺绣。多种金属线和金箔片的使用令这件黑色羊毛夜礼服上装非常引人注目

工具与材料

图6.22展示了用于金属线刺绣的工具与材料。

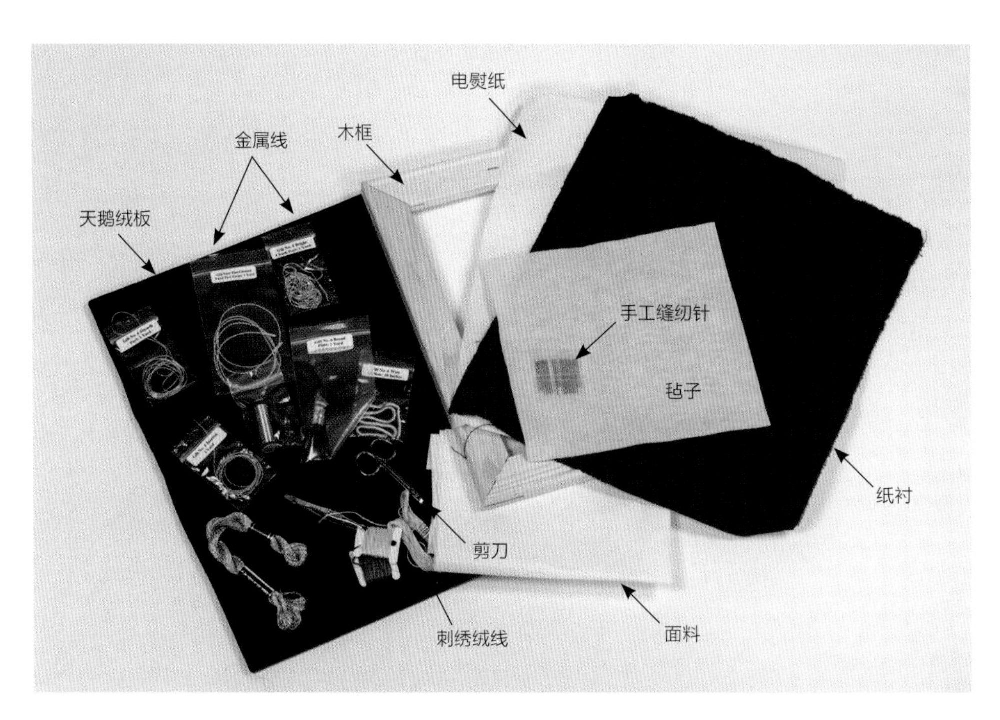

6.22 金属线刺绣所需的工具与材料

- 10号或11号针
- 双面粘合衬（电熨纸）
- 面料——比较厚重的面料效果最好，因为金属线比较重
- 金属线——4号螺旋扭股金线；6号精细的希腊式捻股金线；6号光滑的螺旋扭股金线；4号金丝线（见附录B，图B.42）
- 刺绣针（能够穿金属线的大孔眼粗针）
- 剪金属线的专用剪刀
- 金属色丝线
- 纸衬
- 镊子
- 使面料凸起的黄色毛毡
- 放置各种材料的天鹅绒板

金属线刺绣缝制指导

1.设计图形。确定哪些地方是凸起的区域（使用黄色毛毡填充），并确定将使用哪种金属线。

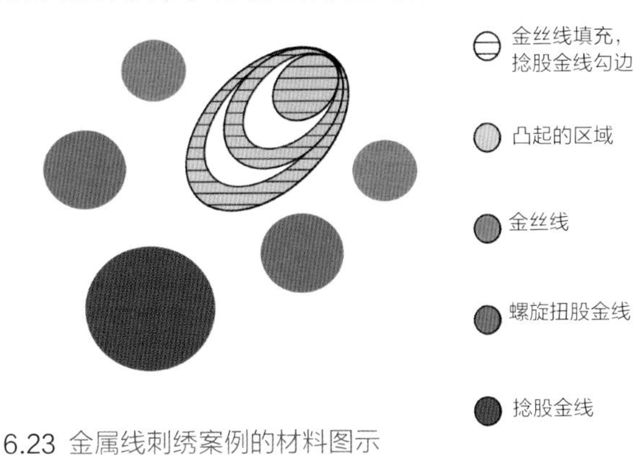

6.23 金属线刺绣案例的材料图示

2.使用细铅笔或253页附录A“转移图案的方法”中提到的任何方法将设计好的图形转移到面料上，这个案例使用了裁剪面料用的复写纸，因为面料是黑色的。

3.选择可撕型、适合面料重量的厚纸衬加固面料（见附录A，衬料，253页），这个案例使用了黑色帆布作为底布，所选择的纸衬厚度与一张纸的厚度类似。

4.将底布固定在木框上（见附录A，绷紧面料，254页）。

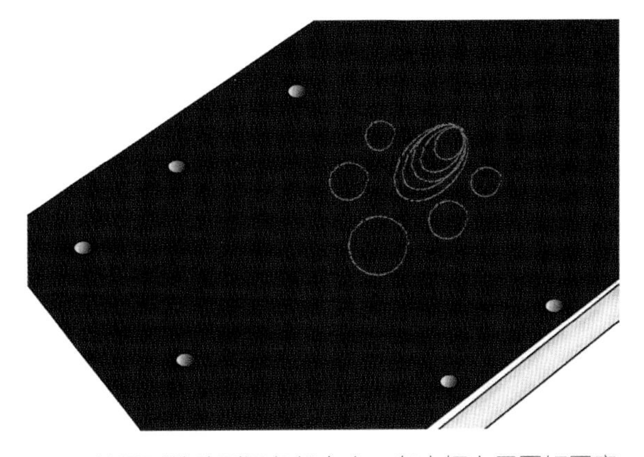

6.24 将图形转移到深色帆布上，在木框上用图钉固定绷紧底布

5.将图形转移到毛毡上，在毛毡反面附着电熨纸，按照图形剪出毛毡的形状。

6.通过熨烫，剪好的毛毡会粘在绷紧的底布上。在熨烫面料时，可使用毛巾握住木框以保持平稳。

7.使用刺绣绒线将毛毡缝合在底布上固定。

6.25 使用刺绣绒线将毛毡缝合在面料上

8.用一枚大孔刺绣针从底布反面穿出金线，将线头留在面料反面，刺绣的起始和结束都要如此操作，在面料反面将金线打结或用胶带黏贴以固定线头。

6.26 用大孔针在底布上刺穿一个小洞，将金线穿出，使线头和线尾留在面料反面，通过打结或用胶带黏贴固定

9.沿着剪好的毛毡边缘盘绕金线，使用希腊式捻股金线很理想，因为它的直径与毛毡面料的厚度相同，能够完全覆盖毛毡的边缘。

10.使用盘线绣针法按照毛毡的形状盘绕金线并针缝固定。

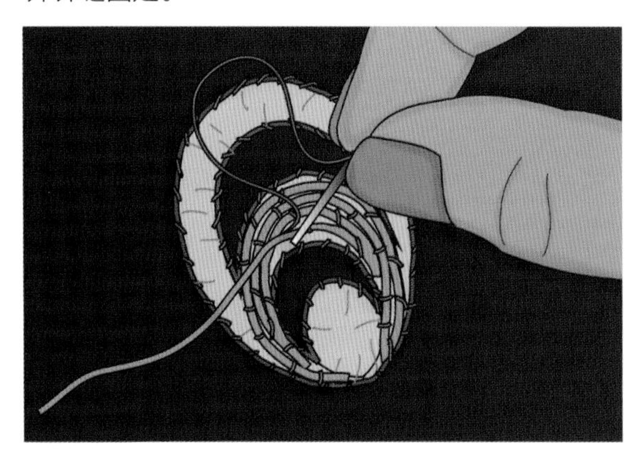

6.27 用盘线绣针法按照毛毡的轮廓缝制金线

11.将线头留在底布反面并固定，在面料正面将金线螺旋盘绕，卷出小圆圈，边绕边用盘线绣针法针缝固定。

6.28 将线头留在面料反面固定住，然后在面料正面以线头为中心慢慢地盘绕金线，同时用盘线绣针法缝制金线，直到获得所需大小的圆圈

12.任何种类的金属线都能够被卷绕出圆圈，使用每种金属线操作都会产生一个独特而生动的外观，请使用各种金属线自由地进行试验实践。

案例

图6.29展示了各种金属线经盘绕固缝后产生的生动效果。

6.29 以麦田怪圈为灵感，将各种金属线盘绕固缝在面料上

秀场作品赏析：蒂亚·思班尼 2013年秋冬成衣作品

在蒂亚·思班尼2013年秋冬服装发布会上展示了一件精美的毛线衣，上面运用了金属线刺绣技法进行装饰。凸起的花纹部分可以运用盘线绣针法绣制出来，通过将金属线材按照8字形卷绕加以缝制固定来实现。服装上明显的四条宽横带可采用另一种方法制作，先用编织技法编好每一条带子，再运用盘线绣针法将每条带子依次绣缝在服装表面。无论使用哪种方法，都需要使用纸衬或粘合衬，以避免服装面料被过度拉伸而变形。然而，有时纸衬或粘合衬也会使服装的刺绣部位失去其本身的自然弹性（图6.30）。

6.30 蒂亚·思班尼 2013年秋冬服装发布会

凸纹刺绣是任何凸起的刺绣或有垫料刺绣的总称，通常在布片下面添加衬垫，并扦缝在底布上而产生立体形态。几乎所有质地紧密的面料都可以应用凸纹刺绣工艺，但有些面料可能需要粘合衬，因为操作中的细节部分很多。

凸纹刺绣结合其他的刺绣技法时，效果会非常生动。它赋予设计师讲故事的机会，通过一个能被触知的场景，作品会令人产生立体空间外的遐想（图6.31）。

6.31 《撑伞的人》由罗斯格雷创作完成。首先，手工织出各块面料，然后将它们用小针脚针迹缝制成服装，使面料之间产生不同的纹理对比；接下来，将制作完成的主体部分缝到底布上；最后，将用铜线支撑起来的雨伞固定在底布上，使画面效果更加立体

工具与材料

图6.32展示了凸纹刺绣所需的工具与材料。

- 锥子或筷子
- 用作填料的棉絮（见附录B，图B.55）
- 刺绣绷子
- 刺绣线，一般由六根细线组成线束，通常会根据需要拆分出小束线，以方便绣缝（图6.33）
- 面料
- 毛毡
- 电熨纸（见附录B，图B.54）
- 手缝针
- 纸衬

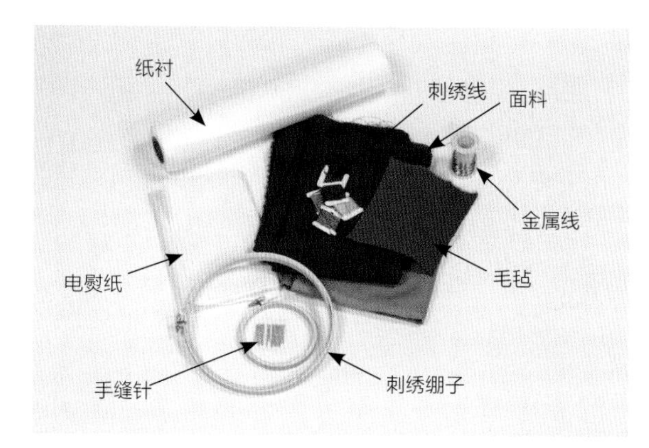

6.32 凸纹刺绣所需的工具与材料

6.33 将刺绣线拆分出小束

凸纹刺绣操作指导

1.设计图案，构思各部分图案的绣缝方式。确定哪些部分可以用毛毡做衬垫产生凸起；哪些部分需单独制作好，再填充棉絮并缝制在底布上。也可以单独用线形成凸起的线迹，以增加立体效果。

6.34 凸纹刺绣的线迹图示

2.确定将使用哪些针法。锁绣线迹或缎绣线迹通常用于紧密地锁住布边，以防止面料边缘脱丝。

3.需要有一个完整的背景图案（用于指示毛毡位置），以及各部分的分解图形。

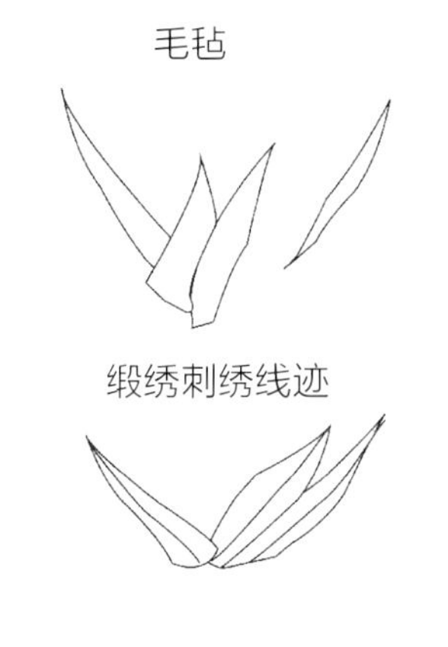

6.35 将图案拆分成各个部分，以便于剪布操作

4.选择面料和线。几乎任何面料都可以使用，但要足够结实。

5.将图案转移到底布上，标注毛毡和棉絮填充部分的位置。

6.将纸衬附着在底布反面。

7.用刺绣绷子绷紧底布。

8.用电熨斗将电熨纸熨烫在毛毡上，把毛毡剪成所需形状。

9.剥去毛毡上电熨纸的纸衬，用电熨斗熨烫毛毡，使毛毡粘在底布的特定位置上。从刺绣线中抽出一根单线（图6.33），沿着毛毡轮廓缝制边缘。仅仅使用一根线，从而使线迹不明显。

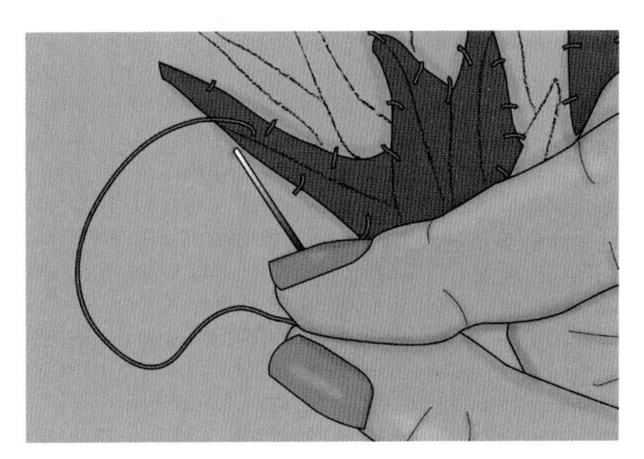

6.36 将毛毡熨烫到底布上，在毛毡边缘用小针脚针迹绣缝固定（见分线方法，图6.33）

10.用细密的毯边锁缝（锁扣眼针法）线迹覆盖住毛毡部分。

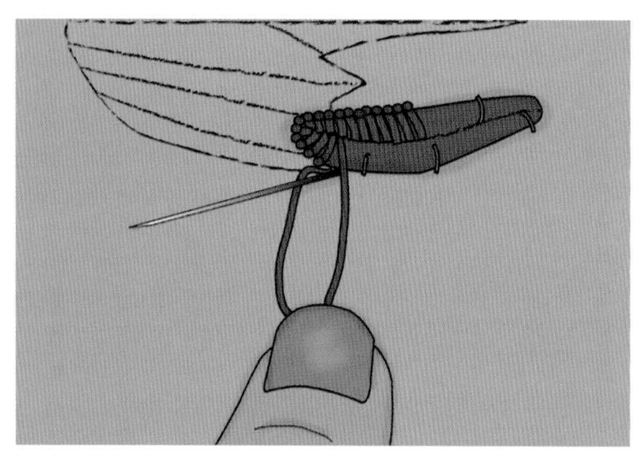

6.37 运用毯边锁缝针法（锁扣眼针法）在毛毡上密实地绣缝

11.接下来添加金属线。首先，将金属线的两端线头均穿入面料，用胶带在面料反面固定线头。按照图形摆放金属线，从刺绣线中抽出两三根线，运用盘线绣针法将金属线固定于既定位置。

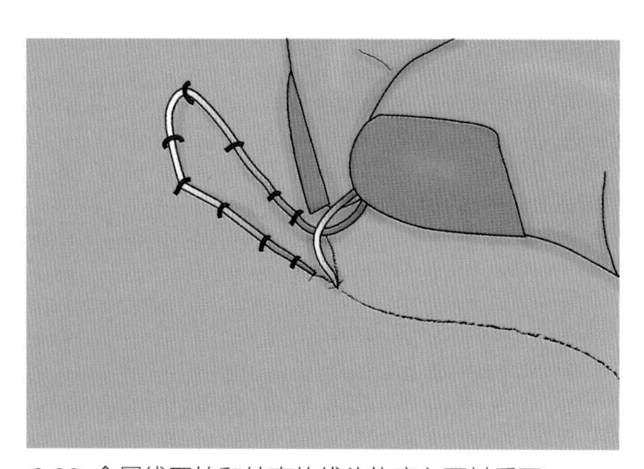

6.38 金属线开始和结束的线头均穿入面料反面

12.将三根线合股，左右交替地穿绕在金属线上，形成互相交织的线迹纹理。注意：这一步的穿线操作不要让针穿透面料。

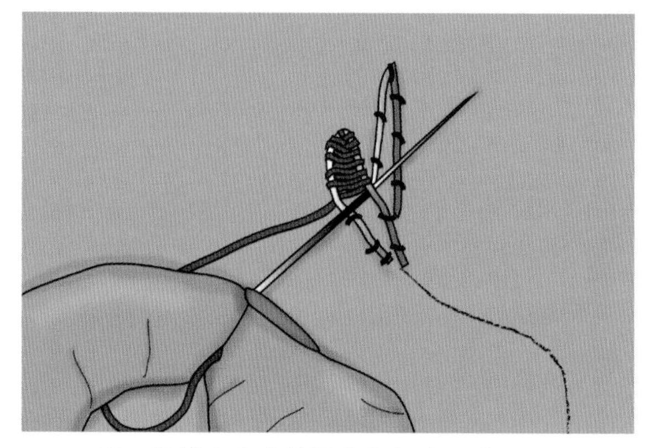

6.39 用三根线左右交替地穿绕在金属线上，形成互相交织的线迹纹理，将金属线紧密地包住

13.按照图6.34所示，运用设想好的刺绣针法绣缝底布上的图形，留下需要塞入棉花的图例区域保持不要处理。

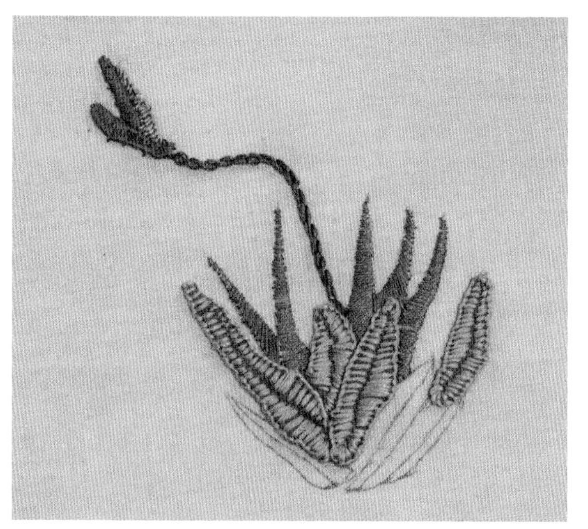

6.40 绣缝底布上的图形，留下需要填充棉花的区域不要处理

14.在第二个刺绣绷子上操作，从刺绣线中抽出三根线合股，在另一块面料上绣缝出缎绣线迹。

15.使用锋利的绣花剪刀，小心地从面料上剪下缎纹线迹的绣片，注意在靠近线迹的地方剪，但不要剪断上面的任何线。

6.41 在另一个刺绣绷上操作，在面料上绣出既定图形，并小心地沿轮廓剪下

16.将剪好的绣片沿着轮廓边缘缝合到底布上，留下一小段开口用来塞入棉花。

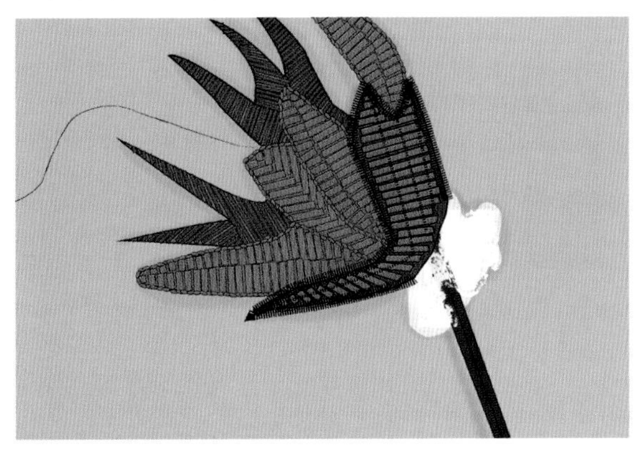

6.42 沿着绣片的轮廓边缘缝制，留出一个小缺口，使用锥子或筷子向缺口内塞入棉花

17.将开口缝合，使绣片完全固缝在底布上。

案例

图6.43展示了这幅完整的凸纹刺绣作品。

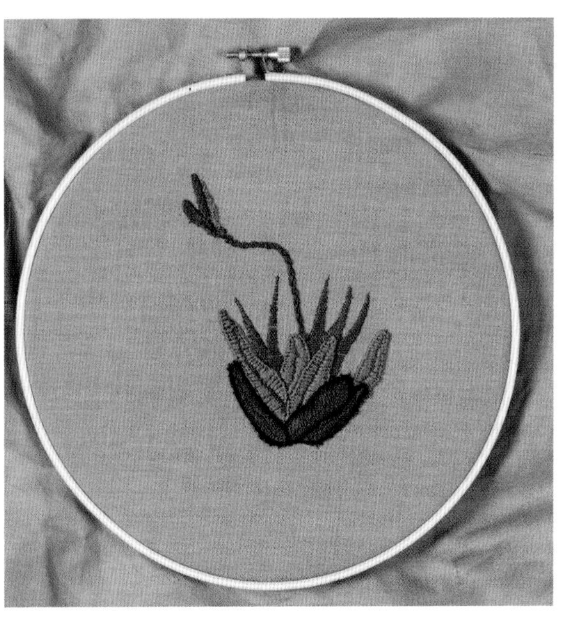

6.43 完成后的凸纹刺绣作品

抽绣，也称为抽纱绣，是对面料自身的纱线进行处理的刺绣技法。在面料上去除纬纱（或经纱）的地方会保留下经纱（或纬纱），可运用一定的刺绣针法将它们分束缝制。抽绣可以在任何平纹梭织面料上操作，但面料的纱线组织对于最终的结果影响很大。质地紧密的面料即使纱线已被拆除，也会较好地保持原有形状（图6.44），而松散的面料往往会发生变形，在使用刺绣技法操作之前进行试验是非常必要的。

6.44 詹妮弗·罗切斯特在亚麻布上创作了《夕阳穿过树林》，使用真丝线将亚麻布上保留的纱线分束包缝。亚麻布下面放置一块染色的底布以增加层次感和趣味性

工具与材料

图6.45展示了抽纱绣所需的工具与材料。

- 刺绣绷子
- 刺绣线
- 面料——具有清晰的织纹以便易于操作，如亚麻布或粗麻布。
- 针
- 剪刀

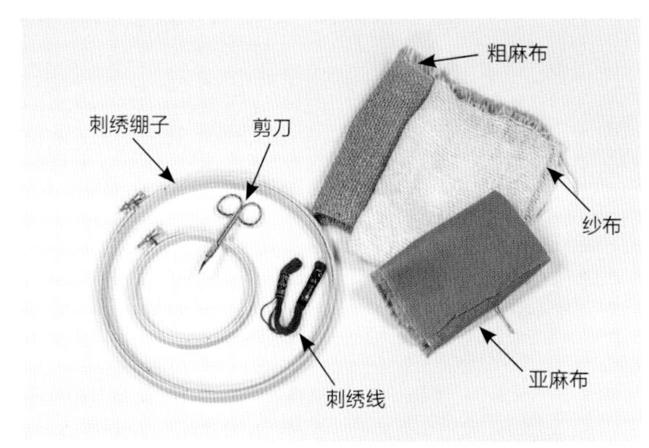

6.45 抽绣所需的工具与材料

抽线指导

选择一块织纹清晰的面料，用一枚小针挑起面料上的一根纱线，并慢慢地把它从面料上挑起来。

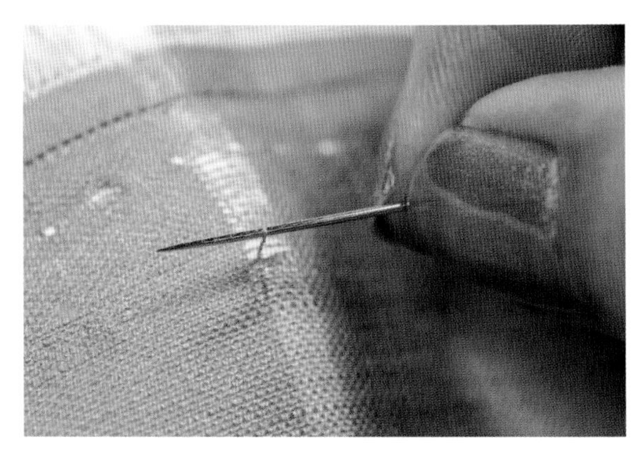

6.46 用针从面料上挑起一根纱线，并慢慢地将它从面料上挑起来

扎缝针法——在面料的反面按照从左向右的方向操作。

1.在面料的左侧从点1位置出针后，从右向左绕过一束预先确定好数量的纱线。

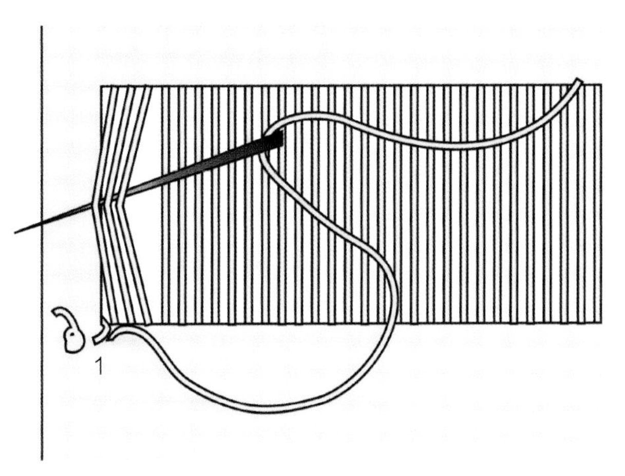

6.47a 在面料的反面操作，针从右向左挑起一束纱线

2.将针线绕过一束纱线后，再移到这束纱线的右侧，在点2位置从面料正面向反面穿出针，继续向右操作，直到完成抽纱区域的扎缝。

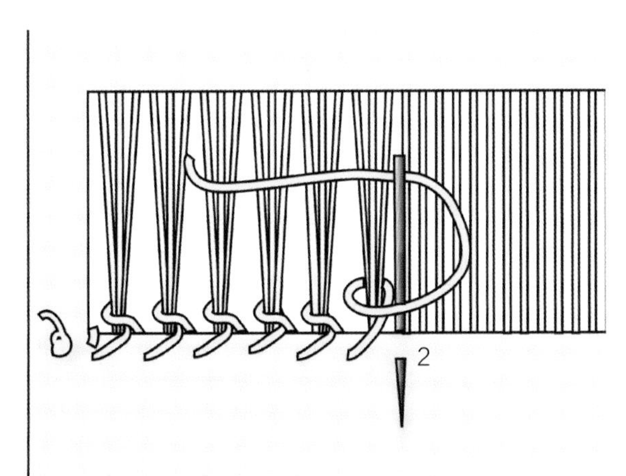

6.47b 针线绕过一束纱线后移至这束纱线的右侧，从点2穿出针

束式缝——在抽纱区域的上下两个边缘完成扎缝后，按照从右向左的方向进行操作。

1.从面料右侧起针缝至线束高度的中间位置，针线在确定好数量的线束组前面绕出一个环，将针线绕至线束组后面，再从环中拉出。

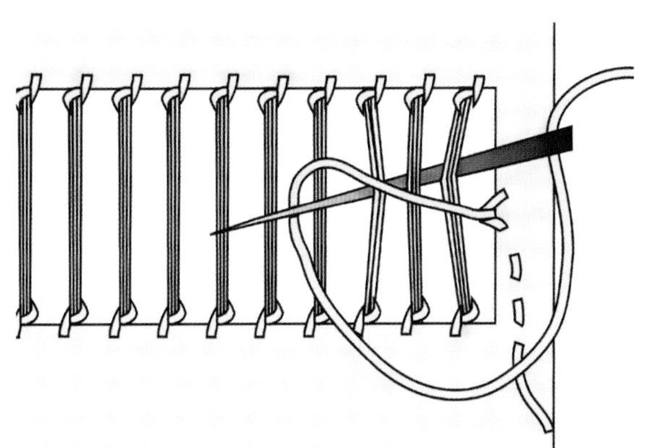

6.48a 在确定好数量的线束组前绕出一个环，将针线绕至线束组后面，再从环中拉出

2.把线环拉紧，继续向左操作。

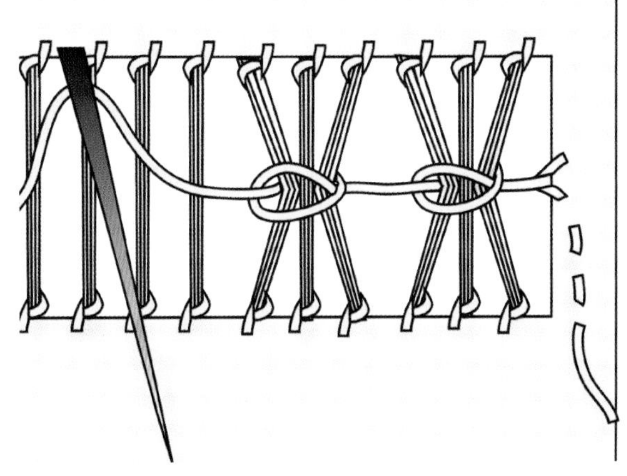

6.48b 将线环拉紧，继续向左操作

条形包缝——这种技法是否与扎缝相结合，取决于创作者想要的外观效果。在这种线迹中，每个线束的纱线数量必须相等，按照从右向左的方向操作。

1.这种线迹不需要从打结开始，而是留出一段线头与纱线束一起被包住，针线从右到左绕过一组线束。

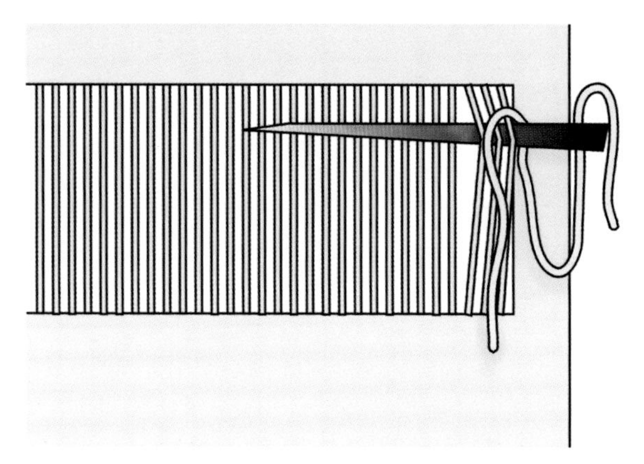

6.49a 沿着纱线束绕线，从右向左包住线束

2.继续用线包住纱线束直到将它完全覆盖，最初的几个线圈一定要拉紧。结束时将针尖向上穿过一组线束上的所有线圈。

3.从线圈中拉出针线，拉紧并剪断线头。

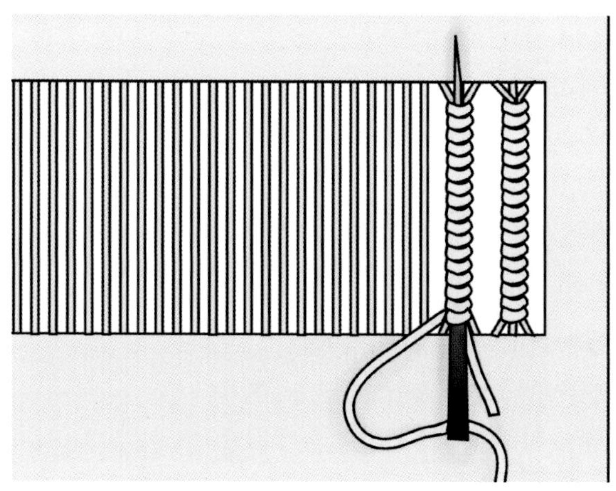

6.49b 当绕线完成，把针线穿入一组线束上的所有线圈后，从线圈中拉出针线，向上拉紧并剪断线头

缝纫机刺绣

用缝纫机可以缝制出针脚非常均匀的刺绣线迹，需要配合一些缝制技巧进行创作。如底线操作——以底线为主导产生的刺绣图案，具有平整的外观；自由移动刺绣——使用缝纫机产生网状的线迹；或者直接在面料上“画”出线迹（图6.50），创作自然随意的涂鸦或写生风格图案。用缝纫机刺绣能够更快地完成作品，但缺乏运用传统针法进行手工刺绣的独特风格。

缝纫机刺绣没有手工刺绣那样的悠久历史，直到专门用于刺绣的缝纫机零部件出现在市场上，它才获得了长足的发展。由于缝纫机的成本下降，家用缝纫机变得更加受欢迎，人们开始用它来装饰面料，只是为了创作艺术品，并不是用来制作必需品或是为了满足交流的需求。本节介绍的所有技法在运用时都需要以艺术的眼光进行仔细地设计创意，每个图案都有必要先转印或绘制在面料上。对缝纫机的控制是非常重要的，开始时似乎很容易，但要控制好机针下的面料移动速度，就需要多加练习。从简单的图形开始，逐渐发展到更复杂的图案，表现刺绣效果的可能性像使用铅笔和纸一样无穷无尽。

6.50 法迪·索伦森结合对面料的染色进行自由移动刺绣，在面料上创造了一个美丽的场景

自由移动刺绣是一种绘画式的刺绣技巧，通过在缝纫机上装配专门的压脚，自由地移动面料进行缝制操作。这种压脚在购买大部分工业和家用缝纫机时都会附带，压脚和面料之间有空隙，使得面料能够在机针下自由移动。针脚的变化与缝纫机的操作速度、面料的移动速度有关，每次只要机针穿入面料，面料上就会产生线迹，所以或长或短的线迹不是由缝纫机本身的参数设置来控制的。运用这种工艺能够绣制任何图案，开放式或有主题倾向的图案效果最好，可以将它设想成是在画布上移动笔刷，只是工具变成了机针和线。

工具与材料

图6.51展示了在面料上进行自由移动刺绣所需要的工具与材料。

- 面料
- 可撕型纸衬
- 高质量的绣线

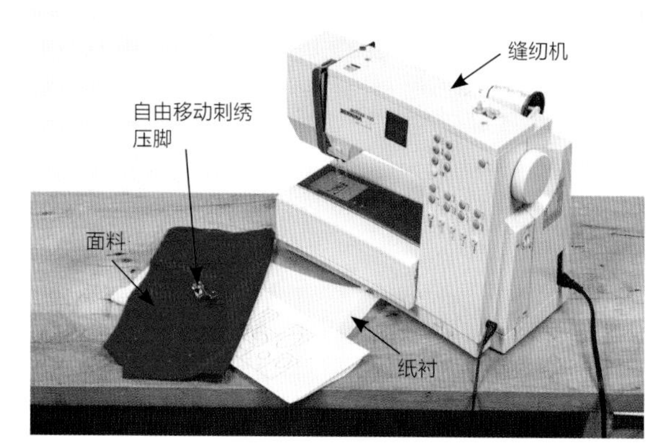

6.51 自由移动刺绣所需的工具与材料

操作空间

- 装有自由移动压脚的缝纫机（图6.52）是必需的

6.52 用于自由移动刺绣的压脚

自由移动刺绣操作指南

1.在缝纫机上安装自由移动压脚，放低推布齿条。在大多数家用缝纫机旁边有一个按钮，类似于图6.53所示的那样（查阅缝纫机手册以获得更多信息）。

6.53 放低推布齿条：通常是按机器旁边的一个按钮

2.缝纫机机针穿进高质量的绣线。

3.将图案转印到面料上。具有连续和连贯线条的图案最易于操作，在缝纫过程中，即使中断几次也无妨。

4.使用纸衬加固面料。

5.在推布齿条和压脚之间放入面料，即使压脚被放低，两者之间也应该有间隙，便于面料移动。

6.开始按照图案样式进行刺绣，在针下移动面料。面料移动越快，针脚越长；缓慢的动作会产生短针脚。

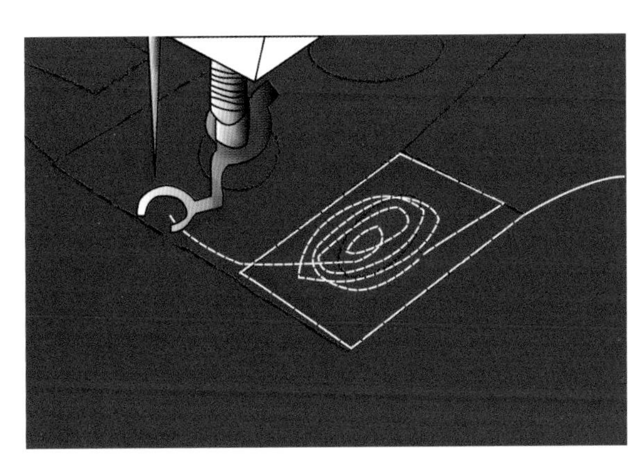

6.54 在针下移动面料。快速移动会产生长针脚，而缓慢的移动则产生短针脚

7.继续在针下移动面料直到完成操作。

8.在面料反面将线头打结，撕掉纸衬。

9.可以添加其他颜色的线，最好是完成一种色线的操作之后，再进行第二种色线的操作。

工具与材料

图6.55展示了运用自由移动刺绣技法制作网状花边面料所需要的工具与材料。

- 水溶衬（见附录B，图B.60）
- 油性标记笔
- 任何线都可以使用，但使用优质绣线效果最好

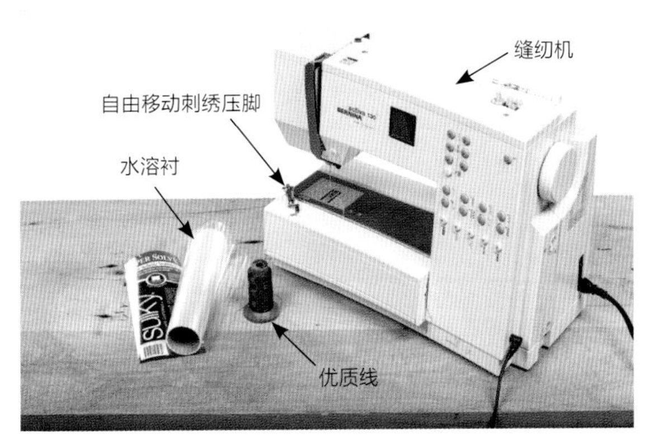

6.55 使用自由移动刺绣技法制作网状花边面料所需的工具与材料

操作空间

- 装有自由移动刺绣压脚的缝纫机是必需的（见图6.52，第210页）

运用自由移动刺绣技法制作网状花边操作指南

1.将四层水溶衬层叠在一起，用大头针别住。使用油性标记笔在最下面一层的水溶衬上画出图形。

6.56 把四、五层水溶衬钉在一起，在最底下一层画出所需的图案形状

2.准备好缝纫机，安装自由移动刺绣压脚，放低推布齿条（见图6.53），配置合适的底线和面线。

3.缝制出重叠的小圆圈，直到所绘制的图形被线迹填满。布片、纱线或缎带也可以作为填充材料，要确保用很多线连接，否则一旦水溶衬被水洗掉，各种材料便会散开。

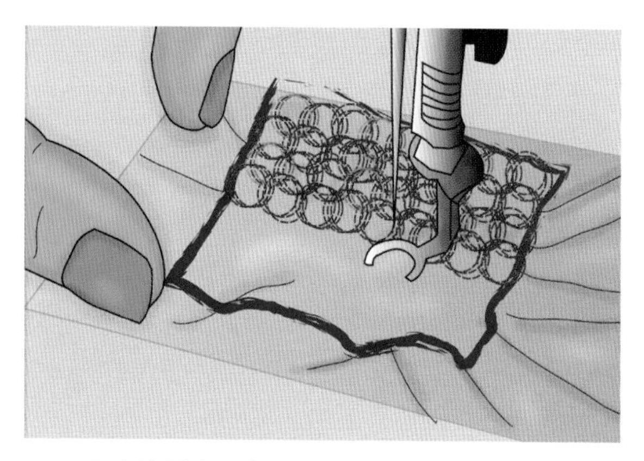

6.57 在水溶衬上绣缝出重叠的小圆圈

4.继续绣缝，必要时改变线的颜色，直到形成一片又密又厚的互相重叠的线迹。

6.58 继续用线在水溶衬上绣缝，直到形成一片互相重叠的线迹

5.在水中浸泡由重叠线迹形成的网状花边面料，直到水溶衬被完全冲洗掉。一些小的局部可能需要进一步处理，可以使用一支旧牙刷刷掉残留的水溶衬，注意不要太用力以免损坏面料。

6.放平面料并晾干。

案例

图6.59和6.60展示了运用自由移动刺绣工艺绣制出的作品。

6.59 在面料上产生的自由移动刺绣线迹

6.60 运用自由移动刺绣技法完成的网状花边面料

秀场作品赏析：Augustin Teboul 2013年秋冬成衣作品

在柏林梅赛德斯－奔驰时装周上，Augustin Teboul在2013年秋冬作品发布会上展示了一件具有蛛网细节和复杂花边的拼接服装。运用自由移动刺绣技法操作能够产生相似的效果，对于较大面积的花边应用，如图6.61所示，最好是在透明面料或水溶衬上进行绣制。运用自由移动刺绣技法形成的花边面料往往比较脆弱，穿着不慎有可能导致线迹破损，所以花边面料往往被用在身体不易活动的服装部位。

6.61
Augustin Teboul秋冬作品发布会

底线缝制

底线缝制是当缝纫线太粗以至于不能通过机针的针孔时所使用的缝纫机刺绣技巧，通过将粗线绕在梭壳内的梭芯上，将面料反面朝上进行缝制，以产生富有装饰性的线迹。底线本质上是被面线“盘绕”在面料上的。图案可以被转印到面料的反面作为缝制参照，因为操作时无法知道底线的缝制形态。

自由移动刺绣与底线缝制结合操作

将两种技巧结合操作能够产生非常好的刺绣效果，但成功的关键是多实践。开始时要进行均匀的直线练习，确保正确的张力和适当的针距（每2.5cm绣8到10针比较合适）。

底线缝制技法应用于织带和服装边缘部位的效果很好，能够形成富有质感的纹理。底线缝制是让底线成为主要展示的部分，所以最好让它与面线以及底布的颜色相匹配（图6.62）。

6.62 threeASFOUR 2010年秋季成衣作品

工具与材料

图6.63展示了底线缝制所需的工具与材料。

- 底线（粗线或扁带）
- 面料
- 面线（通常与面料颜色相同，以使线迹与底布协调）

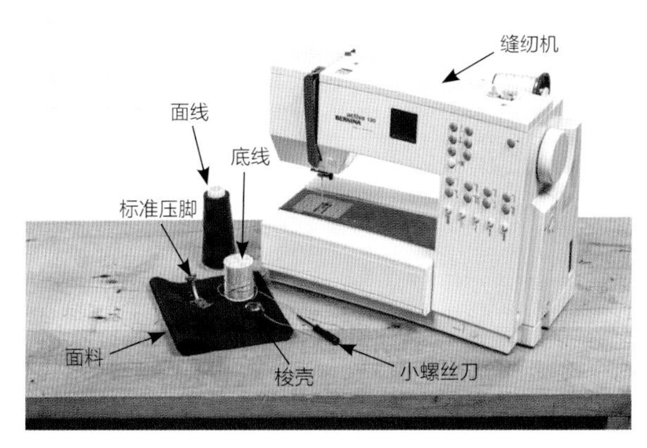

6.63 底线缝制所需的工具与材料

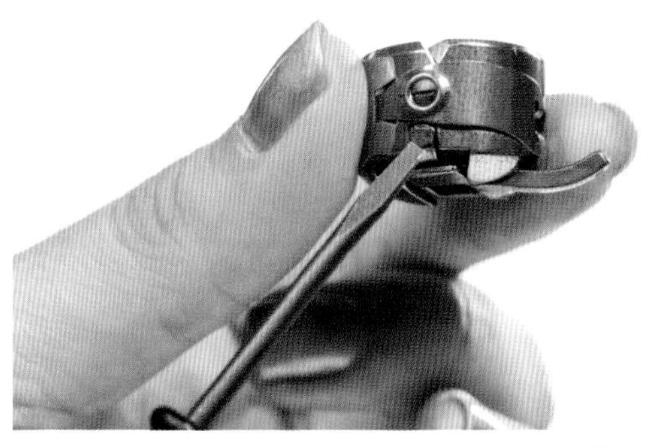
6.64 使用一把小螺丝刀松开梭壳螺丝以调节梭壳的张力，直到底线能够轻松地从梭壳中拉出

操作空间

- 缝纫机、梭壳和标准压脚

底线缝制技法操作指南

1.给缝纫机穿好面线和底线。

2.如果选中的底线太粗，采用手工绕线，以免损坏缝纫机。

3.使用小螺丝刀调节梭壳的张力，松开螺丝直到底线能够轻松地从梭壳中拉出。如果螺丝太紧，梭壳张力不当，将导致缝纫机被底线堵塞。

4.将图案转印到面料的反面。

5.从面料反面操作，将面料放在缝纫机台板上，设置理想的针距，开始练习时，进行直线绣缝，每条线迹的开始和结束都要回针。

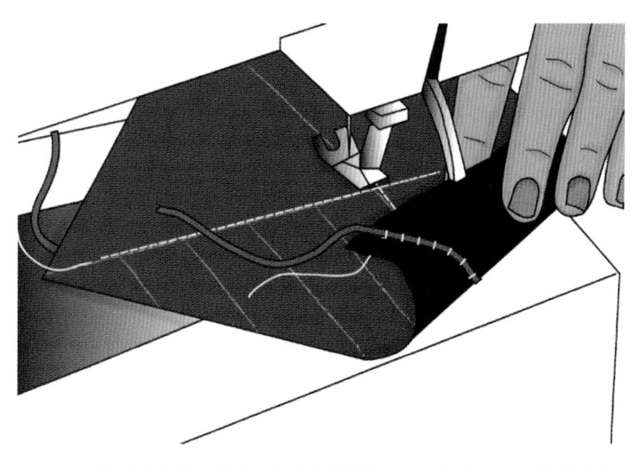
6.65 将面料反面朝上开始绣缝，底线将会在面料正面形成线迹

6.沿着图案标记线绣缝，直到完成操作。

7.对于弯曲而富有动感的线条，可以将自由移动压脚安装到缝纫机上，使面料的移动更加顺畅（参见第211~212页，自由移动刺绣）。

案例

图6.66和图6.67展示了使用金属线做为底线进行绣缝的例子。

6.66 使用底线缝制技法创作的几何图形线迹

6.67 使用自由移动刺绣压脚进行底线缝制操作所产生的弯曲而随意的线迹

对环境的影响：刺绣

小规模的刺绣对环境影响相对较小，唯一的影响在于对刺绣材料的染色，甚至包括对刺绣线的染色。刺绣线的颜色均匀而不褪色是因为操作过程中使用了匀染剂（用于避免产生斑纹）。刺绣线、纱线、缎带与面料相比，因表面的面积较少，染液没有完全用尽就会倒掉，于是会产生更多的浪费。商业染色公司考虑到这个问题，现在已经生产出了专门为刺绣线和纱线染色的设备。通过使用这种设备只需要更少量的染液就可以进行加热和恒温循环的均匀染色，从而避免了浪费。

作为一个设计师，减少对环境影响的最佳方式是避免材料浪费。在创作作品前始终制作小样片，避免购买多余的材料造成闲置，因为这些材料最终都将会出现在垃圾场里。

在采购材料之前尝试做一些产品研究。调查材料生产商，看看他们采取了什么样的预防措施限制其产品对环境的影响，在大多数大公司的网站上可以查到这些信息；另一个选择是从较小的公司仅购买使用天然染料处理的材料。请记住，仅因为染料是天然的并不意味着产品就是完全环保的，天然染料所需的媒染剂和固色剂都是对环境有害的。

学生实践计划

1.自画像：缝纫机刺绣是一种在面料上“绘画”的有趣方法，令人回忆起在早期的艺术教育阶段，老师告诉你画画不止使用铅笔，同样的想法可以应用在自由移动刺绣和底线缝制技法操作上。在面料上创作一副自画像，面料如同画布，而绣线如同墨水，在整个画面上尽可能使用连贯的线条，展示明暗色调和精致的细节。

2.从你最喜欢的电影或书中获取灵感，进行设计构思，创作一幅作品。人们一直将刺绣工艺作为沟通和表达思想的方法，从你最喜欢的电影或书中选择一个场景，用刺绣工艺演绎出来。你的设计不一定需要文字元素，但必须具有与场景相关的象征性元素。最终的作品要运用至少5种手工刺绣针法绣制，可能还要准备讨论设计构思与材料选择等相关内容，以备作品被用于展示。

3.刺绣连续图案：通过刺绣工艺不断重复图案可以增加艺术感染力。设计一个简单的图案、符号或图像作为单元形，将设计好的单元形转印到一片附有纸衬的小块面料上，先绣制出一个刺绣小样片，至少用到本章中所介绍的5种刺绣针法。接下来，对单元形进行重复，设计出连续图案，将连续图案转印到附有纸衬的大块面料上，再按照小样片的针法完成刺绣操作。专业地展示你的最终作品，并附上图稿，说明如何用刺绣工艺发展出一件艺术品、服装或家居纺织品。

关键术语

- 盘线绣
- 毯边锁缝针法
- 底线缝制
- 锁扣眼针法
- 链式针法
- 交叉针法
- 抽绣
- 刺绣
- 刺绣针
- 自由移动刺绣
- 法式线结
- 底布
- 浮雕刺绣
- 皮革刺绣
- 金属线刺绣
- 针孔
- 穿布技巧
- 网状花边面料
- 盘金绣
- 缎绣针法
- 凸纹刺绣
- 挂毯针
- 缝纫机刺绣

第七章　面料装饰

目标：

- 用基本刺绣针法缝缀珠子
- 对皮革进行装饰
- 使用金属箔或闪光粉给面料添加光泽感
- 用羽毛装饰，单独装饰或成组用作边缘装饰

面料装饰是在面料表面添加其他材料以增加面料的光泽感、立体感和生动感的操作方法。装饰物可以像鱼鳞片那样覆盖整件服装，例如亮片；也可以使用任何珠绣针法（图7.1）装饰服装，在装饰操作中要慎重地添加每颗珠子或每片羽毛。

面料装饰也可以使用网熔胶或贴箔胶将金属箔片应用在面料上，在面料表面产生平面的、闪亮的效果。像所有的面料表面设计操作工艺一样，面料装饰也需要考虑在操作过程中对环境的影响，参见第222页的方框内容进一步了解。

珠饰

珠饰是通过添加珠子来装饰面料的工艺技法。它的操作方法很简单，唯一的限制也许就是设计师的想象力。选择适当的珠子、针和线，大部分的刺绣针法都适用于珠饰操作。

珠子是多种多样的，需要分门别类地加以选择。珠子分为几个主要类别，可根据形状或材料来区分。几乎任何形状和大小的珠子都有，最基本的三种形状包括喇叭形、窄椭圆形、种子形。小的圆珠有时可放置于更大的珠子之间作为填料；扁豆形珠子或亮片、中心有洞的扁珠子，用于表现堆放或叠加的设计。表7.1展示了一些珠子的基本形状。用来制造珠子的材料是另一大区分因素，压克力珠是用合成材料制成的，与其他材料的珠子相比，压克力珠通常颜色和形状更加均匀。

7.1 这款Tsumori Chisato 2013年秋季成衣以海洋为灵感主题，使用各种形状、颜色、大小的玻璃珠在服装上创造出复杂的装饰效果。黑色面料如同画布，使上面的装饰物鲜明而突出

表7.1 珠子基本形状

	喇叭形或桶形
	花式形（几乎什么形状都有）
	骰子形
	对顶圆锥形
	扁豆形、圆盘形、亮片形
	泪珠形
	种子形、贝壳形（玻璃珠）

有些合成材料的珠子质地非常坚硬，适合粗犷的设计风格；骨珠或木珠由骨头或木头作为原材料制成，通常在大小或形状上并不均匀；水晶珠是指任何以天然水晶或合成水晶为原材料制成的珠子——施华洛世奇的产品是很好的例子；金属珠子可以被制成任何大小或形状，因为比较重，通常用于装饰坚固的面料，如帆布或皮革。

针的选择取决于珠子上的孔眼大小以及面料质地。尽量使用最细的针，以避免在面料上留下穿针的刺痕。针的长度也取决于对珠子的选择，它应该足够长，以便于一次穿过尽可能多的珠子。较短的针一般更容易使用，但长针可以加快装饰操作的进程。

线也应该根据珠子及其孔眼的大小来选择。合成的线往往更结实，没有什么比经过辛苦完成的作品因为断线损坏而令人沮丧了。市场上有各种品牌的串珠线出售，选择非常细的钓鱼线，应用时可以隐匿在珠子和背景面料中，而选择较粗的线或不同颜色的线可以增加装饰的层次感。

人类对珠子的着迷可以追溯到远古时代，贝壳、鹅卵石、岩石、兽齿和粘土在那时开始用于简单的装饰。玻璃和金属的出现促进了装饰设计的进一步发展，同时也促进了珠子的设计与生产。石头和玻璃被磨制成有趣的形状并被钻孔，很容易装饰在服装上。玻璃珠的记录最早可追溯到公元前21世纪，在埃及皇室的墓中被发现。大约同时期，亮片最早被使用：小黄金圆片应用于墓葬的服装上，目的是让穿着者将财富带到死后的世界。

随着艺术形式的变化发展，复杂的珠饰被应用于教会的法衣、服装和配件上，用来描述宗教主题，成为具有象征意义的符号，向未受文化教育的人群传达其特定的宗教含义。例如，螺旋珠是知识的象征；眼睛珠，代表精神上的感知。珠子颜色也具有象征意义：白色代表纯洁，绿色代表和谐等。

几乎世界各地每种文化都使用自己的制珠工具和技能发展制珠传统，通过著名的贸易路线“丝绸之路”，制珠的新技术得到了传播。威尼斯人至今仍旧以制作精细的玻璃珠而声名远播。

当珠饰工艺商业化后，形成了行业组织。法国的高级定制屋——Paruriers刺绣工坊，专门从事装饰制作，手工艺者们对工艺技能以及实验操作的热忱无与伦比，为一件衣服进行400到2 500小时复杂的手工缝制是很常见的（图7.2）。

7.2 莱萨基为巴尔曼创作的作品，综合运用珠饰、刺绣、羽毛装饰工艺，创造出丰富华丽的肌理。请注意不同大小和形状珠子的使用，是如何为作品增加层次变化的

用珠子装饰面料有两种基本的针法：珠饰针法和盘线绣针法。用珠饰针法可将珠子直接缝制在面料上；用盘线绣针法是将珠子预先穿在线上，将珠串缝制固定于面料表面。

在装饰操作中，针法可以按照单独或组合的方式运用，而珠子的丰富造型变化也很重要。只要有一个孔眼可以穿过线，几乎任何物体都可运用刺绣针法操作，非传统的珠子如石粒、木片和垫圈都可以使用（图7.3）。珠饰能以平凡或奢华的方式应用于任何服装、手袋或家居纺织品，通过运用以下基本针法，加上一点想象力，就可以获得各种各样的珠饰效果。

7.3 Jessica Trosman2004年春季服装作品，用岩石颗粒装饰服装的面料

对环境的影响：面料装饰

装饰珠的生产对环境有重大影响，使用塑料或其他不能被生物降解的合成材料，会在生产过程中释放毒素。珠子的处置问题引发越来越多的担忧，因为传统的回收工厂无法处理它们（像理查德福·福赛特在2013年2月15日的洛杉矶时报上发表的题为“狂欢节珠子引起的环境问题”文章中所讨论的那样），只能设法将其冲入排水沟，如果被野生动物误食的话会很危险。木珠和骨珠在收割季节也会造成重大的环境问题。大多数国家，偷猎动物是非法的，禁止获取动物的长牙或骨头，但是仍有一些会流入市场。在购买材料之前要对销售公司进行了解，以确保他们生产的产品是合法和符合道德的，这同样适用于任何珍贵的宝石，因为宝石销售公司也有非法或不公平对待劳动者的情况。

大部分在当地工艺品商店出售的金属箔片和闪光粉包括胶水都是无毒的，甚至可以让孩子使用。操作时需看产品说明，要戴手套来保护皮肤。不要将剩余的胶水、闪光粉或者金属箔片扔到户外，因为像人类一样，动物喜欢闪亮的物体，有可能不小心吞食。

羽毛可以人工合成或从动物身上获取。人工合成的羽毛能够大量生产，但不能被生物降解，在规格和颜色上具有自然界羽毛不具备的均匀性。使用动物的羽毛时，一定要研究来源，看看它们是如何被获取的。

工具与材料

图7.4展示了用珠子装饰面料所需的工具与材料。

- 珠子或其他用来装饰的材料
- 刺绣绷子
- 面料
- 手缝针
- 粘合衬

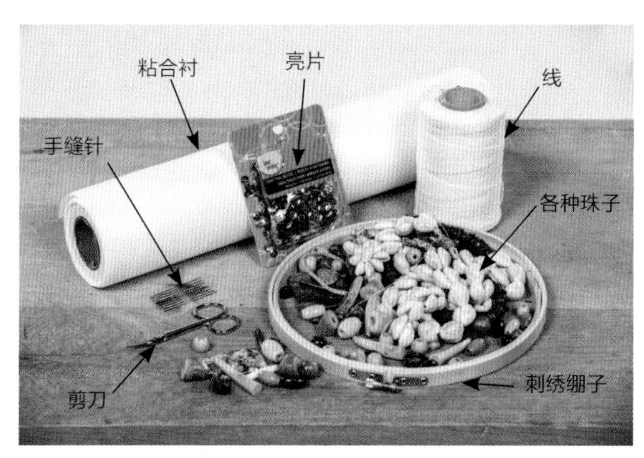

7.4 珠子装饰所需的工具与材料

珠子装饰操作指南

1.选择一根能够很容易穿过珠子孔隙的针。

2.将线打结，从面料反面穿出，线结隐藏在面料反面。注意，一些光滑的线不易打结，所以另一个选择是在面料反面缝上一针短回针，以固定线头。

使用刺绣绷子

使用刺绣绷子能够保持面料的适度张力，以便于进行珠饰针法的操作。

回针针法

回针是一种基本的针法，用来在面料表面将单独的珠子连接成串。

用回针针法对珠子操作的方法指导

1.从点1出针，穿上三颗珠子。将珠子从线上滑到面料表面，在最后一颗珠子旁进针（点2）。

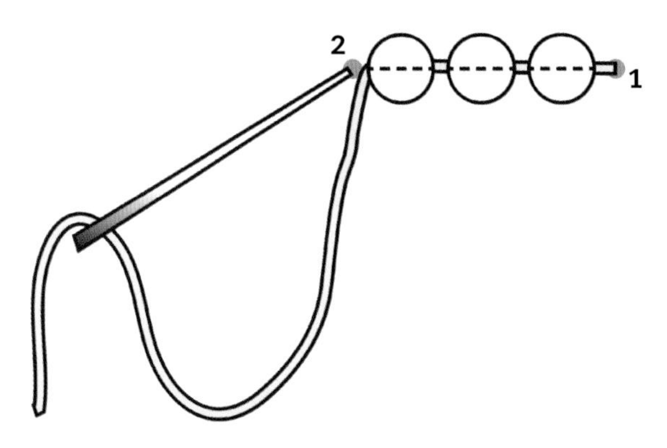

7.5a 从点1出针，穿上三颗珠子，在最后一颗珠子旁进针（点2）

2.回到第二颗珠子和第三颗珠子之间的位置从面料反面出针（点3），穿过第三颗珠子，针上再添加另外三颗珠子，平置于面料表面，从点4进针。重复这个过程，直到获得理想的效果。

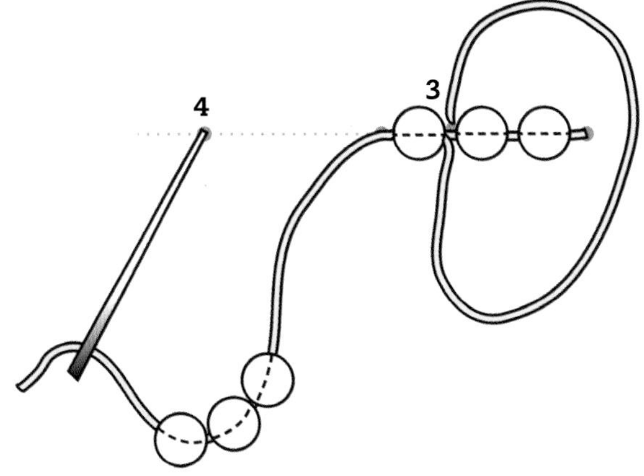

7.5b 从第二颗珠子和第三颗珠子之间（点3）出针，穿过第三颗珠子，再添加另外三颗珠子，从点4进针

案例

图7.6展示了使用回针针法将珠子缝制固定在面料上的例子。

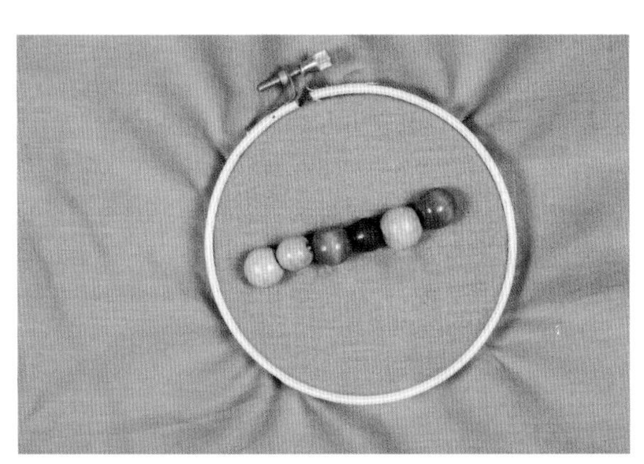

7.6 使用回针针法将木珠缝制固定在面料上

用盘线绣针法把预先穿好的珠串固定在面料表面，是将珠串平置于面料上，用另外一根线以小针脚线迹缝制固定住穿珠串的线。

用盘线绣针法对珠子操作的方法指导

1.先将珠子穿成串，然后从一端摘掉一些珠子，使穿珠线穿过针孔，针上带线穿进面料，线在面料反面打结固定。

2.用第二根针穿上细线，线打结，从面料反面在非常接近第一颗珠子的点1位置出针，从点2进针，点3出针，再从点4进针。根据需要重复操作，直到串珠被固定好。

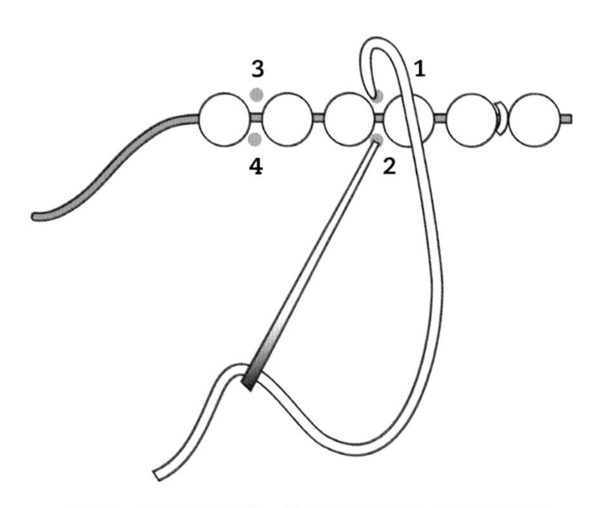

7.7 用第二根针穿上线，从面料反面在点1位置出针，从点2入针，再从点3穿出，点4穿入

案例

图7.8展示了使用盘线绣针法将珠串缝制固定在面料上的例子。

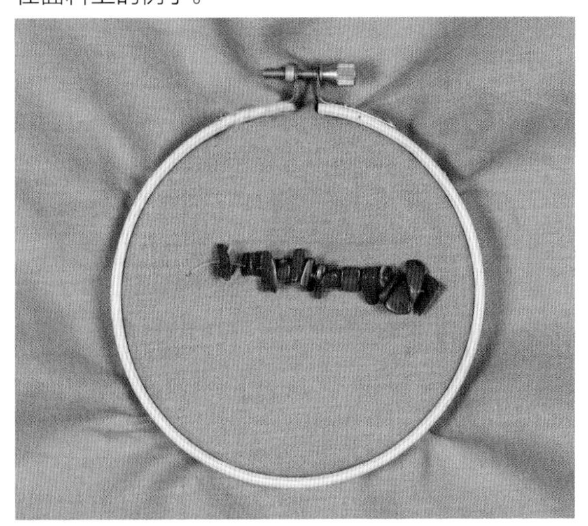

7.8 使用盘线绣针法将小石粒缝制固定在面料表面

悬吊针法用于使珠子像流苏那样悬吊在面料的表面。

用悬吊针法对珠子操作的方法指导

1.针在点1位置从面料反面穿出，在上面穿上几颗珠子。

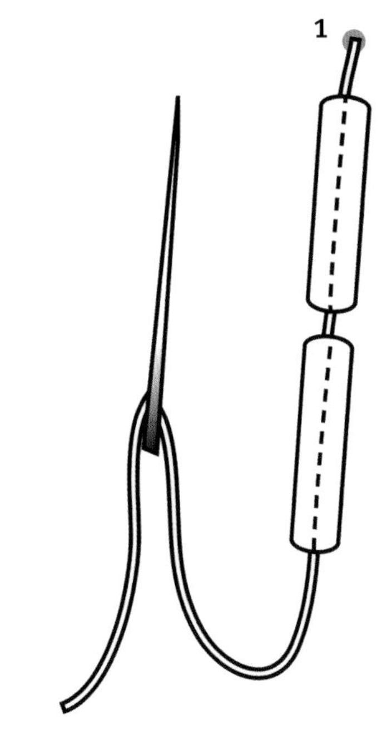

7.9a 针从点1穿出并穿上几颗珠子

2.穿上一颗阻碍珠，再将针反向穿过所有珠子的孔隙，除了最下面的这颗珠（阻碍珠）。从点2位置进针，将线头在面料反面打结固定。

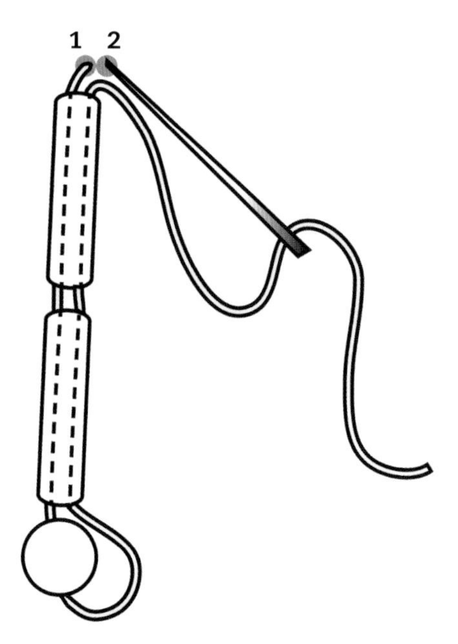

7.9b 穿上一颗阻碍珠后，再反向穿过所有珠子，无需再次穿过阻碍珠。从点2进针，将线头在面料反面打结固定

案例

图7.10展示了使用悬吊针法将珠子悬吊在面料上的例子。

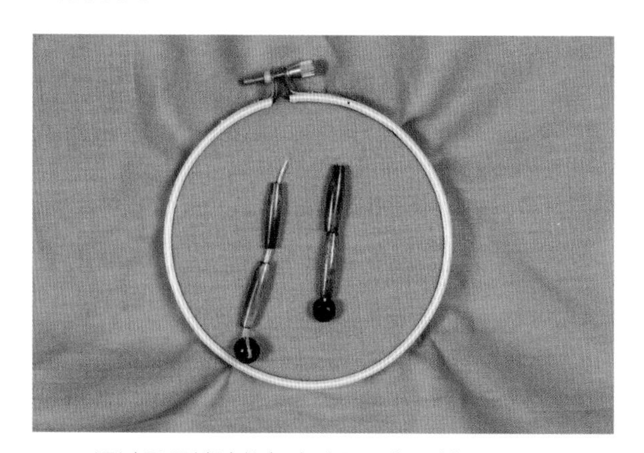

7.10 通过悬吊针法将长木珠悬吊在面料上

填缝针法是用珠串在面料表面填充出一定的形状并缝制固定的操作。

用填缝针法对珠子操作的方法指导

1.确定需要被填充区域的形状和大小。

2.针从图形的一个角落穿出（点1），按照图形宽度穿上足够多的珠子开始填充。将珠子从线上滑下平置于面料表面，再将针穿入到面料反面（点2）。

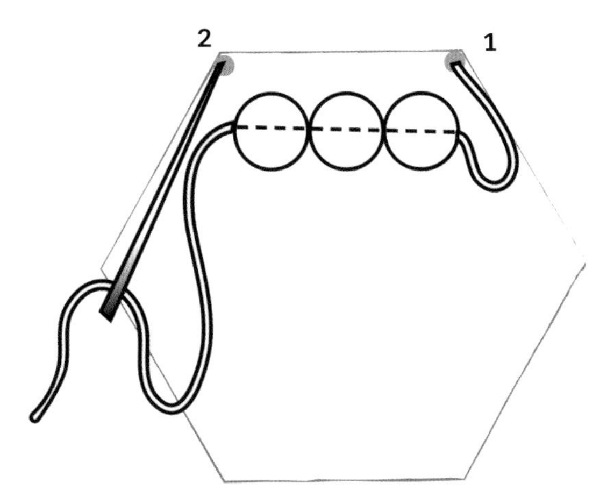

7.11a 针从图形的一个角落点1位置穿出，按图形宽度穿上足够多的珠子填充，在这一排的最后一颗珠子旁插入针（点2）

3.针从点3位置（靠近点2）穿出，穿上更多的珠子，在这排的最后一颗珠子旁边、靠近点1的点4位置穿入。继续操作，直到图形被填满。

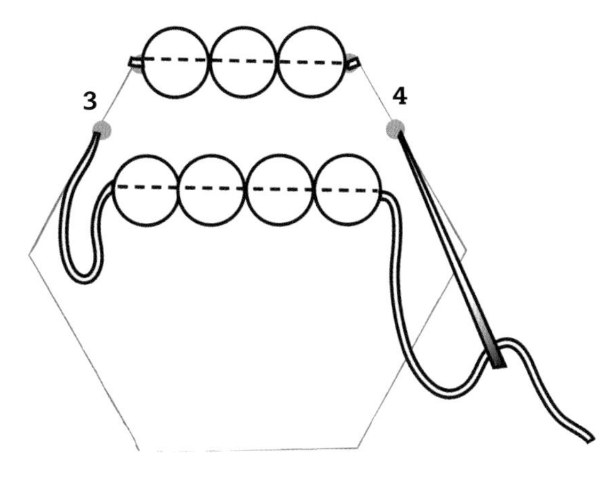

7.11b 针从靠近点2位置的点3穿出，穿上更多的珠子后在这排珠子的末尾、靠近点1的点4位置穿入

案例

图7.12展示了使用填缝针法将珠子缝制固定在面料上的例子。

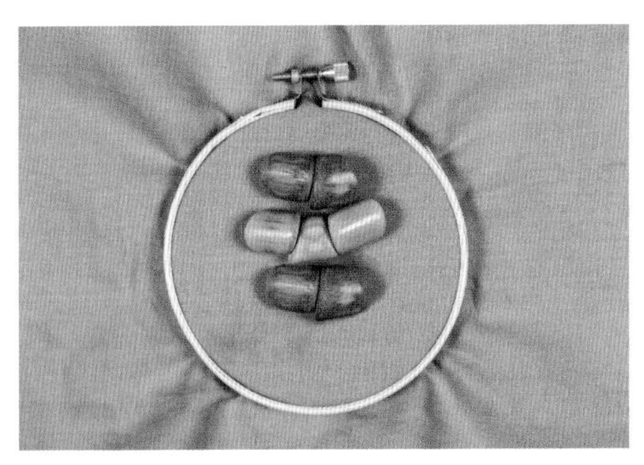

7.12 使用填缝针法缝制固定的木珠

阻碍针法用来连接两颗珠子，通常一颗大珠竖立放置时，可以用一颗小珠（阻碍珠）来帮助其固定。

用阻碍针法对珠子操作的方法指导

针从面料反面的点1位置穿出，在上面穿上第一颗较大的珠子，继续穿上另一颗较小的珠子（阻碍珠），将针反方向穿进第一颗大珠的孔隙，在靠近点1的位置穿入面料并固定。

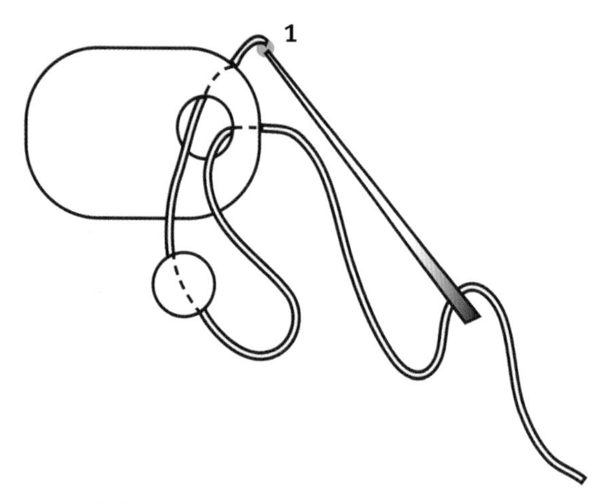

7.13 针从面料反面的点1位置穿出，穿上第一颗大珠子，再穿上另一颗较小的珠子，反方向穿回第一颗大珠的孔隙，在靠近点1的位置穿入面料并固定

案例

图7.14展示了用阻碍针法缝制固定不同珠子的例子。

7.14 用阻碍针法缝制固定的玻璃珠和木片

亮片通常很小，好像是被压扁的“珠子”，经常成排应用来增加面料的光泽感和生动效果。运用回针针法固定单个亮片，按照从右向左的方向操作。

用亮片针法对亮片操作的方法指导

1.从点1出针，穿上亮片，从紧靠亮片边缘的点2进针，用回针针法操作。

2.从点3出针，要明确点1和点3之间的距离与一枚亮片的直径长度是基本相等的。继续向左操作，直到获得所需的亮片排列长度。

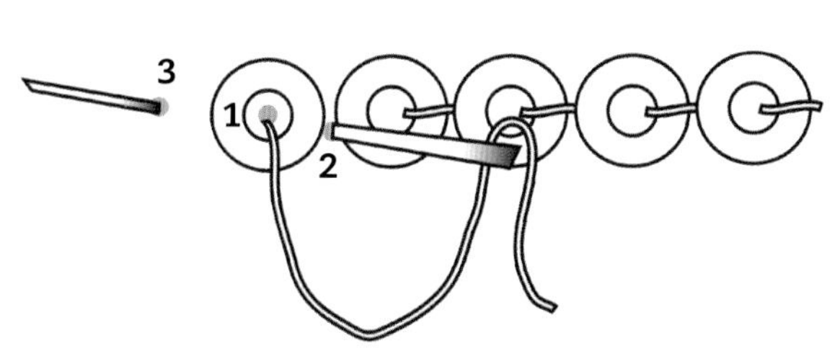

7.15 从点1位置出针，穿上一个亮片，从紧靠亮片边缘的点2进针，从点3出针

案例

图7.16展示了对亮片进行针法操作的例子。

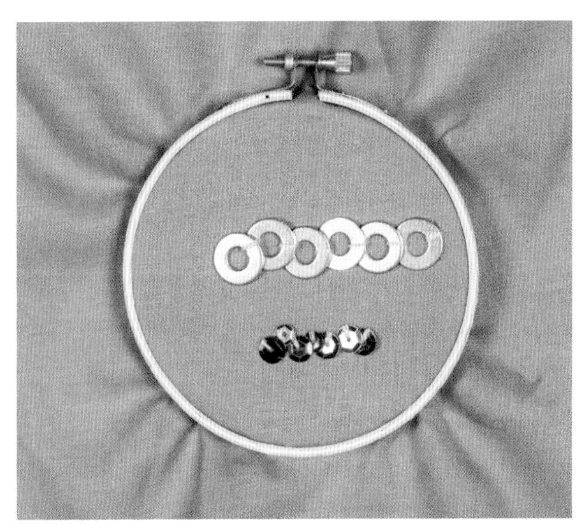

7.16 任何扁平的珠子都可以像亮片这样被缝制固定在面料上，包括垫圈

皮革装饰是将以上介绍的珠饰技法应用在皮革上的操作。手缝针无法利落地穿透皮革，因而需要在缝制开始之前在皮革上打出孔眼。

工具与材料

图7.17展示了在皮革上打孔所需的工具与材料。

- 锥子或皮革打孔器
- 用于装饰的珠子或其他材料
- 厚软木片或切割板
- 橡胶锤

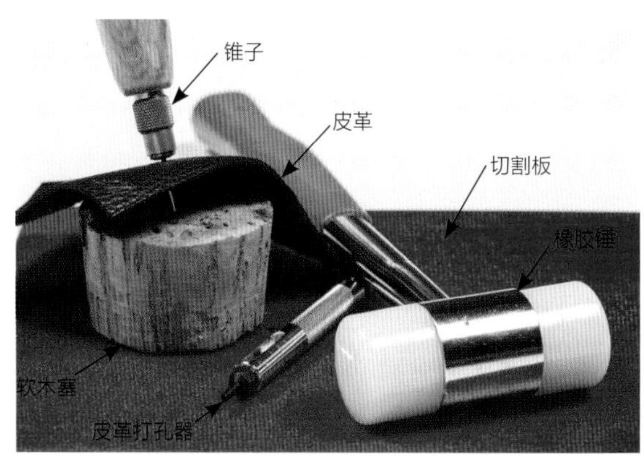

7.17 皮革打孔所需的工具与材料

皮革装饰操作指导

1.在运用任何针法开始操作之前，要在皮革上打出一定尺寸的孔眼，以便针线轻易地通过。使用橡胶锤、软木塞在皮革上钻出小孔，或用皮革打孔器打出更大的孔眼。

2.根据所选择的针法，酌情确定孔眼的位置，按照前面的针法指导操作。

案例

图7.18展示了在皮革上进行珠饰的例子。

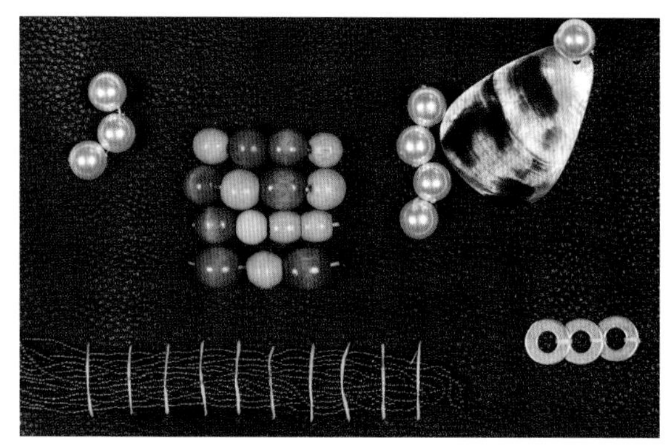

7.18 上一行从左到右依次为：珍珠、悬吊针法；木珠、填缝针法；珍珠、回针针法；贝壳和珍珠、阻碍针法。下一行从左到右依次为：用蜡线穿好的珠串，使用盘线绣针法将其缝制固定；垫圈，使用亮片针法缝制固定

金属箔和闪光粉

金属箔和闪光粉通过使用液态胶或网熔胶应用于面料的表面，能够在面料上形成大面积的光斑。金属箔有多种颜色，被附着在一层玻璃纸上。将金属箔片贴在液态胶或网熔胶上，把玻璃纸剥离后，金属箔就会附着在面料上。金属箔可以遍布整件服装，也可以局部应用（图7.19）。

闪光粉作为一种粉末，能够混合到颜料中，或撒在胶水或胶网上，形成闪光的线条或闪亮的块面。采用的应用技法操作略有不同，即可获得不同的效果，本节介绍的内容是将闪光粉撒到胶水或胶网上，以产生微妙的闪烁效果。

7.19 艾莉·萨博2012年秋季成衣秀上的服装，就像在提花丝绸面料上铺满了金叶子。类似的效果可以通过贴箔技法实现，不要在整件衣服上涂满胶水或胶网，而是要留些余地不让金属箔附着上去。当你需要磨损的外观和斑驳的效果时，这种技法会很有用

工具与材料

图7.20展示了面料贴箔所需的工具与材料。

- 面料
- 泡沫刷或画笔
- 贴箔胶
- 金属箔片

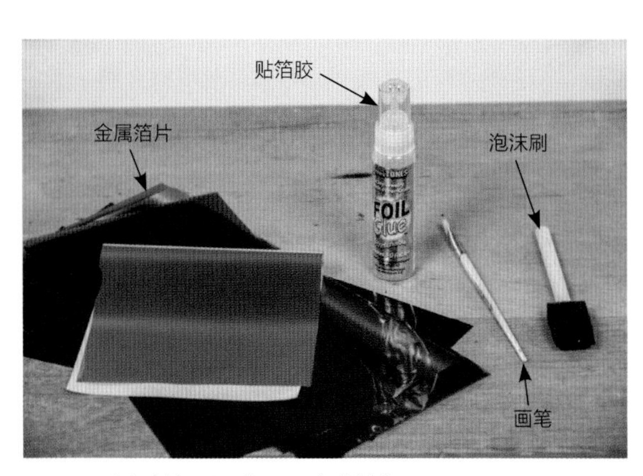

7.20 面料贴箔所需的工具与材料

操作空间

- 任何操作空间都可以，工作台表面需要覆盖

面料贴箔操作指导

1.用图钉将面料固定在工作台上，或者在面料反面熨烫冷冻纸，以防止面料在操作过程中移动。

2.准备好适合于金属箔的贴箔胶。

3.使用泡沫刷将贴箔胶涂抹在面料上，也可以使用模具和丝网，以可控的方式应用贴箔胶。

7.21 使用泡沫刷、画笔或模具在面料上涂抹贴箔胶

4.当贴箔胶变干并发粘时，将金属箔片（有颜色的一面朝上）放置在贴箔胶上，稳稳地按压住。

5.慢慢地揭下金属箔片的玻璃纸，面料上就会显现出贴箔图案。

7.22 将金属箔片有颜色的一面朝上放置在发粘的贴箔胶上，按压箔片，慢慢地揭下玻璃纸

工具与材料

图7.23展示了在面料上添加闪光粉所需的工具与材料。

- 面料
- 泡沫刷或画笔
- 闪光粉
- 面料胶水

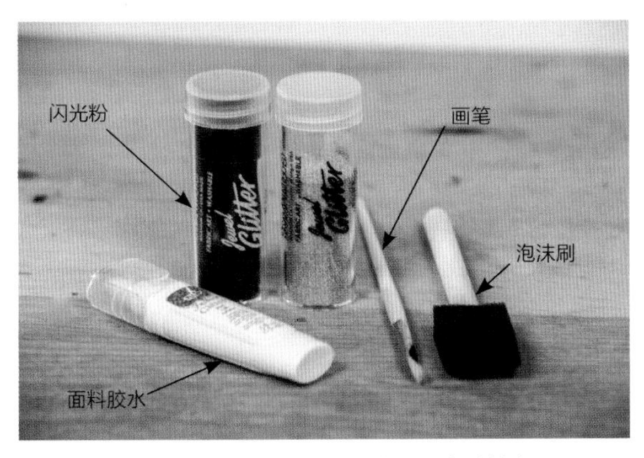

7.23 在面料上添加闪光粉所需的工具与材料

操作空间

- 任何操作空间都可以，工作台表面需要覆盖

应用闪光粉的操作指导

1.确保面料被图钉固定在工作台上，或在反面熨烫冷冻纸，避免面料移动。

2.使用泡沫刷或模具，按照图案样式在面料表面涂抹胶水（图7.21）。

3.将闪光粉撒在液态胶水上，待干燥后抖落多余的闪光粉。

回收使用闪光粉

多余的闪光粉可以重新使用。摇晃面料，将多余的闪光粉抖落到一张纸上，将纸叠成漏斗状，把闪光粉倒进密封容器内储存，供以后使用。

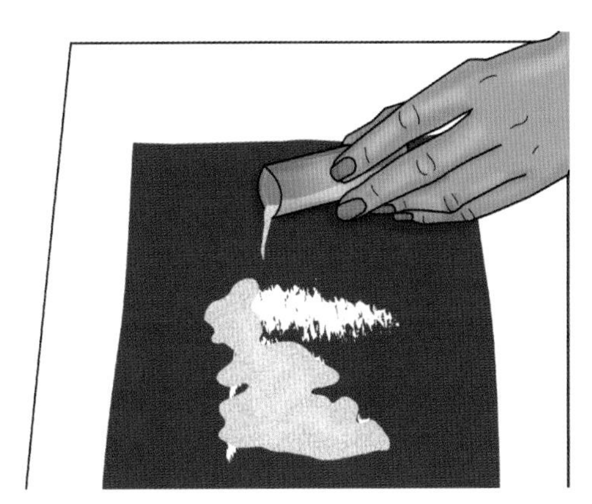

7.24 当胶水仍然处于潮湿状态时，在上面撒上闪光粉，待其干燥。将多余的闪光粉抖落到纸上，供以后使用

案例

图7.25到图7.27展示了在面料上黏贴金属箔和闪光粉的例子。

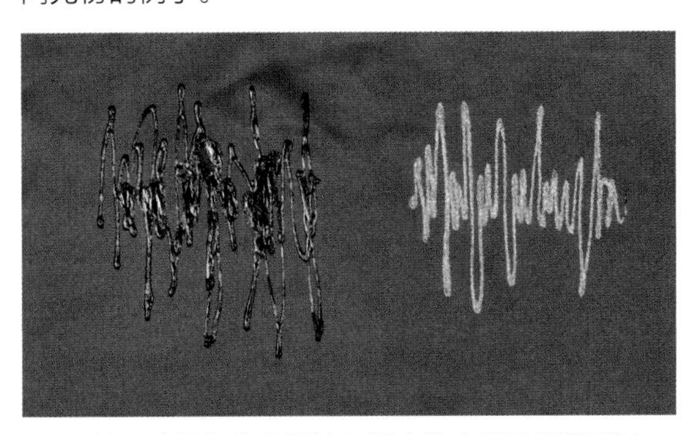

7.25 使用喷雾瓶将金属箔和闪光粉应用于绸缎面料

7.26 使用模具将金属箔和闪光粉应用于皮革

7.27 使用木块将金属箔和闪光粉应用于黑色亚麻面料

羽毛装饰

使用羽毛作为装饰在20世纪60年代很受欢迎，在当时实验性刺绣变得时尚。从那时起羽毛装饰作为一种装饰技法，从家居纺织品到鞋子和帽子都有应用（图7.28）。通过盘线绣针法可以固定单片的羽毛；也可以在羽毛根部穿洞，像固定珠子那样的方式进行多片缝制。若要满地应用羽毛装饰，可以使用缝纫机缉缝出羽毛条穗，将其层叠地缝缀在面料上（图7.29）。

7.28 罗杰·维威耶为克莉丝汀·迪奥制作的晚会鞋子。1959年，由翠鸟羽毛包覆的维威耶著名的包跟鞋

7.29 詹巴迪斯塔·瓦利在2012年秋季服装发布会上展示了一件用羽毛制作的裙子。类似的效果可以通过缉缝出羽毛条穗，再逐层将其缝缀在底布上来实现

工具与材料

图7.30展示了制作羽毛条穗所需的工具与材料。

- 用于手缝羽毛的刺绣绷子
- 羽毛
- 针
- 大头针
- 可撕型纸衬
- 线
- 斜纹织带——至少2.5cm宽（见附录B，图B.41）

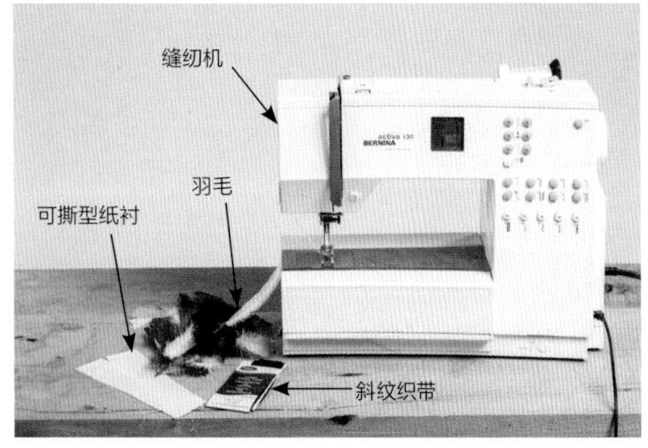

7.30 使用缝纫机制作羽毛条穗所需的工具与材料

操作空间

- 需要一台已安装标准压脚的缝纫机制作羽毛条穗，用刺绣绷子、针和线手工缝制固定羽毛

手工缝制固定羽毛的操作指导

- 用针线紧紧地缝住羽毛杆，每一次在羽毛杆上绕线针缝都要穿透面料

7.31 用针线紧紧地缝住羽毛杆，每个针迹都要穿透面料

制作羽毛条穗的操作指导

1.将可撕型纸衬裁成5cm宽的带子。

2.把羽毛放置在纸衬上，并将其排列整齐。

3.在距离羽毛杆顶端1cm的位置用缝纫机来回缉缝几次，确保在两端回针，直到羽毛杆被完全缝制固定住。

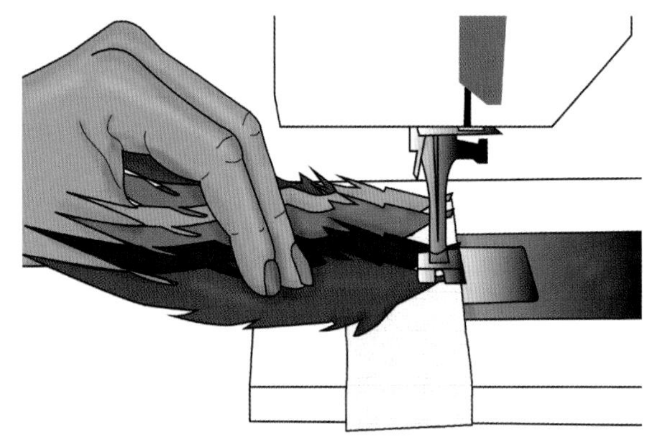

7.32 沿着可撕型纸衬的边缘缉缝排列整齐的羽毛杆，在距羽毛杆顶部1cm的位置来回缉缝，直到羽毛被完全缝制固定住

4.撕掉线迹下方的纸衬。

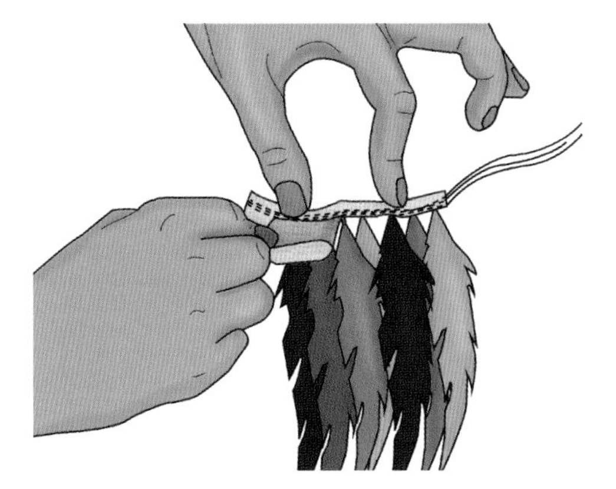

7.33 把线迹下方的纸衬撕掉

5.将2.5cm宽的斜纹织带对折，夹住羽毛条穗的根杆部位，使根杆两边各包有1.25cm宽的斜纹织带。

7.34 将2.5cm宽的斜纹织带对折，包住羽毛杆，两边织带分别为1.25cm宽

6.在靠近羽毛的斜纹织带一侧，距边缘0.3cm的位置缉缝，将羽毛杆缝进斜纹织带中。

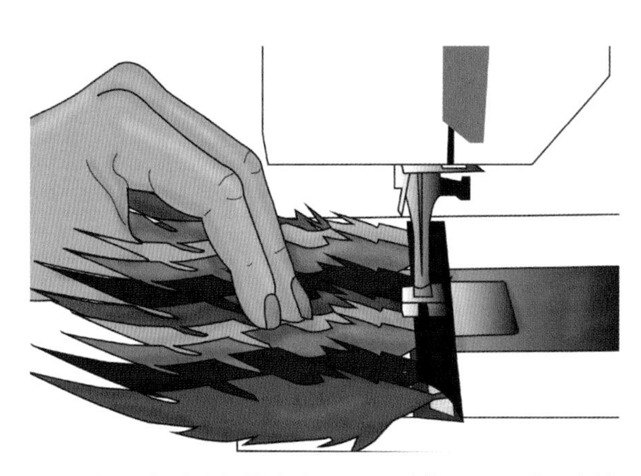

7.35 在距离斜纹织带边缘0.3cm（靠近羽毛的一侧）的位置用缝纫机缉缝

7.已缉缝好的羽毛条穗可以分层叠加装饰在面料上，产生满地效果或者用作镶边使用。

案例

图7.36和7.37展示了羽毛装饰的例子。

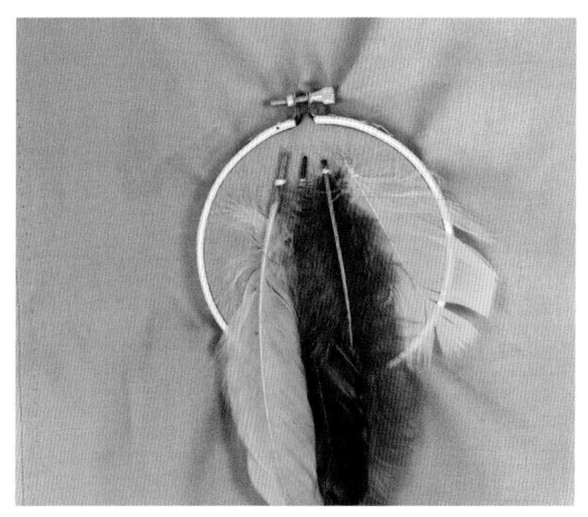

7.36 手工缝制固定羽毛

7.37 羽毛作为镶边使用

学生实践计划

1.珠子密度变化：珠子密集应用的效果非常生动，即使少量使用也能够给面料增色。使用相同的图案制作三个珠饰样例，分别为少量低密度应用、中等密度应用和高密度应用。每个样例使用相同的针法和珠子制作。

2.珠子和象征意义：历史上珠子常用于向未受文化教育的人群讲述具有象征意义的故事，研究不同形状和颜色的珠子在你所选择的文化或社会（埃及、威尼斯、中国）中所代表的特定含义，写一篇700～800字的研究心得，创建一个参考表，罗列出所选择的珠子以及它们的对应意义。

3.创作一个边缘装饰：对服装的边缘进行装饰既节省时间和成本，又可以获得生动的效果。选择金属箔、闪光粉或羽毛，使用至少两种不同的珠饰针法。设计一个二方连续边缘图案，沿着你所选择的面料边缘进行装饰操作。操作中要注意考虑如何对角和曲线造型的位置进行处理。使用各种大小、材料、肌理的珠子，创作富有层次的作品。记录结果，并讨论作品的至少三种应用。

关键术语

- 压克力珠子
- 回针针法
- 珠饰
- 喇叭形珠子
- 悬吊针法
- 面料装饰
- 羽毛装饰
- 填缝针法
- 阻碍针法
- 黏贴闪光粉
- 皮革装饰
- 扁珠
- 法国高级定制时装屋
- 种子珠
- 亮片针法
- 阻碍针法
- 网熔胶

第八章　综合技法

运用综合技法创作能够创造出美观而有趣的面料，给作品增加层次感和肌理效果。在运用综合技法创作时有很多因素需要把握：面料、染料的选择是否合适，作品基于何种用途，电熨斗的设置温度等，这些都需要用心做好规划和试验。从一个灵感开始进行构思，可能是一幅油画、一件衣服、一个房间、一片土地等任何事物。根据灵感进行面料的选择（也要考虑纤维成分）和配色，然后开始试验。运用多种面料创意设计技法来创作样片，根据实践结果决定哪些工艺技法适合于最终的作品需要。

考虑作品将如何应用：画廊、室内还是服装？谁是消费者？需要怎样的功能性和耐久性？珠绣装饰的坐垫，不仅坐着不舒服，而且也不耐久。然而，珠绣装饰床头板是可行的，因为不会像坐垫那样产生磨损。

一旦选择好工艺技法，就开始制作一系列的样片，按步骤分层次进行，面料样片至少有三个层次并以此发展下去。有时候，实践的结果可能是含糊的、操作过度的，但这并没有关系，做试验是必要的；有时候，样片可能会令人感到平淡无奇和毫无生气，在这种情况下，可以添加更多的层次，直到产生更深入的状态。

试验过程可以一直持续下去，但必须根据作品最终的截止日期和设计需要做出决定。分析所有样片，判断哪些效果最好并找出原因。

当开始动手制作最终的作品时，不要害怕即兴发挥。通常，创作更大规模的作品会产生很多在样片制作中没有预见到的问题。试着接受这些必然会出现的问题，挑战并适应它们，保持最初的创作感受。

本章中表8.1是对面料分层次创意设计的综合技法操作指导，246页的方框内容讨论了如何限制综合技法操作对环境的影响。

表8.1：面料创意设计综合技法快速指南

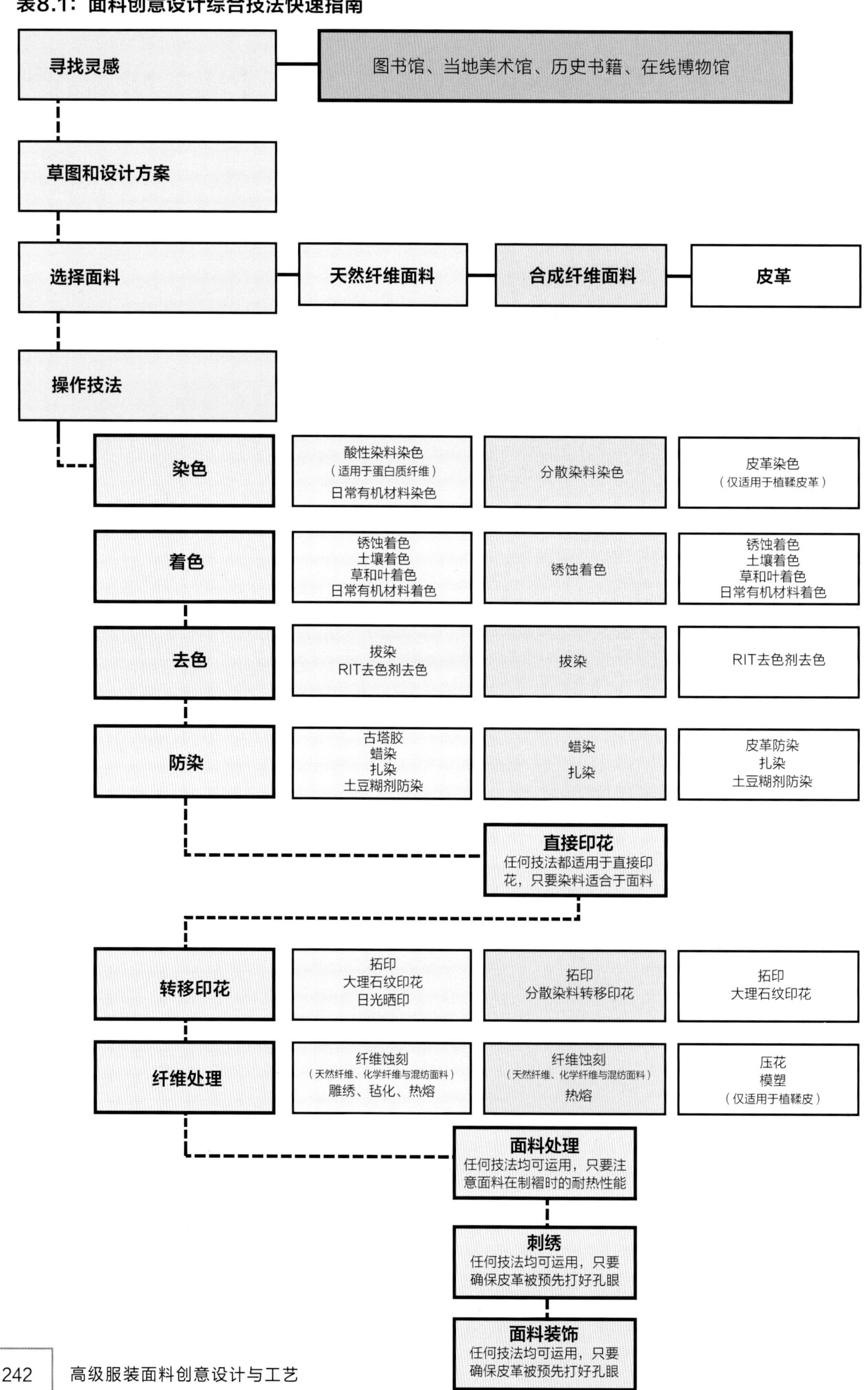

设计师简介

THREEASFOUR

ThreeASFOUR是一个前卫的时尚品牌，由四位分别来自德国、黎巴嫩、以色列、塔吉克斯坦的设计师卡伊·库恩、加布里埃尔·阿斯福尔、阿迪·吉尔、安吉拉·东豪泽创立于1998年。品牌因作品富有创造性的纹理、颜色以及戏剧性的组合而闻名。2005年，创始人之一的卡伊·库恩，因为创意分歧离开了团队，但这并没有减缓其他成员的创作活动，他们保持了继续创造时尚产品的力量。2007年，该团队获得美国时装设计师协会的基金提名，与Gap品牌合作的T恤深受好评。品牌的实验性获得了大都会艺术博物馆、维多利亚和阿尔伯特博物馆的关注，后者还收藏了一些作品用于展览。每一季的发布会，ThreeASFOUR都运用各种面料创意设计技法来装饰具有简洁廓型的服装，这些服装深受那些崇尚精细复杂细节的、时尚前卫的服装消费者的青睐（图8.1 a~c）。

8.1a ThreeASFOUR2012年春季服装发布会上的丝绸礼服，上面装饰着传统的中东图案。弯弯曲曲的蓝色与银色相间的丝带，通过盘线绣针法或底线缝制方法应用在面料表面。小片金属“法蒂玛之手”被有意地排列在具有流动感的丝带空隙之间，将人们的视线集中在服装中部位置。紧身衣裤的图案很可能是通过丝网印花工艺，在小工作室里分片印制而成的。由于紧身衣裤在身体上是被绷紧拉伸的，面料在丝网印花操作时也需要被绷紧拉伸。否则，当紧身衣裤上身后，上面的印花图案将会出现裂纹和破损

8.1b ThreeASFOUR2013年春季服装发布会上展示的不对称的外套，是用各种质地的面料包括丝绸、皮革和波纹绸加工而成的。每块面料都被拼接缝制，偶尔有些地方没有被完全缝合，从而使外套产生了意想不到的体量感。面料拼接看起来似乎很随意，其实是精心设计的结果

8.1c ThreeASFOUR2011年秋季服装发布会上的一件礼服，灵感来源于乐器的琴弦，有特色的吊带礼服裙上绣着像竖琴琴弦那样的螺旋形旋转线型图案。这些特殊的图案被前中接缝和两侧对称的倾斜绳带分割成六个部分，红色与白色的线迹可以通过手工平伏针法、盘线绣针法或缝纫机底线缝制方法实现，当真正的线材应用在印有线条的图案上时，会增加更多的趣味性

苏珊·西安西奥罗

苏珊·西安西奥罗是一位纽约设计师，她在旧货商店选择服装，拆开再重新拼成新服装。通过增加褶皱、印花等工艺技法，她把从旧货商店发现的二手服装变成在纽约百货商店出售的独一无二的高端服装（图8.2）。

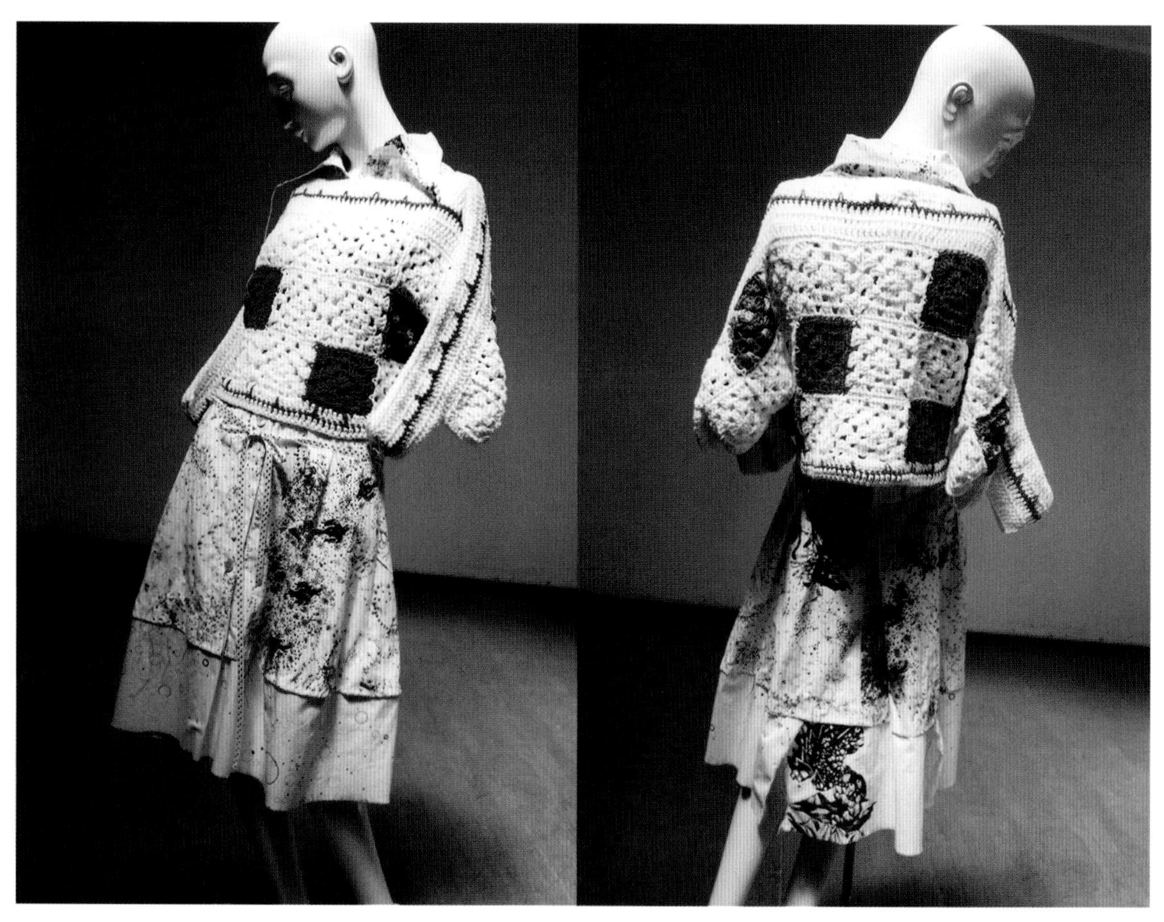

8.2 苏珊·西安西奥罗将搜寻来的手工印花裙和钩针编织的毛衣组合在一起，创造了这些服装的外观效果。裙子上的黑色飞溅图案可以通过甩动蘸满染料的画笔产生；或者运用拓印技法，将染料放置于冷冻纸的表面，布置好染料的形态后，将面料精心地覆盖在染料上，使面料吸收染料。裙子上某些地方的印花似乎是以更加可控的方式制作的，可能使用了丝网，印出了散布的均匀小圆点

Johan Ku是一位东京的设计师，出生于台北，他的职业生涯始于平面设计师，最终在获得中央圣马丁学院硕士学位后转向从事服装设计。他设计的服装以雕塑感的廓型和富有艺术感染力的面料而闻名。在2013年秋季服装发布会上，Johan Ku运用面料综合技法创造出富有深度、质感和戏剧性的服装作品（图8.3）。

8.3 Johan Ku 2013年秋季服装发布会上展示的一件服装，通过对面料的拼缀缝合产生了丰富的肌理。相似的外观效果可以通过重叠、缩皱和折叠面料碎片，然后使用自由移动刺绣技法加以缝合而获得。对面料的塑造增加了服装的体量感，例如暴露在外的面料毛边，在红色和白色的喷溅图案上增加的刺绣线迹

Julie Shackson

Julie　Shackson毕业于威尔士卡迪夫都会大学纯美术专业。自从孩提时期起，她就开始创作绘画作品和纺织品图案，她醉心于编织、摄影。她的作品灵感来自于英国乡村的自然元素，她说：“我的创作主题从微观世界到宏观世界：来自于生物和地理领域的自然图像”。她从这些灵感中得到启发，创作范围涉及绘画、纺织品设计、混合材料拼贴等，她的许多作品都用于壁饰和家居纺织品，与室内设计有很强的联系（图8.4）。

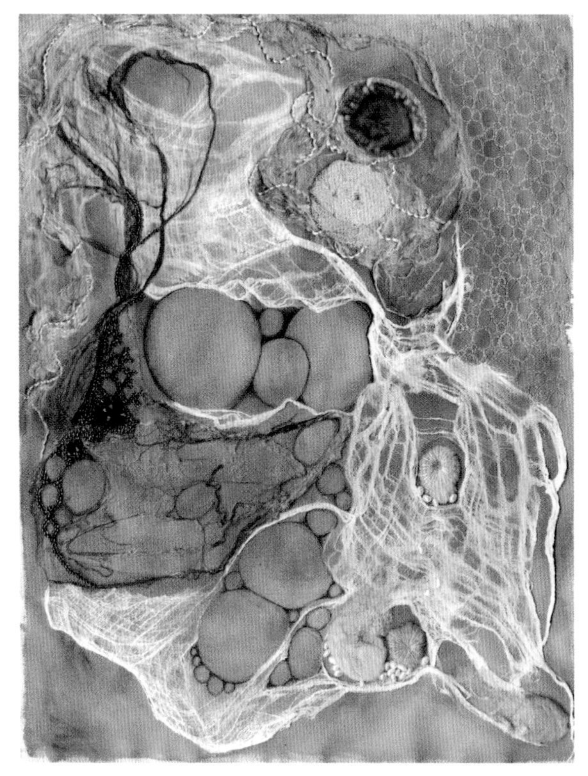

8.4 纺织艺术家Julie　Shackson以海岸线滩涂的颜色为灵感开始了这件艺术品的创作，她在画布上涂抹丙烯颜料，浸泡和拉伸桑树的树皮给真丝纤维染色，使用珍珠进行珠绣装饰，在蚕茧上刺绣。她将染色的棉麻和天鹅绒梳理成形，运用手工刺绣和缝纫机自由移动刺绣技法制作出水中的泡沫。最后，她用一根细铅笔画了一些鹅卵石，并用钢笔加深了阴影

对环境的影响：综合技法

限制综合技法对环境影响的最好方式是回收和改造。如将回收的面料作为底布使用，或将一片古老的蕾丝用于贴花，或拆解旧衣服、旧家居纺织品来制作样片，或使用纽扣或古老的纱线球用作刺绣材料。在采购材料之前先四处寻找一下，周围的宝藏无处不在，包括昔日的储藏品。经过改造的服装和家居纺织品将会焕发新的生机。

布料样本册里面的小布片可用来制作样片，尝试对尽可能多的不同类型的面料进行试验，这是运用任何技法操作成功的关键。既然面料最终会丢进垃圾筒里，为什么不先在上面做试验呢?

作为一名设计师，要清楚这一点：你所消耗的材料会对环境产生必然的影响。要通过谨慎的计划避免浪费，在创作更大的作品前先用小块面料做试验、制作样片，这样不仅可以大幅降低成本，还有助于保护我们的环境。

凯伦·卡斯珀

凯伦·卡斯珀，英国纺织艺术家和设计师，用综合材料创作美术作品、服装和帽子。她没有特别关注某种技法，而是善于综合运用各种技法，如纤维蚀刻、绗缝、印花等，对面料进行处理和装饰，使其产生独特的外观和触觉效果，她的古典主义审美观结合现代技法“最终创作出一件艺术与时尚跨界创新的未来主义作品”（图8.5a和b）。

8.5a 《卡洛琳》，由凯伦·卡斯珀创作，是一件探索环境问题的作品，污染、破坏性渔业、过度捕捞时刻威胁着珊瑚礁和它们的栖息地，对海洋生物造成了危害。这件服装代表了水下世界的纹理、色彩和轮廓，显示了某些珊瑚物种“白天”的颜色，当灯光熄灭时，在“夜晚”深邃的黑暗中就会有发光的生物出现。在这件作品中，卡斯珀运用了她代表性的立体刺绣技法，以及绗缝、纤维蚀刻、数码印花等工艺，并使用古旧的蕾丝，对面料进行了大量的装饰（摄影/伊恩·麦克马纳斯）

8.5b 凯伦·卡斯珀的作品《卡洛琳》细节（摄影/伊恩·麦克马纳斯）

凯伦·尼科尔

凯伦·尼科尔是一位运用综合材料刺绣的纺织艺术家，在位于伦敦的工作室里，他为画廊、服装和室内设计公司从事设计和制作超过25年。他为成衣定制市场创作了一系列别出心裁的刺绣设计，通过对材料、灵感和技法的不断变化来适应时尚的需求。珂洛艾伊、纪梵希、香奈儿创造的“绘画风”面料均受到他的影响（图8.6 a和b）。

8.6a 这是用毛皮和金属片装饰的古着裙子。图片中的植物装饰是使用蓝黑色的黏胶线，在毛毡上机绣出植物造型，再按照轮廓剪下来，缝制在面料上形成的

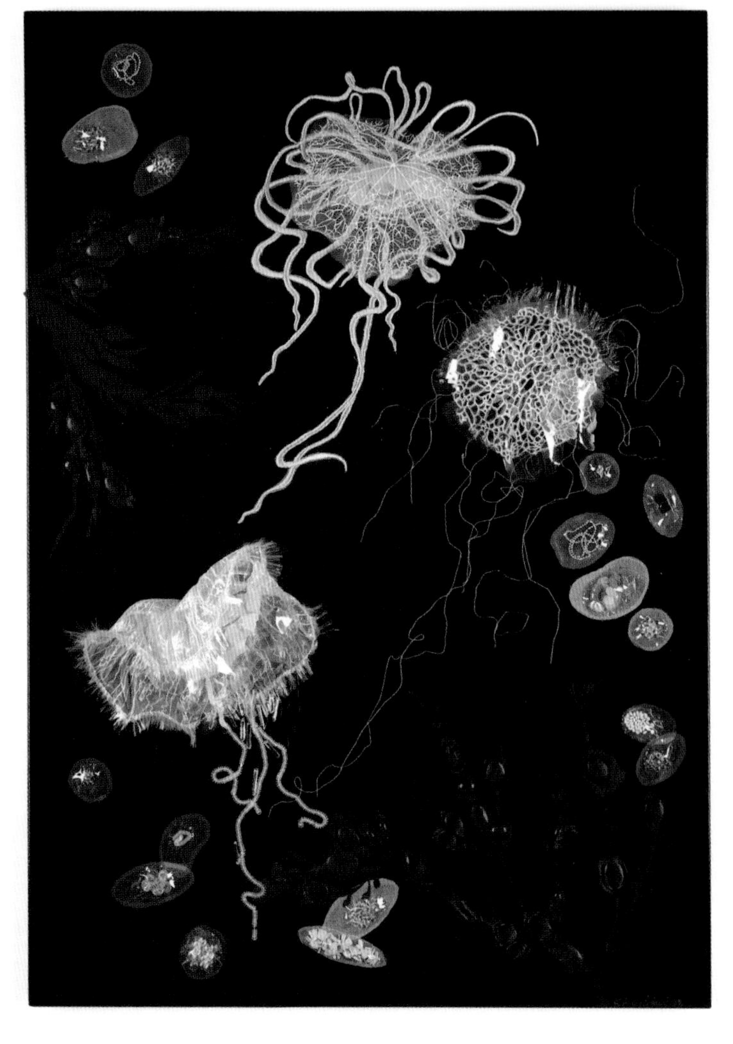

8.6b 这是由凯伦·尼科尔受壳牌石油的委托创作的海洋学展览上的作品局部。在材料上使用了玻璃片、透明硬纱、丝带、靛蓝染色面料、珠子等。先把小珠子放置在用透明硬纱做成的“袋子”里面，再将“袋子”缝在面料上。采用由网状线迹装饰的透明圆形面料表现水母的身体，用蛛丝状的线材表现水母的触须

Nava Lubelski使用因斑点或污渍而受损的面料进行创作，让斑痕生动的自然形态与精细的手工刺绣线迹形成对比（图8.7a和b）。她说她的工作“探讨了冲动破坏和被迫修复之间的矛盾。”

8.7a Nava Lubelski将这件作品称为《噪音结构》，创作于2010年。面料上的斑痕通过缝纫机刺绣的线迹，使质感和颜色更加突出。画面中穿有绿松石的线通过雕绣技法形成圆形的网，仿佛飞起的巨石产生了周围的飞溅，紧密的黑色和白色锁边线迹实现了这种飞溅效果，黄色和橙色的线迹为画面增加了意想不到的深度

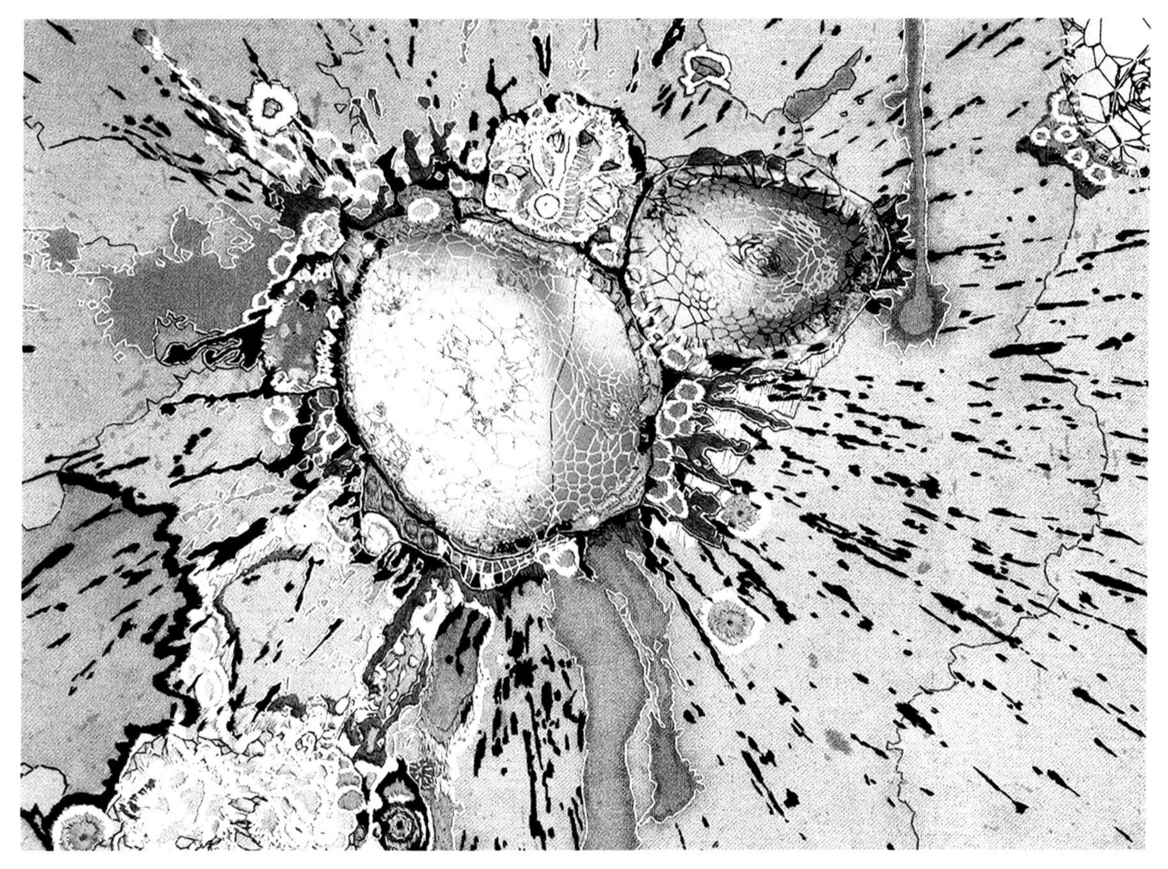

8.7b Nava Lubelski的作品《噪音结构》细节

学生实践计划

1.升级再造：在现有的服装、家居纺织品上添加一定的工艺技法是使旧物品焕发新生命的一种方式。在自己家里选择一件旧物品（服装、窗帘、抱枕、家具套等），对它进行装饰处理。从本书中选择至少三种工艺技法，应用到所选择的物品上。例如，对深色的棉布窗帘使用拔染剂进行丝网印花，经过拔染的地方会形成新的图案和颜色，然后谨慎地贴上金属箔片以产生轻微的光泽。记录这个过程，准备讨论完成后的效果，思考作品潜在的市场价值。

2.创作艺术作品：艺术作品并不局限于绘画和雕塑，它还包括纺织品艺术设计的范畴。创作一件艺术作品，尺寸可自行决定。在一幅作品中至少使用8种不同的操作技法，考虑基本的设计原理如平衡、比例、节奏、面积和色彩构成在作品中的运用。思考如何展示完成的作品：将它挂在墙上还是布置在空间中？在最终作品开始之前绘制草图和制作样片，逐步明确你的想法。记录你的创作过程，并准备讨论你所选择的材料和工艺技法。

3.创作6幅小尺寸作品并组合起来：创作一件集6幅作品为一体的最终成品。首先确定统一的灵感主题、色彩系列和面料，然后使用相同的材料制作每个小幅作品，但要具有不同的层次，最后选择至少5种技法将每幅作品组合起来。注意，有些技法最好在制作过程前期使用，作品的“最佳”效果并非总像预想的那样。从开始进行小幅作品制作时就要全面地记录操作过程，这对艺术创作有很大的帮助。专业地展示你的作品，做好讨论的准备，从工艺和美学角度探讨作品什么地方做得好，什么地方没有做到位。

附录A
提示、操作空间和准备工作

燃烧测试

燃烧测试用来确定纤维成分。使用镊子手持一小块面料，用一根火柴或打火机将其点燃。面料对热度和火焰的反应方式将有助于确定它的纤维成分。操作时保持谨慎并在有水源的地方工作。

天然纤维

天然纤维，如棉、麻、人造丝会迅速燃烧并产生余火，气味与燃烧纸相类似（图A.1）。

A.1 当天然纤维如棉、麻、人造丝燃烧时，会产生余火以及类似于燃烧纸的气味

合成纤维

合成纤维，如涤纶和尼龙，当接触到火焰时就会熔化，留下一个硬结，产生类似于塑料熔化的气味（图A.2）。

A.2 合成纤维在接触火焰时便立即熔化并留下一个硬节

羊毛和丝绸纤维

羊毛和丝绸纤维燃烧缓慢，几乎燃尽，留下可捻碎的灰烬，气味类似于燃烧毛发（图A.3）。

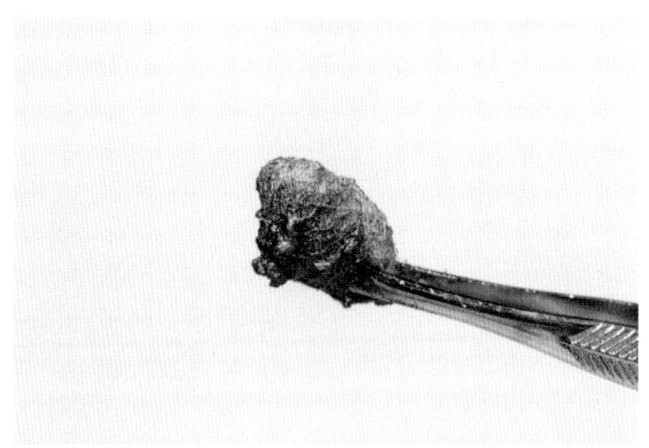

A.3 羊毛和丝绸纤维几乎燃尽成粉末，散发类似于燃烧毛发的气味

衬料

衬料是在进行缝制和印花技法操作中，用来防止面料起皱和变形的产品。有许多可用的产品可以选择，几乎能够适合于任何技法的需要。一定要阅读制造商的产品说明来确定产品是否适合所选择的面料和技法。

最常见的衬料是可撕型纸衬，适用于厚重或中等厚度面料的缝制工艺。将它们与面料贴合在一起后，可以很容易地从面料反面将其撕掉。水溶或热熔性衬料用于轻薄而精致的面料以及蕾丝，在完成缝制后可以用水或电熨斗去除。

冷冻纸通常用于直接印花和转移印花工艺，在面料上应用染料和使面料干燥时，能够保持面料的平整，操作中要将冷冻纸的光面熨烫于面料的反面（图A.4）。

A.4 各种衬料。最下面是熨烫了电熨纸的棉布。从左到右分别是：水溶性衬料、热熔性衬料、可撕型衬料

转移图案的方法

大多数情况下运用刺绣针法时需将图案转移到面料表面。在当地的手工艺材料或缝纫品商店就有各种各样的相关产品可以选择，用于在任何颜色的面料上操作缝制工艺。按照操作需求选择易于使用的产品，能够使标记既明显又可以被清除掉。例如，水溶性的标记工具只能用于可洗的面辅料，深色面料需要使用浅色的画粉笔。

将图案转移到面料表面所使用的工具材料取决于面料的颜色和密度。对于轻薄而色浅的面料使用灯箱效果很好，而复写纸和描线轮在深色、厚重的面料（图A.5）上效果最好。

A.5 图案转移的工具材料包括，从左到右：灯箱、水溶性铅笔、描线轮、消色笔、裁剪用画粉笔、彩色复写纸

制作模版

用大多数家用日常材料包括洗衣皂、纽扣或绳子制作印花模版，这些材料可以用胶粘到木板或木条上。复杂的图案可以使用特殊的雕刻工具在橡胶垫上雕刻出来（图A.6）。

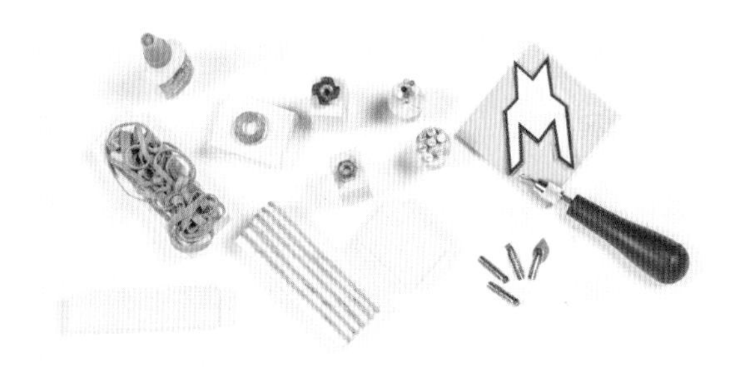

A.6 从左到右依次为：在木板上粘合由日常材料制作的模版，将按钉和钉子压进软木塞制作的模版，使用专用工具雕刻的橡皮印章

制作装有软垫的工作台表面

装有软垫的工作台表面对于很多印花技法操作都很实用，能够很容易地用大头针将面料固定在上面，以保持平整的、均匀的印花效果。对于丝网印花和凸版印花来说，棉垫用作垫料非常有用，因为它能使丝网或模版均匀而稳固地压在面料的表面。

工具与材料

- 细薄棉布
- 喷胶棉
- 胶合板
- 钉枪和钉枪钉

制作软垫操作指导

1.准备一块大的胶合板，使用钉枪将喷胶棉钉在胶合板上。喷胶棉一定要紧紧地包覆住胶合板，以避免出现鼓包。

2.在喷胶棉上包裹一块棉布，将棉布在反面固定好。

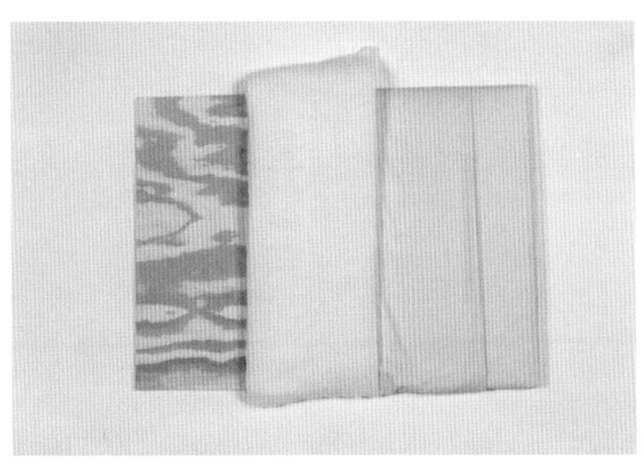

A.7 在胶合板上钉上一层喷胶棉，再用一块棉布紧紧地包覆在上面

绷紧面料

在进行防染和染色操作之前，面料往往需要放到木框架上拉伸，使面料在操作时呈紧绷状态，从而将皱褶抻平。

工具与材料

图A8展示了绷紧面料所需要的一些工具与材料。

- 准备转移到面料上的图案
- 面料
- 橡胶锤
- 胶带
- 用来转移图案的铅笔
- 图钉
- 适合面料大小的木框

A.8 在木制框架上绷紧面料所需的工具与材料

绷紧面料操作指导

1.组装木制框架，制作一个与面料尺寸相匹配的框架。

2.将面料平铺在框架上，在四个点上作出“+”形记号，按照记号用图钉固定住面料，确保面料被绷紧，注意不要使面料的纤维受损。

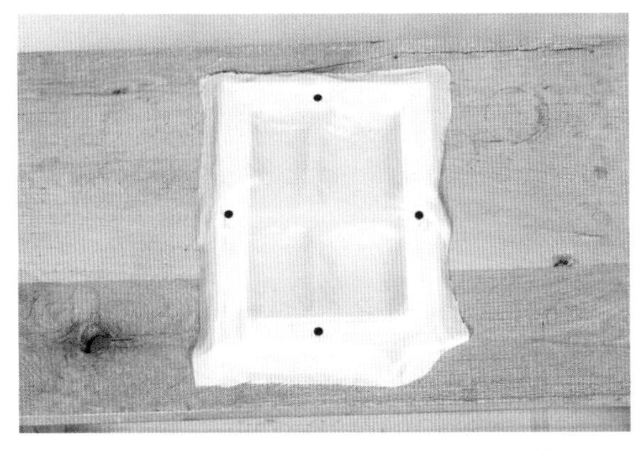

A.9 把图钉固定在每个“+”形记号上，将面料拉紧，注意不要使纤维受到损坏

3.用图钉在四个角上固定面料，保持面料的绷紧状态。

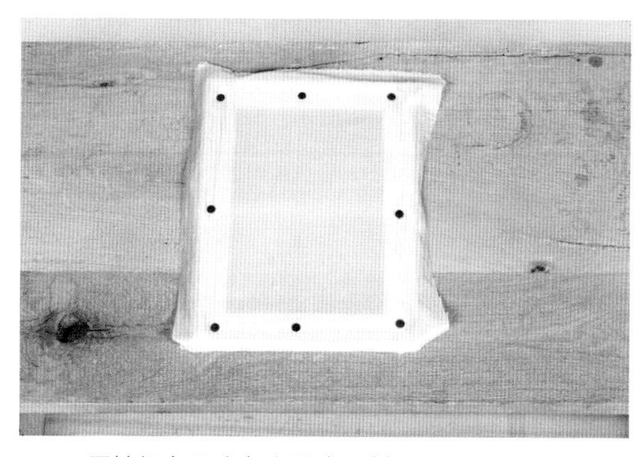

A.10 用按钉在四个角上固定面料

4.继续拉紧面料，用更多的图钉加以固定。总是成对地使用图钉，在框架的对称位置固定每一对图钉。

5.在框架四周黏贴胶带，保护面料不受磨损。

A.11 在框架四周黏贴胶带，保护面料不受磨损

6.把图案转移到绷紧的面料上，将有图案的纸放置于框架内部，使纸的正面平整地贴附在面料反面，使用浅色、轻薄的面料如丝绸时，从面料正面能够透出纸面上的图案。

A.12 图案纸面朝上置于面料反面，并用胶带黏贴固定住

7.使用铅笔或水溶笔，轻轻地在面料上描摹出图案。

A.13 使用铅笔或水溶笔，轻轻地在面料上描摹出图案

制作丝网版

丝网版经常用来印花，因为可以印制重复的图案。将丝网紧绷在一个木头框架上，用布基胶带黏贴木框四边，保护框架，以免木框经水反复冲洗后损坏。将图案转移到丝网上，并用涂绘液描绘，使丝网表面呈现出将要印制的图案。待丝网干燥后，用刮板添加丝网封填剂，封填剂会堵塞未涂上涂绘液的丝网部分，阻止染料在这些地方渗透。待其干燥后，用温水冲掉涂绘液。当丝网再次干燥后，就可以使用了。

工具与材料

图A14展示了制作丝网版所需的工具与材料。

- 设计好的图案
- 布基胶带
- 橡胶锤
- 画笔
- 铅笔或水溶性标记笔
- 塑料勺
- 橡胶手套
- 丝网涂绘液（图A.15）
- 丝网封填剂（图A.16）
- 丝网
- 钉枪和钉枪钉
- 刮板（图A.17）
- 适合面料尺寸的木框架

A.15 丝网涂绘液

A.16 丝网封填剂

A.14 制作丝网版所需的工具与材料

A.17 刮板

丝网版制作指导

1.将丝网平铺在组装好的木框上，使用钉枪，按照绷紧面料步骤1到4的方法，在木框上固定好丝网。

2.敲平木框上任何凸起的钉子。

3.将布基胶带贴在丝网框的四周，覆盖住钉子。贴好胶带有助于防止水滴积存在丝网框的缝隙中而影响印花作品的整洁。

A.18 在丝网框上黏贴胶带，覆盖住钉子

4.翻转丝网框，从木框到丝网四周边缘都粘上布基胶带。用胶带黏贴出一个凹槽，为放置丝网封填剂、开始印花做准备。

A.19 使用布基胶带在丝网反面黏贴出一个凹槽

5.继续黏贴布基胶带，直到木框被完全覆盖。

6.将图案从纸面转移到丝网上。从丝网的反面黏住图案纸，用铅笔或水溶笔将图案在丝网正面描出。

7.使用涂绘液和画笔，根据铅笔痕迹在丝网正面涂绘，完成图案绘制。

A.20 使用画笔在丝网正面用涂绘液画出图案

8.使丝网框完全干燥。

9.用塑料勺舀出丝网封填剂，放进丝网框反面的凹槽内。

A.21 用塑料勺舀出丝网封填剂，放进丝网框反面的凹槽内

10.使用刮板，在丝网上均匀地刮平丝网封填剂。刮板可能需要反复刮很多次，这取决于丝网的大小和刮板的尺寸。

11.让丝网封填剂干燥。

12.在一个大型水槽里，用水向丝网喷射，直到丝网上的涂绘液被冲洗掉。使用旧牙刷是去除残留涂绘液的必要工具。

13.使用前让丝网框彻底干燥。

A.22 使用刮板，在丝网上均匀地刮平丝网填充剂。刮板可能需要反复刮很多次，这取决于丝网的大小和刮板尺寸

A.23 已完成的丝网版，使其干燥，准备进行印花操作

安装一个蒸锅

工具材料

- 绑扎好的面料
- 金属滤盆（仅供蒸布使用）或用刺穿小洞的铝箔做成滤器（用于重量轻的面料扎捆）
- 带盖子的金属锅（仅供蒸布或给面料染色使用）
- 毛巾

蒸锅安装操作指导

1.选择一个金属滤盆，倒扣在一个金属锅内；或者将铝箔放在金属锅内，倒扣出一个碗形，用铅笔在铝箔上刺出小洞，铝箔仅适用于重量较轻的面料扎捆。

2.向锅中添加十几厘米深的水，确保水位不会达到面料扎捆。

3.将扎捆的面料放置在金属滤盆或铝箔上面。

4.将一条旧毛巾折叠几次，放进锅内，锅用盖子盖好。旧毛巾有助于吸收多余的水分，避免在面料上产生液滴痕迹。

5.根据所选择技法决定蒸布的时间。

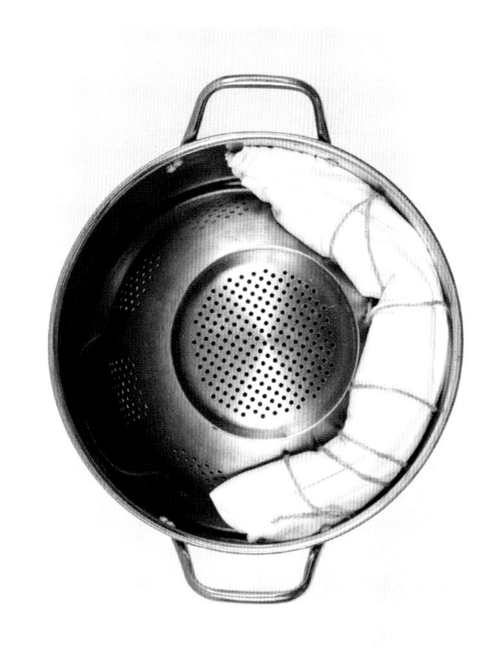

A.24 用一个大锅和一个倒置的金属滤盆做成的面料蒸锅

附录B
材料图书馆

在整本书中，介绍了许多不同的材料、产品和工具的使用方法。请以这个材料图书馆的图片作为参考，选择适当的材料。

去色剂

B.25 去色剂——RIT品牌，第二章，面料去色

B.26 拔染剂——Jacquard品牌，第二章，拔染

染料

B.27 酸性染料——Jacquard品牌，第一章，酸性染料染色

B.28 分散染料，第一章，分散染料染色

B.29 皮革染料——Fiebing's品牌，第一章，皮革染色

B.30 大理石纹印花染料，第三章，大理石纹印花

B.31 光合染料，第三章，日光晒印

B.32 丝绸染料——Jacquard品牌，第二章，丝绸上的古塔胶

染料粘合剂、媒染剂和溶解剂

B.33 明矾，第一章，日常有机材料染色

B.34 硬水软化剂（软水剂），第三章，增稠分散染料

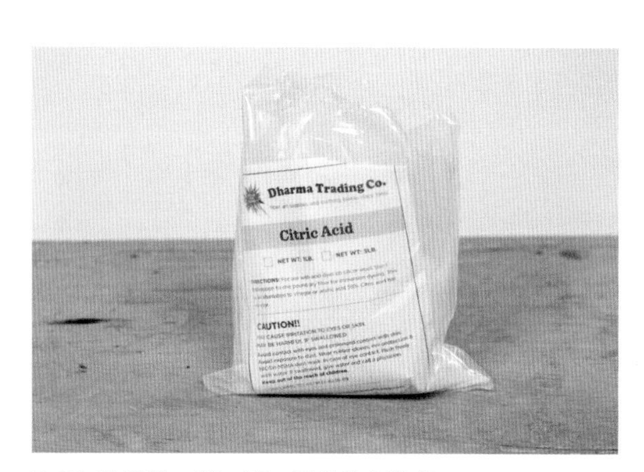

B.35 柠檬酸，第一章，酸性染料染色

B.36 媒染剂，第一章，分散染料染色

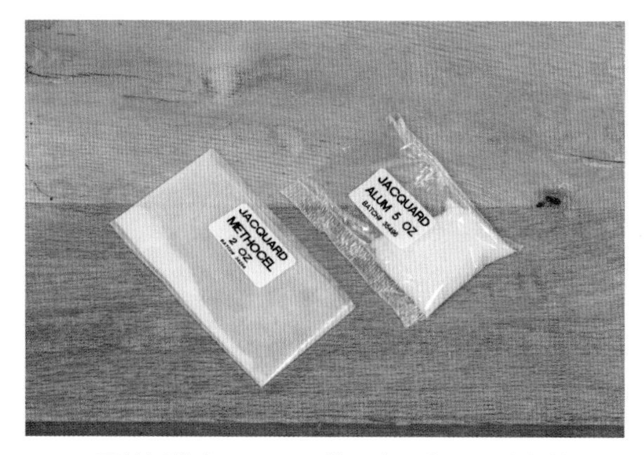

B.37 甲基纤维素和明矾，第三章，大理石纹印花

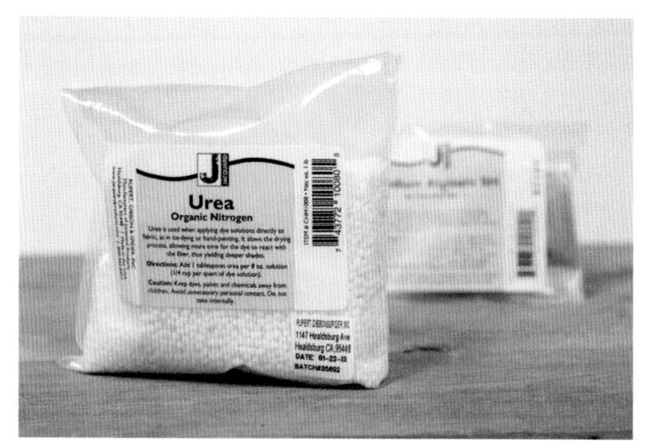

B.38 尿素，第三章，增稠酸性染料

染料固色剂

B.39 固色剂，Jacquard品牌，第二章，丝绸上的古塔胶

染料增稠剂

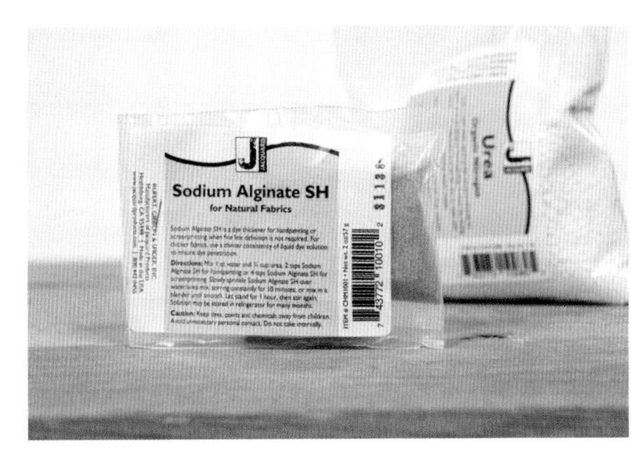

B.40 海藻酸钠，第三章，增稠酸性染料

面料装饰

B.41 斜纹织带，第七章，羽毛条穗

刺绣

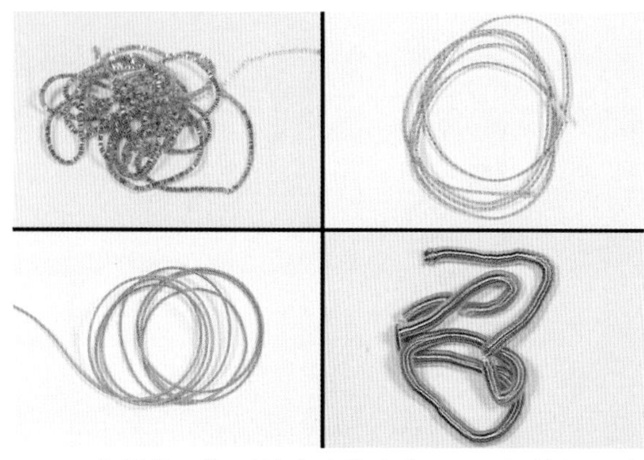

B.42 金属线。顺时针方向依次为：4号螺旋扭股金线，精细的希腊式捻股金线，6号螺旋扭股金线，4号金丝线，第六章，金属线刺绣

制毡

B.43 制毡针，第四章，针毡

B.44 泡沫板，第四章，针毡

去除纤维药剂

B.45 纤维蚀刻剂，第四章，使用纤维蚀刻剂去除纤维

皮革工具

B.46 压线圆规，第四章，皮革压花

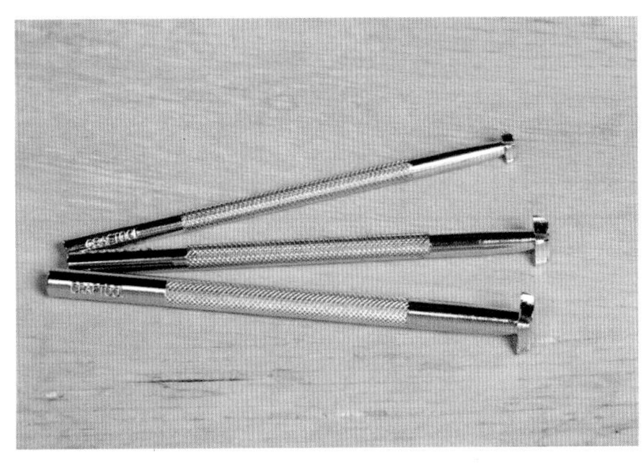

B.47 金属压花器，第四章，皮革压花

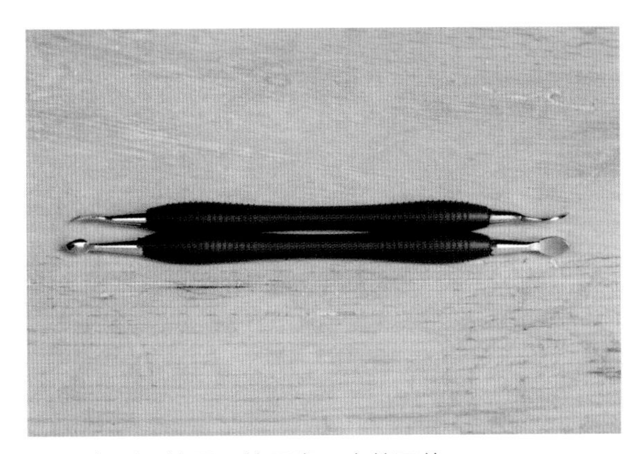

B.48 勺形压擦器，第四章，皮革压花

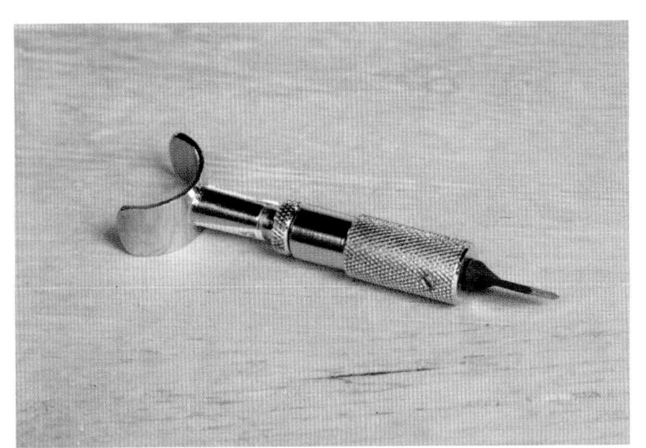

B.49 旋转刻刀，第四章，皮革压花

印花

B.50 冷冻纸，第三章，拓印

B.51 用于印花的丝网版，第三章，丝网印花

B.52 刮板，第三章，丝网印花

绗缝材料

B.53 绳子，第五章，绗绳

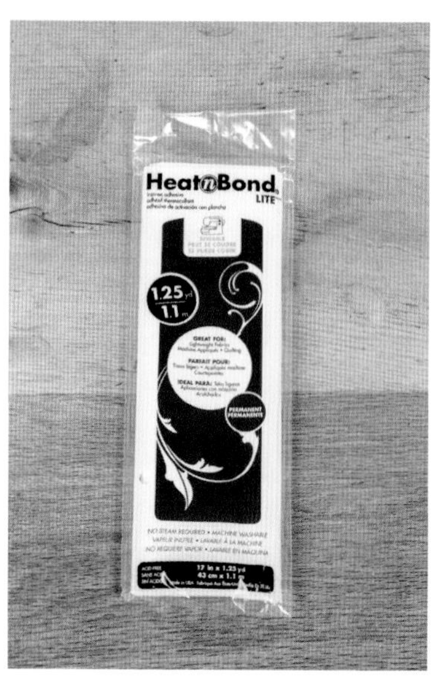

B.54 电熨纸，第五章，贴花工艺

B.55 化纤棉絮，第五章，凸纹布工艺

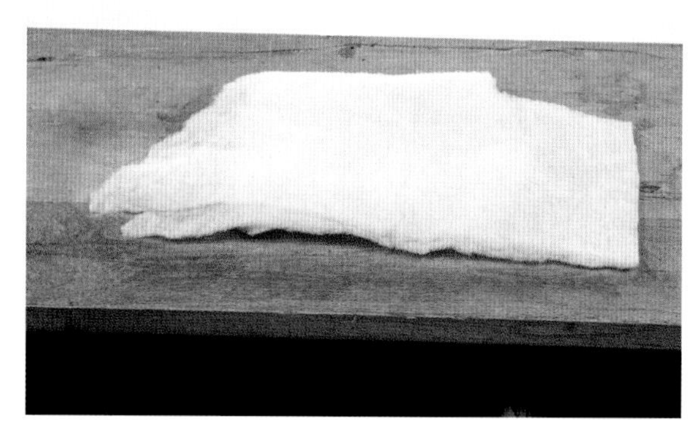

B.56 喷胶棉，第五章，缝纫机绗缝

防染剂

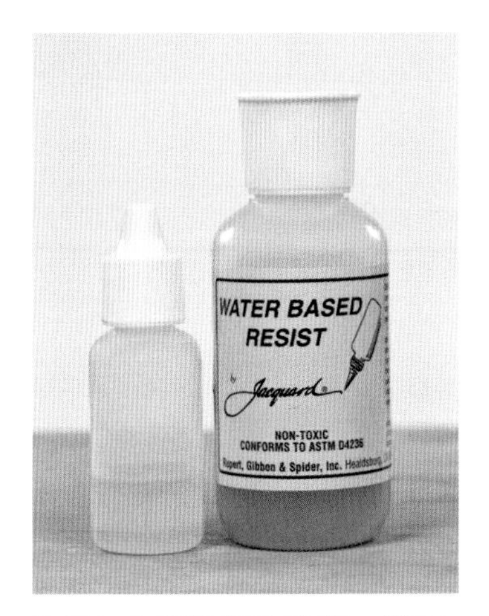

B.57 古塔胶和施胶瓶，第二章，丝绸上的古塔胶

B.58 Eco-Flo皮革防染剂，第二章，皮革防染

B.59 涂蜡器和蜡，第二章，蜡染

衬料

B.60 水溶衬，第六章，自由移动刺绣